Andreas Tjernshaugen
Von Walen und Menschen

Andreas Tjernshaugen

Von Walen und Menschen

Eine Reise durch die Jahrhunderte

Aus dem Norwegischen
von Martin Bayer

Residenz Verlag

Dieses Buch wurde mit Unterstützung von NORLA gedruckt

NORLA
NORWEGIAN LITERATURE ABROAD

Bibliografische Information der Deutschen Nationalbibliothek
Die Deutsche Nationalbibliothek verzeichnet diese Publikation in der Deutschen Nationalbibliografie; detaillierte bibliografische Daten sind im Internet über http://dnb.dnb.de abrufbar.

www.residenzverlag.at

Diese Übersetzung wurde durch Stilton Agency, Oslo und Arrowsmith Agency, Hamburg vermittelt.

Umschlaggestaltung: BoutiqueBrutal.com
Umschlagbild: © shutterstock / Julia Grin
Typografische Gestaltung, Satz: Lanz, Wien
Lektorat: Barbara Köszegi
Gesamtherstellung: CPI books GmbH, Leck

ISBN 978 3 7017 3491 7

Inhalt

Vorwort

Der Blauwal ist nicht blau. Seinen Namen erhielt er erst im 19. Jahrhundert von norwegischen Walfangpionieren. Von Deck aus konnten sie das riesige Meereswesen nur als türkisblauen Schemen unter der Wasseroberfläche erkennen, einen Augenblick bevor es auftauchte, um zu blasen, wenn alle an Bord des Fangschiffs auf den Knall der Harpunenkanone warteten.

Ich habe dieses Blau, das die Walfänger sahen, selbst gesehen, wenn der Blauwal dicht unter den Wellen lauert. Über Wasser sieht man den Wal in einem anderen Licht. Wenn der Rücken die Wasseroberfläche durchbricht, zeigt sich, dass die Haut ziemlich farblos ist, mittelgrau mit hellgrauen Flecken.

Von Walen und Menschen handelt von der Begegnung des Menschen mit dem größten Tier der Welt. Vieles an dieser Begegnung ist großartig. Auf der einen Seite geht es um starke Motoren, immer höhere Fahrtkosten, um zuerst Hunderte, dann Tausende Arbeiter, die Millionen Tonnen Waltran herstellten; auf der anderen Seite geht es um das größte Tier, das je existiert hat. Dieses Tier – der Blauwal als Art – nimmt im vorliegenden Buch einen größeren Platz ein, als es in einem Geschichtsbuch üblich ist. Es wird gemäß dem heutigen Wissensstand porträtiert, auch wenn vieles, was wir heute wissen, noch unbekannt war, als der Walfang begann.

Als Gegengewicht zu all diesen Riesenhaftigkeiten habe ich die einzelnen Kapitel so angelegt, dass sie jeweils von einer Einzelperson oder einer kleinen Gruppe erzählen, seien es aktive Walfänger, Reeder, Zoologen oder Staatsmänner, die im großen Walabenteuer eine Rolle gespielt haben. Die meisten dieser Personen kommen aus Norwegen. Das ist kein Zufall. Menschen aus unserem Land waren führend im Blauwalfang, und das Buch beschreibt die Ereignisse daher meist aus norwegischem Blickwinkel.

Die Jagd auf den Blauwal dauerte etwa hundert Jahre an, und weltweit wurden allein von dieser einen Art über 370 000 Exemplare erlegt. Die Warnungen vor einer Ausrottung folgten dem modernen Fanggewerbe von Anfang an. Deshalb soll hier nicht nur vom Abschlachten, von hohen Profiten und Abenteuern in fernen Weltgegenden berichtet werden, sondern wir folgen auch den Diskussionen um den Schutz der Wale aller Arten bis hinunter zur allerkleinsten, seit der Blauwal unter absolutem Naturschutz steht.

Selbstverständlich ist der Blauwal nicht das einzige Lebewesen, das ein gefährliches Zusammentreffen mit der Menschheit hatte. Die Technik hat uns zu einer mächtigen Naturgewalt gemacht. Wir formen den Planeten, auf dem wir leben, nach unserem Willen um – Meer, Land und Luft –, und die wahre Geschichte, die jetzt folgt, lässt sich auch als Episode einer größeren verstehen, einer, die mit offenem Ende noch andauert: die Geschichte der Entscheidung, was für eine Art Naturgewalt wir sein wollen.[1]

Nesodden, 18. Juni 2018

Teil 1

Norden

Der Wal, der blinzelte

An einem frühen Sonntagmorgen im Oktober des Jahres 1865 war der Fischer Olof Larsson auf Kleinwildjagd zwischen den felsigen Rundhöckern der Askimsvik vor Göteborg, als sein Blick auf etwas Ungewöhnliches fiel, das etwa 40 Meter vom Ufer entfernt aus dem Meer ragte. Zuerst dachte er an angeschwemmtes Wrackgut, aber als er ans Wasser hinunterging, gab es keinen Zweifel mehr, dass dort draußen ein lebendes Tier lag und sich abmühte, wieder freizukommen.

Olof hatte etwas Derartiges noch nie gesehen, aber er wusste, dass es sich um nichts anderes als einen Wal handeln konnte. Er lief los, um seinen Schwager Carl zu holen.

Carl Hansson war zur See gefahren. Draußen auf der Nordsee hatte er auch Wale gesehen, und er wusste, dass es sich dabei um gefährliche Untiere handelte, die im schlimmsten Fall versuchen würden, das Boot zu verschlucken. Sicherheitshalber wählte er daher ein großes Boot. Die beiden Männer setzten Segel und fuhren auf das Monstrum zu, bis sie noch etwa 25 Meter davon entfernt waren.

Der Wal lag auf dem Bauch, ein wenig nach einer Seite geneigt. Die meiste Zeit lag er reglos da. Etwa alle fünf Minuten blies er, rutschte herum und warf sich in die Luft. Er stieg dabei etwa mannshoch über das Wasser und schlug wieder zurück. Die Flipper – seine Brustflossen – ruderten wie Flügel. Wenn er blies, stieß er einen dampfenden Nebel aus; es klang wie ein Donnerknall oder »ein tiefer Bassgesang, aber mit der Kraft einer Schiffssirene«[2]. Das Echo hallte von den Felswänden wider.

Olof wagte sich nicht näher. Er kehrte an Land zurück und ließ sich zu keinem Angriff auf das Monster bewegen. Carl versuchte es alleine, aber als das Boot noch drei, vier Meter entfernt war, wurde auch ihm bange, und er kehrte um. An Land fasste er wieder Mut und fuhr abermals hinaus. Er attackierte den Wal mit einem Messer, das er an einem langen Bootshaken festgebunden hatte, dicht vor den beiden Blaslöchern. Ohne Ergebnis. Der Wal beachtete den Haken kaum und kämpfte weiter darum, loszukommen, aber schob sich dabei nur in immer flacheres Wasser.

Als Olof sah, dass es ungefährlich war, sich dem Wal zu nähern, fuhr er ebenfalls wieder mit hinaus. Er war es auch, dem auffiel, dass das Auge des Tiers inzwischen über der Wasserlinie war. Der Wal blinzelte dem Menschen zu.

Die beiden Helden einigten sich darauf, dem Wal das Auge auszustechen, damit er sie nicht mehr sehen könne. Das Messer am Bootshaken stieß mehr als einen halben Meter tief in die Augenhöhle. Ein dicker Strahl Blut schoss hervor, als ob man ein Bierfass anzapfe, meinte Carl, und das Blut lief eine halbe Stunde lang weiter. Das Meer ringsum färbte sich rot. Der Wal schlug grässlich mit Schwanz und Flossen, aber den Kopf konnte er nicht mehr heben, dieser sank nur immer tiefer in den Sand.

Jetzt machte Carl sich daran, mit einer Axt auf den Kopf des Wals einzuhacken. Solange er dabei im Boot blieb, bewirkte er nicht viel, sodass er schließlich auf den Kopf des Wals kletterte und anfing, dicht hinter den Blaslöchern ein tiefes Loch in den Schädel zu hacken. Blut sprudelte hervor und lief in die Blaslöcher, sodass sich der Blasdampf rot färbte. Bald war Carl über und über mit Blut getränkt, während er immer weiter mit der Axt zuschlug. Der Wal warf sich unter den Axthieben so wild herum, dass Carl mehrfach ins Boot zurückkehren musste, bis das Tier sich wieder beruhigt hatte. Besonders wenn sein Maul berührt wurde, reagierte der Wal heftig.

Carl arbeitete von zehn Uhr morgens bis halb vier nachmittags mit der Axt auf dem Kopf des Wals. Dann machte er den Wal mit einer Trosse an Land fest und ging nach Hause. Dort erzählte er nichts von der Schlächterei draußen in der Askimsvik.

Als er am nächsten Morgen wiederkam, blies der Wal immer noch. Seine Befreiungsversuche hatten ihn nur weiter in Richtung Land geschoben, und jetzt war Niedrigwasser, sodass leichter an ihn heranzukommen war. Carl hackte ihm mit einer Sense ins andere Auge und in den Bauch. Aus dem Auge schoss ein armdicker Blutstrahl, diesmal mindestens eine Stunde lang. Gegen elf Uhr brachte Carl einen tiefen Schnitt hinter einer der Brustflossen an. Aus der Wunde drang Luft, während aus den beiden Blaslöchern auf dem Kopf nichts mehr kam.

Als es Nachmittag wurde, lag der Wal fast völlig reglos, blutete aber immer noch. Gegen fünfzehn Uhr bäumte er sich auf und machte einen gewaltigen Buckel. Er hob sich aus dem Wasser, nur noch auf Kopf und Schwanz gestützt. Dann krachte er zurück, »sodass sich das Wasser mit fürchterlichem Lärm teilte«[3]. Dann lag er still da. Seit Olof Larsson den gestrandeten Wal entdeckt hatte, waren 30 Stunden vergangen.

Wenn Sie eine Eintrittskarte kaufen, können Sie ihn noch sehen. Selbst nach 150 Jahren ist der Blauwal aus der Askimsvik die größte Attraktion im Göteborger Naturhistorisk Museum und immer noch der einzige ausgestopfte Blauwal der Welt.

Als er starb, war er ein wenig über 16 Meter lang und damit wohl ein Jungtier, das kaum der Mutter entwöhnt war.[4] Er war im Winter zuvor geboren worden, wahrscheinlich südlich der Azoren. Da war er sieben Meter lang und wog zwei bis drei Tonnen. Im Frühling folgte er der Mutter nach Norden. Ihre Muttermilch mit der Konsistenz von Joghurt und bis zu 50 Prozent Fettgehalt[5] gab ihm die nötige Kraft dafür. Die Mutter zeigte ihrem Jungen die besten Weidegründe. Die lagen weit draußen auf dem Meer, aber vielleicht besuchten die beiden auch Spitzbergen, Island und die Küste der Finnmark. Es kann durchaus sein, dass sie das Pech hatten, dabei beschossen zu werden, denn zu jener Zeit testeten einige Pioniere gerade etwas Neues, den Blauwalfang mit Sprengharpunen von Dampfschiffen aus.

Im Herbst, auf dem Rückweg nach Süden, machte das junge Walmännchen dann einen unglücklichen Abstecher nach Osten. Vielleicht hatte es sich, unerfahren, wie es war, verirrt. Es muss Sørland, die norwegische Südspitze, umrundet haben, danach Skagen, und in das Kattegat zwischen Dänemark und Schweden geraten sein. Und so endete sein Leben auf einer Untiefe in den Schären vor Göteborg. Hätte der Jungwal überlebt, wäre er einige Jahre später fortpflanzungsfähig geworden. Ein geschlechtsreifes Männchen ist mindestens 20 Meter lang und mindestens doppelt so schwer wie der Wal, der im Göteborger Museum endete.

August Wilhelm Malm vom Naturhistorisk Museum hielt den Wal, dessen Kadaver er den beiden Fischern abgekauft hatte, für den Vertreter einer bislang unbekannten Art. Mit einer rührenden Geste benannte er die vorgeschlagene neue Art nach seiner Frau Caroline: *Balaenoptera carolinae*. Die Zoologie ist diesem Vorschlag jedoch nicht gefolgt.

Die Art war nämlich bereits mehrfach wissenschaftlich beschrieben worden. Jedes Mal, wenn ein solcher Riesenwal in zivilisierten Weltgegenden gefunden wurde, war das eine Sensation. Die Zoologen, die die Gelegenheit bekamen, ein solches gestrandetes Exemplar zu untersuchen, hatten nur selten schon etwas Derartiges gesehen und bildeten sich genau wie August Wilhelm Malm oft ein, ein der Wissenschaft unbekanntes Tier entdeckt zu haben. So kam es zu insgesamt zwölf wissenschaftlichen Namensgebungen, die im Lauf der Zeit für eine einzige Art, den Blauwal, vorgeschlagen wurden.[6] Heute nennen wir ihn *Balaenoptera musculus* und folgen damit der ursprünglichen Benennung durch Carl von Linné, der das Tier, das er nie zu Gesicht bekam, nach einer Beschreibung definierte.

Es half der wissenschaftlichen Eingrenzung der Art auch nicht, dass die anatomischen Beschreibungen und Zeichnungen, die zusammen mit den Namensvorschlägen die Definition bildeten, von begrenzter Aussagekraft waren.[7] Geprägt waren sie von der kaum erfassbaren Größe des Tieres, den schwierigen Arbeitsbedingungen an den Stränden, wo sich die Kadaver fanden, und nicht zuletzt auch von der Verwesung, die gewöhnlich bereits eingesetzt hatte, bevor ein mehr oder minder walkundiger Wissenschaftler eintraf.

Ohne zu wissen, zu welcher Art der Wal eigentlich gehörte, hatte August Wilhelm Malm also einen seltenen zoologischen Schatz in die Hand bekommen. Er ging sofort daran, die Bergung des Kadavers zu organisieren. Drei Dampfer und zwei Kohlenfähren waren nötig, um ihn in die Bucht zu schleppen, wo dann 30 Arbeiter damit beschäftigt waren, das Tier zu häuten und aufzuteilen, in einem stinkenden Wettlauf mit der Verwesung – und mit den Zuschauern, die kleine Stücke des Wals als Souvenir mitgehen ließen. 30 000 Zink- und Kupfernägel wurden benötigt, um die Haut an einem Spezialrahmen aus Holz zu befestigen. Dieses Gerüst wurde in vier Abteilungen gebaut, um den Wal zum leichteren Transport zerlegen zu können.

Der Museumswal wurde mit einem Scharnier oben im Nacken ausgestattet, sodass der Oberkiefer zu öffnen war und die Museumsbesucher die merkwürdigen Barten – die Hornplatten, die diese Walart statt Zähnen hat – betrachten konnten, die dort oben sitzen. Man konnte auf diesem Weg auch in den Bauch des Wals steigen, wie Jonas in der Bibel. Der war gemütlich eingerichtet, mit Sitzbänken, Tapeten und so weiter. Die Einrichtung eines beweglichen Oberkiefers hatte sicher praktische Gründe, entsprach aber nicht der Anatomie der Bartenwale. Wenn ein lebender Wal das Maul öffnet, bewegt er dazu den Unterkiefer.

Der Wal wurde mit großem Erfolg in Göteborg und Stockholm ausgestellt; eine geplante Europatournee endete jedoch schon in Berlin; es bedurfte einer Spendensammlung wohlhabender Göteborger Bürger, um den Wal von den Gläubigern loszukaufen.

August Wilhelm Malm ließ einen Bericht über Auffindung und Präparierung des Museumswals drucken. Der gediegene Prachtband auf Französisch enthielt auch Fotografien und eine ausführliche wissenschaftliche Beschreibung.[8] Der »Malm'sche Wal«, wie er genannt wurde, genoss kurzfristig Starruhm in der Wissenschaft. Das fachliche Interesse ließ zwar rasch wieder nach, als der neue industrielle Walfang Zugang zu reichlich Blauwalkadavern gewährte, aber als Ausstellungsstück blieb der Göteborger Blauwal populär. Nachdem zu Beginn des 20. Jahrhunderts einmal ein Liebespaar im Bauch des Wals überrascht wurde, beschränkte das Museum den Zutritt zu dem ungewöhnlichen Raum.[9] Heute dürfen die Besucher nur mit spezieller Führung durch das Maul in das groteske, geschwärzte Kleinod hineinsteigen.

Der 16 Meter lange, ausgestopfte Wal ist riesig. Trotzdem wirkt er winzig neben dem größten konservierten Walskelett der Welt, dem eines 27 Meter langen Blauwals, der vor Island erlegt wurde. Das Rekordskelett ist im Slottsfjellmuseum in der südostnorwegischen Kleinstadt Tønsberg ausgestellt. Ganz am Ende des Gebäudes, innerhalb einer Abteilung mit Erinnerungsstücken an Tønsbergs Zeit als Wal- und Robbenfängerstadt im 19. und 20. Jahrhundert, liegt die Walhalle. Das aufgebaute Knochengerüst des Blauwals steht dicht gedrängt mit anderen Walskeletten, beherrscht aber den ganzen Raum. Der Blauwal wurde im Sommer 1901 mit einer Harpunenkanone von einem Dampffangschiff aus geschossen und anschließend auf die norwegische Fangstation im isländischen Hellisfjord geschleppt. In der betriebsamen Verarbeitungsanlage wurden die Walknochen ausnahmsweise nicht zersägt und ihres Öls wegen ausgekocht, sondern gereinigt und mit nach Tønsberg heimgenommen.

Im Ausstellungssaal, vor der Schnauzenspitze des Gigantenskeletts, ist eine kleine Messingplakette angebracht, die darüber informiert, dass dieses Blauwalskelett das größte ausgestellte Skelett einer rezenten Tierart auf der ganzen Welt ist. »Rezent« deshalb, weil einige Arten der ausgestorbenen Brachiosaurier vom Kopf bis zur Schwanzspitze noch länger waren als selbst der größte Blauwal. Was aber die Körpermasse angeht, so kommt kein Dinosaurier dem Blauwal auch nur nahe, und die beiden Äste des Blauwalunterkiefers sind die größten Knochen im Tierreich, ohne jede Einschränkung. Ihre Ausmaße sind die eines Baumstamms.

Kein Wärter ist in diesem Provinzmuseum zu entdecken. Die Ausstellungsgegenstände sind nicht abgesichert, und direkt unter dem Brustkorb des Wals steht eine Sitzbank, auf der man sich ausruhen kann.

Wäre es so gekommen, wie viele damals fürchteten, wäre das größte Walskelett der Welt heute vielleicht besser bewacht. Als es in Tønsberg eintraf, wurden bereits Zweifel laut, ob man den Blauwal noch lange in den Weltmeeren antreffen werde. Als der Storting, das norwegische Parlament, 1903 über den Walfang debattierte, warnte ein Redner, der Wal werde bald zu den »Museumstieren« gehören.[10] »Der Blauwal ist so gut wie verschwunden von unseren Küsten«, klagte ein anderer Abgeordneter.[11] Er meinte, die Art müsse jetzt um ihrer selbst willen geschützt werden, als ein lebendes Überbleibsel vorzeitlicher Riesentiere.

Aber würde man den Wal eigentlich so sehr vermissen, mehr als die ausgestorbenen Riesenfaultiere und Mastodonten? Was bedeutet ihre Existenz der Menschheit eigentlich? Das fragte sich ein Redner schon 1885 bei einer früheren Stortingsdebatte. Er räumte zwar ein, dass es schade wäre, die Möglichkeit des Walfangs zu verlieren, aber ansonsten wisse er nicht, sagte er, »ob der Wal eine solche Rolle in der Welt spielt, dass es ein beklagenswertes Unglück wäre, wenn er aus dem Reich der Schöpfung verschwände«.[12]

Das Walabenteuer hat hier in Tønsberg begonnen. Der moderne Großwalfang mit schnellen Booten, Sprenggranaten und Harpunenkanonen, der die Diskussion um die drohende Ausrottung des Blauwals in Gang brachte, wurde von Männern aus Tønsberg begründet. 70 Jahre lang war die Vestfold mit den Orten Tønsberg, Sandefjord und Larvik Weltzentrum des Walfangs. Anfangs gingen die Walfangexpeditionen hinauf an die Küste der Finnmark, später in die ganze Welt.

Selbst aus der Antarktis wäre der Blauwal fast verschwunden. Ursprünglich lebte hier der Großteil des Weltbestands dieser Art. Die antarktische Unterart, die heute als akut vom Aussterben bedroht gilt[13], war die am zahlreichsten vertretene. Die gewaltigsten Exemplare waren noch rund fünf Meter länger als jenes, dessen Skelett im Tønsberger Museum ausgestellt ist, und wogen zehn Tonnen mehr.[14]

Zehn Tonnen. Noch teilen wir den Planeten mit einem Tier, das so groß ist, dass man kaum noch glaubt, zehn oder dreißig Tonnen machten einen großen Unterschied aus. Die allergrößten von ihnen haben wir fast ausgelöscht, und die gelb gestrichene Holzbank unter dem Brustkorb des Wals im Museum in Tønsberg ist ein guter Platz, um über die Antwort auf die Frage des Stortingsabgeordneten von 1885 nachzudenken.

Wäre es denn so ein Unglück?

Foyns Methode

Svend Foyn wurde 1809 geboren, wenige Jahre nach der Jungfernfahrt des ersten dampfgetriebenen Schiffes. In seine Heimatstadt Tønsberg an der Mündung des Oslofjords kam das Dampfschiff zum ersten Mal, als er fast zwanzig Jahre alt war.[15]

In Foyns Zeitalter, dem 19. Jahrhundert, ersetzte die Dampfmaschine in immer neuen Bereichen Muskel-, Wind- und Wasserkraft. Das kohlenbefeuerte Antriebsaggregat revolutionierte die Herstellung aller Güter, von Brettern und Balken bis zu Textilien. Eisenbahngleise und das Pfeifen der Dampfloks drangen von Ort zu Ort vor. Dampfschiffe nahmen den Linienverkehr auf, selbst quer über die Ozeane.

Auch in der Waffentechnik tat sich einiges. Schon 1807 hagelten britische Artillerieraketen auf Kopenhagen nieder, nachdem die Briten die in China schon lange bekannte Technik des Raketenwerfers weiterentwickelt hatten.[16] Ab Mitte des Jahrhunderts wurden auch die Geschütze mit Neuerungen wie gezogenen Läufen und Spitzprojektilen statt runder Kanonenkugeln verbessert.[17]

Diese Kombination aus Dampfkraft und moderner Artillerie versetzte Svend Foyn und seine Mannschaft in die Lage, dem größten und stärksten Tier der Welt nachzustellen.

Foyn wurde in eine wohlhabende Familie hineingeboren, aber als er kaum drei Jahre alt war, schlug das Unglück zu. Der Vater ertrank. Die Mutter mühte sich, das Familienanwesen zu halten, das aus einem hölzernen Wohnhaus oben im Städtchen und dem Speicherhaus unten am Hafenkai bestand. Die kleine Familienreederei hielt sich einige Jahre mit ihren Schiffen einigermaßen über Wasser, aber Svends Kindheit war trotzdem von wirtschaftlichen Nöten geprägt, und vielleicht war es diese Erfahrung, die ihn den festen Entschluss fassen ließ, selbst reich zu werden.[18]

Mit elf Jahren fuhr der abenteuerlustige Junge in den Schulferien mit auf See hinaus. Mit 24 war er Skipper einer Segelschute und baute sich mit Frachtfahrten über die Nordsee ein bescheidenes Vermögen auf, das er in sein erstes großes Abenteuer investierte: die

Jagd auf Grönlandrobben, die auf dem Meereis rund um die Vulkaninsel Jan Mayen ihre Jungen warfen.

Früher, im 18. Jahrhundert, hatten sich Schiffe aus Bergen an der Jagd im Eismeer beteiligt, aber der Bergener Robbenfang war längst Geschichte, als Foyn anfing. Um die Mitte des 19. Jahrhunderts waren es hauptsächlich deutsche und britische Schiffe, die den Grönlandrobben nachstellten. Viele davon jagten nebenbei auch andere Arten, darunter den großen, schwarzen Grönlandwal, der die europäischen Fangschiffe zunächst hinauf ins arktische Eis gelockt hatte.

Foyns Robbenjagdexpeditionen gelangen über alle Erwartungen hinaus, die man beim Auslaufen aus Tønsberg hätte haben können. Von Beginn an war er sein eigener Kapitän, und er führte sein eigenes Schiff weiterhin selbst, auch als er bereits mehrere andere betrieb. Foyn war hochgewachsen und stark wie ein Bär. Er arbeitete härter als andere, verlangte viel von seinen Männern, und traf er auf Widerstand, konnte er sehr ungemütlich werden. Einmal soll er einen störrischen Seemann so gründlich zu Boden geschlagen haben, dass er erleichtert war, als der Mann überhaupt wieder zum Leben erwachte.[19]

Die Robbenjagd machte Svend Foyn zum reichsten Mann in Tønsberg. Natürlich blieben die Konkurrenten nicht aus, und die Robbenjagd wurde zu einem neuen und bedeutenden Erwerbszweig in der Vestfold, auch wenn sich die Ausbeute der anderen nicht mit den Fangergebnissen der Foyn-Schiffe messen konnte.[20]

Anfang der 1860er-Jahre entschloss sich Foyn, ein neues und größeres Abenteuer anzugehen, die Jagd auf den Blauwal und seine nicht ganz so großen Artverwandten, die Finnwale und Buckelwale. Blauwale und Finnwale galten überwiegend als gefährlich, die Jagd auf sie als nicht gewinnträchtig. Foyn glaubte, mit der Widerlegung dieser Annahme sei eine Menge Geld zu machen.

Es sind gewöhnlich keine wohlhabenden Männer in den Fünfzigern, die sich solche Tollkühnheiten in den Kopf setzen. Aber Foyn lebte für seine Arbeit, und der Robbenfang, der ihn reich gemacht hatte, brachte nicht mehr so viel ein. Es gab jetzt viele Fangschiffe draußen im westlichen Eismeer, und die Bestände der Grönlandrobbe waren in Gefahr, ausgerottet zu werden. Der Grönlandwal bot kaum eine Alternative. Nach Jahrhunderten der Jagd war es schwer, überhaupt noch welche zu fangen. Die großen und zahlreichen Wale der Finnwalfamilie dagegen schwammen ungestört an den Fangschiffen vorbei wie lebende Schären aus Muskeln und Speck. Im Rückblick beschrieb Foyn den Walfang fast wie eine religiöse Pflicht: »Gott hat die Wale zu Nutz und Frommen der Menschen geschaffen, und so sah ich mich berufen, diesen Zweig der Fischerei in Gang zu bringen.«[21]

Foyn verband Gottesfurcht mit harter Arbeit, sowohl in Armut wie in Reichtum. Für ihn war Geld etwas, das man einnahm und wieder investierte, aber nicht einfach aufbrauchte. In seiner Gedankenwelt gab es keinen Konflikt zwischen der Jagd nach dem Reichtum und der Religion. Und er war ein tief religiöser Mann. Seine Tagebucheinträge sind mit kurzen Gebeten gewürzt. »Oh Gott, sei mit uns und schütze uns in Jesu Namen«, schrieb er bei der Ausfahrt.[22] »Komm mit uns, oh Gott, und sei gelobt von allen an Bord. Gott sei Dank und Lob für eine glückliche Reise und guten Fang in Jesu Namen. Amen.«[23]

Der Blauwal und seine Verwandten waren schon früher vom norwegischen Festland aus gejagt worden. Die Bewohner Norwegens hatten schon in der Steinzeit Walfang betrieben, und in der Vestland gab es immer noch die Sitte, mittelgroße Wale wie den Zwergwal und den Schwertwal mit Netzen in Buchten zu treiben, um sie zu erschlagen und zu verspeisen – daher der norwegische Name *vågehval* (Buchtwal) für den Zwergwal. Die Grundlage für Svend Foyns neues Fangprojekt waren aber nicht die altnorwegischen Traditionsjagden, sondern vielmehr Techniken des kommerziellen Walfangs in viel größerem Umfang, entwickelt von anderen Anrainern des Nordatlantiks.

Die Basken in Nordspanien und Südwestfrankreich begannen den Walfang im großen Stil bereits im Mittelalter, in Ruderbooten entlang der Biskayaküste. Ihre Beute waren die großen Bartenwale, die sogenannten Nordkaper. Als immer weniger Nordkaper die Biskaya besuchten, fuhren die baskischen Walfänger immer weiter hinaus. Sie nahmen ihre Ruderboote, die Harpunen und den Rest der Ausrüstung in einem Segelschiff mit und postierten sich vor Küsten, wo es noch Wale gab. Im 16. Jahrhundert operierten die baskischen Walfänger in einem großen Teil des Nordatlantiks, von Neufundland bis zur norwegischen Finnmark. Hoch im Norden stießen sie auch auf den noch größeren Grönlandwal.

Der Grönlandwal ist ein Verwandter des Nordkapers. Beide gehören zur Familie der Glattwale, große Bartenwale mit einer ganz anderen Lebensweise und Anatomie als die Blauwale. Glattwale fressen, indem sie langsam mit offenem Maul das Meer durchschwimmen. Das Wasser strömt durch eine Öffnung vorne in den Barten, die von beiden Seiten des Oberkiefers hinabragen, hinein und an den Seiten durch die Barten wieder hinaus. Die Nahrung, die der Wal so aus dem Meerwasser herausfiltert, besteht aus kleinen Krebstierchen, meist nur von Reiskorngröße. Diese gemächliche Nahrungsaufnahme spiegelt sich auch im Körperbau wider: Nordkaper und Grönlandwale sind massive, träge Tiere. Ihr Kopf ist enorm groß. Die Barten des Nordkapers sind fast drei Meter lang, die des Grönlandwals sogar vier. Die Glattwale sind, mit anderen Worten, mit richtig großen Sieben ausgestattet.

An diese plumpen, langsam schwimmenden Tiere war viel leichter heranzukommen als an die schnellen, stromlinienförmigen Blauwale, und sie waren leichter zu töten. Selbst wenn die Männer in einem Fangboot mit einem harpunierten, bis zu 16 Meter langen Nordkaper alle Hände voll zu tun hatten, mangelte diesem Wal doch die enorme Kraft des Blauwals. Die dicke Speckschicht unter der Haut, der Blubber, hatte außerdem eine für den Fang willkommene Nebenwirkung: Ein toter Glattwal treibt auf dem Wasser.

Die Basken bekamen im Glattwalfang bald Konkurrenz von den Niederländern, Engländern und anderen, die auch an den Reichtümern teilhaben wollten. Der Blubber ließ sich zu Walöl – dem Tran – einkochen, der unter anderem als Brennstoff in Lampen und zur Seifenherstellung diente. Das Fleisch ließ sich auf den langen Fangfahrten nicht aufbewahren, aber es gab eine ständig steigende Nachfrage nach den langen Barten der Glattwale. Dieses Material war steif, aber trotzdem flexibel. Die schlanken Wespentaillen, die jahrhundertelang für die europäische Frauenmode typisch waren, entstanden oft durch Einschnüren in Korsetts, die mit Fischbein verstärkt waren, und als Fischbein wurden die Barten des Wals bezeichnet.[24] Auch zur Aussteifung der Krinolinen, der weit ausgestellten Unterröcke jener Zeit, wurden sie verwendet, sowie in Regenschirmen, Peitschen und Bürsten. Die vielseitig verwendbaren Hornplatten im Oberkiefer finden sich nur bei den Bartenwalen. Sie bestehen aus Keratin, dem faserigen Eiweiß, das auch unsere Haare und Nägel bildet. Die Barten sind bei den einzelnen Arten weitgehend gleich aufgebaut, auch wenn Farbe, Form und Größe variieren.

Als Ende des 16. Jahrhunderts die Inselgruppe Spitzbergen entdeckt wurde, wurde sie rasch zu einem der wichtigsten Fanggründe für die Jagd auf den Grönlandwal. Niederländer und Engländer wetteiferten um die Kontrolle über die Inseln, und auch Schiffe unter dänischer Flagge zeigten sich. So erhielten zum Beispiel Reedereien aus Bergen 1614 ein königlich dänisch-norwegisches Privileg für den Walfang, und schon im 17. Jahrhundert gingen einige Expeditionen aus Bergen ab.

Der Walfang schädigte den Bestand schwer. Anfang des 19. Jahrhunderts war der Grönlandwal um Spitzbergen bereits selten geworden. Die Fangstützpunkte lagen in Ruinen, die Fangschiffe wandten sich anderen Gewässern zu. Nordkaper, die schon so lange gejagt wurden, waren nirgends mehr zahlreich.

Die britischen Kolonisten in Neuengland – den späteren USA – beteiligten sich schon früh am Glattwalfang.[25] Sie waren es auch, die Anfang des 18. Jahrhunderts in großem Maßstab die Jagd auf den Pottwal aufnahmen. Der Pottwal ist ein Zahnwal, er hat keine Barten. Wie andere Meeressäuger hat auch er eine Speckschicht, die zu Tran eingekocht werden kann. Darüber hinaus aber findet sich im auffällig rechteckigen Kopf ein selteneres und viel wertvolleres Fett, der sogenannte Walrat, auch Spermaceti genannt. Die Art bekam ihren englischen und norwegischen Namen (*sperm whale* und *spermhval*), weil der Walrat in seiner Konsistenz dem menschlichen Sperma ähnelt, und es gab tatsächlich die Ansicht, der Pottwal trage sein Sperma im Kopf herum. Walrat eignete sich für eine Vielzahl von Cremes und Salben und ließ sich zu Kerzen verarbeiten, die besser brannten als die damals verbreiteten Talglichter. Nicht geringzuschätzen war auch seine Brauchbarkeit als Schmiermittel in der Feinmechanik zu einer Zeit, da die Technik rasch voranschritt.

Die Amerikaner taten das Gleiche wie die Basken vor ihnen: Zuerst fingen sie so viele Pottwale, wie sie konnten, in ihren eigenen Gewässern, dann fuhren sie immer weiter hinaus. Als die USA am 4. Juli 1776 ihre Unabhängigkeit erklärten, hatten die Walfänger aus

Neuengland bereits einen Großteil des Atlantiks auf der Jagd nach dem Pottwal durchkämmt. Anfang des 19. Jahrhunderts dehnten sie ihr Fanggebiet dann auch auf die Weiten des Stillen Ozeans aus. Zum ersten Mal wurde der Walfang ein weltumspannendes Gewerbe. Möglich wurde das, nachdem die Amerikaner es geschafft hatten, die Kesselanlagen zum Kochen des Trans direkt an Bord des Fangschiffs zu installieren. Dadurch mussten sie nach der Jagd nicht mehr eilends die Heimreise antreten, bevor der Speck verdarb. Falls nötig, konnten sie jetzt jahrelang unterwegs sein.

Der Pottwalkadaver wurde längsseits vertäut und direkt am Schiff zerteilt; die Jagd konnte weit hinaus aufs Meer führen. Die Walfänger ließen Fangboote zu Wasser, die gerudert wurden. Eine Harpune mit Widerhaken, die an einem langen, am Schiff befestigten Tau hing, wurde auf den Wal geschleudert, wenn er zum Blasen auftauchte, die Beute dann mit dem Tau am Fangboot festgemacht. Danach töteten die Männer das Tier mit zugespitzten Lanzen. Der Todeskampf war oft langwierig. Der harpunierte Wal schleppte das Fangboot oft weit hinter sich her oder ging sogar zum Gegenangriff über. Ein solcher Vorfall mit einem aggressiven Pottwalmännchen inspirierte Herman Melville zu seinem Roman *Moby-Dick*, mit dem er den amerikanischen Pottwalfang von Segelschiffen mit Fangbooten aus unsterblich gemacht hat.[26]

Natürlich gab es viele Überlegungen, den Walfang zu modernisieren. Eine Reihe von Erfindungen zum effektiveren Glattwal- und Pottwalfang war auch die Grundlage für Svend Foyns neue Jagdmethode.

Die erste Harpunenkanone, eine britische Erfindung, wurde bereits 1731 bei der Grönlandwaljagd eingesetzt. Aber es war kaum möglich, eine solche Kanone von einem Ruderboot aus gefahrlos abzufeuern. Erst 1837 kam ein Modell auf den Markt, das wirklich populär war. Svend Foyn kaufte mehrere solcher Harpunenkanonen, um sie mit auf seine Robbenjagdfahrten zu nehmen, falls er dabei zufällig auf einen der seltenen und wertvollen Glattwale stieß. 1849 wurden die Kanonen eingesetzt, als Foyn seinen ersten Wal harpunierte – einen Grönlandwal.

Die Kanone erweiterte die Reichweite der Harpune. Es war jetzt einfacher, den Wal am Boot festzumachen, aber die großen Arten wie Pottwal, Nordkaper oder Grönlandwal starben nicht am Harpunenschuss. Der nächste Schritt war daher, das Tier effektiver umzubringen. Sowohl Gift als auch Elektroschocks und Sprengstoff wurden ausprobiert. Die Methode, die sich ab Mitte des 19. Jahrhunderts durchsetzte, war die sogenannte Bombenlanze. Die traditionellen Lanzen der Walfänger wurden mit einer Sprengladung verstärkt, die wenige Sekunden nach dem Einschlag der Lanzenspitze im Wal explodierte. Bald wurden solche Bombenlanzen auch von Gewehren oder Kanonen abgefeuert. Zunächst wurde der Wal also in zwei Phasen erlegt: zuerst mit einer Kanone harpuniert, dann mit Bombenlanzen getötet.

Diese Neuentwicklungen ließen Erfinder und Unternehmer in vielen Ländern hoffen, die großen Wale aus der Finnwalfamilie jetzt effektiv jagen zu können. Blauwal und Finnwal waren zu stark, um sie mit der Harpune vom Fangboot aus zu jagen.[27] Außerdem hatten diese beiden Arten einen geringeren Körperfettanteil als die Glattwale, sodass sie nach dem Erlegen oft sanken.

Eine Idee, mit der viele spielten, war die Kombination der Harpune mit der Sprengwaffe. Bereits in den 1820er-Jahren versuchten die Briten, eine Rakete zu entwickeln, die sowohl eine Leine am Wal festmachen als ihn auch durch eine Explosion im Körperinneren töten konnte. Die Explosionsgase sollten die Beute aufblasen und so am Schwimmen halten. Bei letzterem Punkt versagten die Raketen allerdings. Die Wale sanken.

Ein Pionier, der für Svend Foyn große Bedeutung gewann, war der Amerikaner Thomas Welcome Roys.[28] Schon im Sommer 1856 ging Roys mit einem Zweimastsegler in den Gewässern zwischen Island und der russischen Inselgruppe Nowaja Semlja auf Fang. Er fand zwar keine Grönlandwale vor, wie er gehofft hatte, aber er konnte sein zweites Vorhaben ausführen: eine Sprengharpune an anderen Walarten zu testen. Er schoss sowohl auf Blauwale wie auf Finnwale und Buckelwale. Den Blauwal nannte er nach dem biblischen Seeungeheuer »Leviathan«.

»Wir schossen auf 22 Leviathane, von denen einer starb; 26 Buckelwale, von denen vier starben; und vier Finnwale, von denen keiner starb. Neun Leviathane, 12 Buckelwale und zwei Finnwale bliesen Blut, womit bewiesen ist, dass wir gut gezielt hatten und dass alle Granaten explodiert waren«, schrieb er selbst.[29] Er scheint keinen der Kadaver geborgen zu haben. In den folgenden Jahren experimentierte Roys weiter mit der Jagd auf die großen, starken Wale. Das kostete ihn unter anderem die linke Hand, die ihm von einer vorzeitig zündenden Granate abgerissen wurde.

Auch in Norwegen arbeiteten viele an Erfindungen, die am Blauwal und seinen Verwandten ausprobiert wurden.[30] Svend Foyn verfolgte diese Experimente aufmerksam und lernte daraus, aber er verfügte über eine Kombination von Voraussetzungen, die seinen Vorgängern fehlte: Er war ein tüchtiger und erfahrener Seemann, Walfänger und Geschäftsmann; und er hatte seine Walfangversuche trotz der Verluste, die sie ihm jahrelang einbrachten, aus seinem eigenen Vermögen und den laufenden Einnahmen der Robbenjagd finanziert und zielstrebig vorangetrieben. Er war keinen ungeduldigen Investoren verantwortlich, sondern riskierte sein eigenes Geld.

Als Stützpunkt für seine Fangversuche wählte Foyn den Ort Vadsø am Varangerfjord, dem letzten großen Fjord der Finnmark vor der russischen Grenze, hoch im Norden. Auch andere Walfänger hatten sich hier in letzter Zeit bereits versucht, aber ohne Erfolg. Der Amtmann der Finnmark fasste ihre Erfahrungen so zusammen: »Es gab im Varangerfjord wohl seinerzeit viele Wale, aber sie schienen alle zu einer besonders unruhigen Art zu gehören, die sich nicht abstechen oder auf andere Weise fangen lassen wollte.«[31]

Im Sommer 1865 ging Foyn zum ersten Mal auf die Jagd nach diesen unruhigen Walen. Bei der Robbenjagd hatte er Erfahrungen mit dampfgetriebenen Hilfsmotoren gemacht, und jetzt fuhr er mit dem ersten Walfang-Spezialschiff der Welt aus, das er sich eigens in Christiania (heute Oslo) hatte bauen lassen, der *Spes & Fides*. Hoffnung und Glauben. Von Tønsberg nach Vadsø fuhr er noch unter Segel, während er bei den Fangversuchen im Varangerfjord das Schiff von den dampfgetriebenen Schrauben antreiben ließ.

Die *Spes & Fides* war anfangs mit mehreren Kanonen entlang der Schiffsseiten ausgestattet, als wolle sie Breitseiten wie in einer Seeschlacht abfeuern. Das Schiff war mit einem ganzen Arsenal von Harpunen, Lanzen und Sprengwaffen beladen, die aus den Kanonen abgeschossen werden sollten, aber der Mannschaft fehlte es an Erfahrung im Umgang mit der Ausrüstung. Das zeigte sich gleich beim ersten Versuch, als sie einen Wal im Varangerfjord harpunierten. Einer der Seeleute sollte die Taurolle halten, die Harpune und Fangschiff verband. Schussknall und Rückstoß der Kanone erschreckten ihn allerdings so sehr, dass er die Taurolle von sich warf, Foyn genau vor die Füße, und entsetzt zurücksprang. In der Aufregung verfing Foyn sich in der Leine und wurde über Bord gerissen.

Später erzählte Foyn: »… unbedacht trat ich in die aufgewickelte Leine, wobei sich mir ein Rundtörn um den Fuß schlang. Der Wal, der rasch in Richtung Meer schwamm, schleppte die Leine mit mir daran hinter sich her und aufs Meer hinaus. Ich fürchtete, mein letztes Stündlein habe geschlagen; aber als der Wal wieder auftauchte, wurde die Leine schlaff, worauf es mir gelang, das Bein aus dem Rundtörn zu ziehen. Ich schwamm zurück zum Schiff und ließ mich auffischen.«[32]

Jahrelange Versuche und viel Herumprobieren waren nötig, bis Foyn und seine Mannschaft Erfolg beim Fang hatten. Große Bedeutung hatte dabei eine Studienfahrt nach Island 1866. Dort hatte der einhändige Erfinder Thomas Welcome Roys mit seinem Kompagnon Gustav Adolph Lilliendahl aus New York, einem Feuerwerkshersteller, einige Jahre zuvor eine Walfangstation errichtet. Auch sie arbeiteten mit Dampffangschiffen, und es war ihnen geglückt, mithilfe ihrer patentierten Raketenwaffe jährlich mehrere Dutzend Blauwale, Finnwale und Buckelwale zu erlegen. Die Rakete trug sowohl eine Harpune mit Fangleine als auch eine oft tödliche Sprengladung.

Der Erfolg der Konkurrenten inspirierte Foyn zwar, aber selbst traute er dem Raketensystem nicht, sondern setzte weiter auf Kanonen, die Harpunen und Sprenggranaten-Spitzgeschosse auf die Wale feuerten. Was Foyn aus Island mit nach Hause brachte, waren zwei andere Neuentwicklungen. Die erste war eine Winsch, eine von der Dampfmaschine des Fangschiffs angetriebene Seilwinde. Diese Motorwinde konnte die Fangleine je nach Bedarf rasch ausgeben und wieder einholen und war stark genug, gesunkene Walkadaver zu heben. Zum anderen hatten Roys und Lilliendahl sich einen starken Halteriemen aus Gummi patentieren lassen, der am Schiffsmast befestigt wurde, um die Rucke in der Fangleine zu dämpfen, wenn das Schiff im Seegang stampfte oder rollte. Die Fangleine riss bei der Bergung eines schweren Wals nicht mehr so leicht, wenn sie durch einen Block gefiert wurde, der an diesem Halteriemen hing.

Während für Foyn der Walfang bald ein sehr lohnendes Unternehmen wurde, verlief die Tätigkeit Roys' und Lilliendahls auf Island nach einigen Jahren im Sande. Das kaufmännische Talent der beiden Amerikaner war wohl weniger ausgeprägt als ihr Erfindergeist, und die Zusammenarbeit mit ihren dänischen Partnern (während Norwegen sich 1814 von Dänemark gelöst hatte, blieb Island weiterhin dänisch) wurde durch ständige Streitigkeiten belastet.

Für Svend Foyn kam der Wendepunkt im Sommer 1868, der ersten erfolgreichen Fangsaison. Foyn und die Mannschaft der *Spes & Fides* waren von März bis August in Vadsø und erlegten insgesamt 30 Wale.

Der Finnwal war enorm groß.[33] Er glich dem Blauwal, er war lang und stromlinienförmig, aber sein Rücken war dunkler, fast schwarz, und die Rückenflosse ausgeprägter.

Den Buckelwal wiederum konnte man an einem kleinen Buckel – nach dem er benannt war – vor der Rückenflosse erkennen. Aus der Nähe sah er bizarr aus. Sein Kopf hatte knotige Auswüchse. Der dunkle Körper war ziemlich plump, die weißen Brustflossen waren extrem lang. An der Unterseite des Kopfes und des Vorderkörpers sah man den Beweis, dass auch er zur Finnwalfamilie gehörte, nämlich die charakteristischen Längsfurchen, die sich auch bei Blau- und Finnwal und einigen kleineren Arten wie dem Seiwal und dem Zwergwal finden.

Am 30. Juni 1868 trafen sie endlich auf Blauwale, hinter dem Varangerfjord in der Nähe der russischen Grenze.[34] Aus der Entfernung verriet sich der Blauwal dadurch, dass die säulenförmige Dampfwolke, die er beim Blasen ausstieß, höher war als der Blas jeder anderen Walart: bis zu zehn Meter. Kam man näher, sah man es leicht an der Größe, besonders an der Länge. Außerdem war der Blauwal heller als seine Verwandten.

Foyn und seine Mannschaft versuchten einen der Blauwale mit einer Sprenggranate zu töten, aber die Harpune verbog sich und wirkte nicht wie geplant. Der Wal ging verloren. Den restlichen Tag verbrachten sie mit Probeschüssen und dem Justieren der Harpune. Foyn notierte in seinem Tagebuch, was er gelernt hatte: »Endlich Kanonen, Harpunen und alles an Bord gut erprobt.«[35] Um neun Uhr morgens am nächsten Tag harpunierten sie einen kleinen Blauwal. Die erste Harpune drang kaum in die Seite des Wals, fand keinen Halt, aber die zweite schlug in den Schädel des Tiers. Der Wal hing an der Fangleine. Ihn zu töten war schwieriger. Zwei Granaten wurden auf ihn abgefeuert, ohne sonderlich Schaden anzurichten. Der Wal zog das Schiff drei Stunden lang in rascher Fahrt mit sich, bevor es wieder in Schussposition kam. Diesmal gelang es, den Wal umzubringen. Um sieben Uhr abends lief die *Spes & Fides* in Vadsø ein, mit dem Blauwal im Schlepp. Wieder notierte sich Foyn viele notwendige Verbesserungen an Harpune und Kanone.

Im Juli gelangen Foyn noch mehrere Bergungen geschossener Blauwale, aber viele gingen auch verloren. »Die Leine ist nicht stark genug«, notierte Foyn am 17. Juli, nachdem er einen harpunierten Blauwal nur wenige Meilen vor Grense Jakobselv, dem Grenzposten gegen Russland, verloren hatte.[36] Foyns Walfang erinnerte damals noch an Sportanglerei mit wenig Ausrüstung und der ständigen Gefahr, dass die Schnur reißt oder der Fisch vom Haken springt. Die Mannschaft nutzte die dampfgetriebene Winsch, um die Fangleine rasch ab- und wieder aufzuwickeln. Es wurde immer so viel Leine gegeben, dass sie nicht riss, aber gleichzeitig genug Zug ausübte, um den Wal am Tauchen zu hindern. Oft starb das Tier erst nach langem Kampf an Blutverlust und Erschöpfung.

Erst Anfang der 1870er-Jahre gelang es Foyn, eine Fangwaffe herzustellen, mit der er zufrieden war: eine kombinierte Granatharpune, mit der die Beute sowohl getötet als auch an einer Leine gesichert werden konnte, im besten Fall durch einen einzigen Kanonenschuss.

Die Granatharpune wurde von einer Kanone abgefeuert, die auf einem Dreifuß auf dem Vordeck montiert war. Der Schütze, der die Kanone ausrichtete und bediente, hatte die gefährlichste Aufgabe an Bord. Das Geschütz wurde durch die Mündung geladen, zuerst mit Schießpulver, dann mit der Harpune, an der vorne eine Spitzladung befestigt war und von deren Schaft ein langes, starkes Tau ausging, das in einer Rolle aufgewickelt neben der Kanone lag. (Die Idee, die ablaufende Fangleine von einem Mannschaftsmitglied halten zu lassen, hatte Foyn aus verständlichen Gründen aufgegeben.)

Die Sicherung der Sprengladung, die dafür sorgte, dass die Granate erst nach dem Eindringen in den Körper des Wals explodierte, war in enger Zusammenarbeit mit dem Priester und Hobbychemiker Hans Morten Thrane entwickelt worden. Die Harpune hatte bewegliche Widerhaken aus Metall. Wenn die Harpune im Wal festsaß und die Fangleine sich straffte, spreizten sich die Widerhaken. Dadurch wurde eine Glasampulle mit Schwefelsäure zerbrochen, die innen zwischen den Widerhaken in einer Hülle aus einem Pulver saß, das sich bei Kontakt mit der Schwefelsäure entzündete. Dadurch wiederum wurde die Pulverladung der Sprenggranate ausgelöst. Später wurde dieser Mechanismus durch eine Zeitzünderladung ersetzt.

Die Erfindung der Granatharpune ist es, die Foyn berühmt gemacht hat, aber es war nicht einmal seine eigene Idee, eine tödliche Sprengladung mit der Fangleine zusammen an einer widerhakenbesetzten Harpune zu befestigen. Das hatten schon viele vor ihm versucht. Foyns Durchbruch bestand vielmehr darin, dass es ihm mithilfe von Experten aus mehreren Fachgebieten und nach Jahren des Probierens und Feilens gelang, sowohl eine wirksame Fangwaffe als auch eine lohnende Fangmethode zu entwickeln: den modernen Walfang, so nannte man das neue, industrialisierte Fanggewerbe, das Foyn begründete.

In einem Reisebericht aus der Finnmark, der 1871 erschien, beschrieb Professor Jens Andreas Friis diesen Walfang mit der Granatharpune vom Dampfschiff aus. Friis war Sprachwissenschaftler, sein Spezialgebiet war das Samische, nicht die Tierwelt des Meeres, aber er war sich gleichwohl sicher, welches Schicksal den Wal im Varangerfjord erwartete: »Nicht mehr lange wird es währen, bis denn der Grönlandwal wohl ausgerottet ist.«[37]

Königliche Großwildjagd

Im Sommer 1873 besuchte der schwedische König Oscar II., der zu dieser Zeit auch Norwegen regierte, Vadsø. Drei hohe Masten überragten das Schiff des Königs, die Fregatte *St. Olaf*, die aber auch über einen dampfgetriebenen Hilfsmotor verfügte.[38] Oscar II. bereiste die Nordküste des Landes, um sich vom Volk feiern zu lassen, bevor er im Nidarosdom zu Trondheim zum König von Norwegen gekrönt wurde.

Wenn der König schon in den Norden fuhr, durfte er sich natürlich auch die Jagd auf das größte Wild der Welt nicht entgehen lassen, das sich im Varangerfjord fand. Denn der neue Walfang erregte Aufmerksamkeit und hatte Foyn berühmt gemacht. Foyn hatte selbst dafür gesorgt, dass er eine Berühmtheit wurde, indem er vom Beginn seiner Walfangversuche an die Zeitungen mit guten Stories über seine Erfolge und Fehlschläge versorgt hatte.

Der Walfangpionier genoss außerdem das Wohlwollen der Obrigkeit. 1870 wurde Svend Foyn zum Kommandeur des Ordens des Heiligen Olav ernannt – eine offizielle Ehrung des Königreichs Norwegen –, und zu Neujahr 1873 hatte der König Foyn ein zehnjähriges Patent auf sein Fangsystem erteilt. Das Patent war so umfassend formuliert, dass es sich auf den Gebrauch von Dampfkraft, Kanonen, Granatharpunen, Winsch und so weiter erstreckte, sodass Mitbewerber kaum eine Chance hatten, sich zu etablieren. Im Grunde war es mehr ein Monopol oder vielmehr Königliches Privileg als ein Patent. Der Hintergrund war, dass Foyn in der Finnmark von deutschen Konkurrenten herausgefordert worden war und sich sofort an die Behörden um Schutz gewandt hatte. Innerhalb der norwegischen Regierung bestand zwar zunächst Uneinigkeit; einige ihrer Mitglieder hatten Bedenken dagegen, die Patentregeln so weit auszulegen. Aber die Sorge um die nationale Wirtschaft ging dann vor.

Als das Schiff des Königs in Vadsø einlief, fand es sich einer Armada kleiner Fischerboote gegenüber, allesamt einfache Ruder- oder Segelboote. Svend Foyns *Spes & Fides*, das einzige Dampfschiff an Ort, schoss Salut.

Mit Ausnahme der Kirche bestand Vadsø damals aus niedrigen Holzhäusern, ein oder zwei Stock hoch. Nach dem abschließenden Festbankett kamen der König und sein Gefolge zur Mitternachtssonne. Anstatt sich direkt zum Schiff rudern zu lassen, besichtigten sie zunächst Svend Foyns Fangstation an Land. Sie lag außerhalb Vadsøs, auf der Insel Vadsøy, die vom Ort selbst durch einen schmalen Sund getrennt ist. Dort, wo der König an Land ging, hatten Foyns Arbeiter einen Ehrenbogen aus Wal-Unterkiefern errichtet, unter dem die königliche Gesellschaft hindurchschritt.

Am Strand vor der Fabrik lag ein halb an Land geschleppter, 25 Meter langer Blauwal.[39] Der König ging von einem Gebäude zum nächsten und ließ sich die große Verarbeitungsanlage in vollem Betrieb zeigen. Er sah, wie der Speck vom Wal geflenst, also abgeschnitten, und zu einer zähen Tranmasse eingekocht wurde. Diese Masse wurde in Säcke aus Segeltuch gefüllt und unter eine Dampfpresse gelegt, die den flüssigen, klaren Tran vom Stearin trennte, das als flacher Kuchen zurückblieb. Der Tran wurde in Fässer abgefüllt. Foyn und seine Mitarbeiter hatten bereits große Fortschritte beim Raffinieren gemacht, arbeiteten aber ständig an der Gewinnung reineren Öls.

Die Reste des Wals, die nach der Tranproduktion übrig blieben, wurden zu Dünger verarbeitet. Die Anlage, in der die Kadaverreste in dampfgetriebenen Maschinen zerhackt und gemahlen wurden, um danach getrocknet zu werden, nannte sich Guanofabrik. Guano – eigentlich der Kot von Vögeln und anderen in Kolonien lebenden Tieren – war im 19. Jahrhundert eine wichtige Handelsware. Foyns Guanofabrik draußen auf Vadsøy lieferte zuverlässig einen ähnlichen Dünger, der unter demselben Namen verkauft wurde.

Der schon im vorhergehenden Kapitel erwähnte Professor Jens Andreas Friis reiste im Gefolge des Königs. In seinem begeisterten Reisebericht erzählte er von der Krönungsfahrt, dass dem König und seinem Gefolge sowohl von Foyn wie auch von vielen Einwohnern Vadsøs frisches Walfleisch gezeigt wurde, »das man angeblich verspeist«[40]. Gewiss erdreistete sich keiner, dem König ein Stück Filet vom größten Tier der Welt anzubieten.

Zu der Anlage, die König Oscar in dieser Julinacht 1873 inspizierte, wurden in jenem Jahr 36 getötete Wale geschleppt. Fang und Anlieferung bei der Fangstation besorgten 52 Mann aus dem

Süden. Sie reisten mit Foyn zusammen im Frühling an und fuhren im Herbst wieder nach Hause. Nach Bedarf heuerte Foyn auch eine kleine Zahl örtlicher Tagelöhner an, aber alle festen Arbeitsplätze hatten die Zugereisten inne, und sie waren es, die die neuen Handwerke erlernten, die sich rund um den Walfang entwickelten.

Am folgenden Morgen wurde um sechs Uhr geweckt, erzählt Professor Friis, denn der König wollte an einer Walfangfahrt teilnehmen. Zwei königliche Kanonenboote folgten der *Spes & Fides* quer über den Varangerfjord. Auf der anderen Seite war ein Wal zu sehen.

»Es sind zwei!«, rief einer der Zuschauer in den Königsbooten. »Es sind drei!«, rief ein anderer.[41]

Unter lauten Hurrarufen aus dem Königsgefolge nahm Foyn unter Volldampf die Jagd auf die Wale auf. Sobald die *Spes & Fides* sich einem der Wale genug genähert hatte, nahm sie Fahrt weg. Vorne am Bug wartete schon der Harpunenschütze an der Kanone. In den minutenlangen Pausen, wenn die Wale abtauchten, hielt das Publikum auf den Kanonenbooten gespannt Ausschau nach ihnen, »ganz aufgeregt in der Verfolgung und eifrig ausspähend nach diesen Ungeheuern, die bald hier, bald dort ihren schwarzen Rücken zeigten und einen Strahl in die Luft spien«[42]. Viele Male tauchte der Wal ein wenig zu weit von der *Spes & Fides* entfernt auf. Das Fangschiff versuchte jeweils dorthin Kurs zu nehmen, wo er vermutlich das nächste Mal hochkommen würde. Dazu brauchte es Erfahrung, um Richtung und Abstand zu berechnen, kommentierte Friis, und verglich die Jagd auf Wale mit der auf Seevögel, wie etwa Taucher.

Schließlich kam der Walrücken direkt neben der *Spes & Fides* an die Oberfläche. Ein gut gezielter Schuss aus der Harpunenkanone tötete ihn sofort. Der Professor klingt in seinem Bericht direkt enttäuscht, dass es nicht dramatischer zuging. Der Wal sank sofort nach dem Schuss und musste mit der Dampfwinsch gehoben werden. »Nach und nach sah man die Harpune, darumherum eine große Beule im Rücken des Wals, in der sie stak und die beim Hochziehen aufgerissen wurde.« Zwei Männer in einem Ruderboot stachen am Oberkiefer und am Schwanz Lanzen durch die Haut und befestigten Eisenketten daran, um den Wal für den Transport an Land längsseits am Schiff zu sichern. Der Wal war fast so lang wie die *Spes & Fides*, schreibt Friis, also nahezu 25 Meter. Wenn das stimmt, war es ein Blauwal.

Als der Wal gesichert war, überreichte der König dem Harpunier Ole Hansen einen Silberbecher als Dank. Unter den neuen Berufen, die aus dem Walfang entstanden, galt die Arbeit des Harpunenschützen als schwierigste und ehrenvollste.

Auch Foyn wurde geehrt. Der König selbst rief ein neunfaches Hurra für ihn. Nach der Tradition der Marine enterten die Matrosen in die Takelage auf und stellten sich auf den Rahen auf. Die Hurra-Rufe hallten über das blutrote Meer.

Svend Foyn, inzwischen 63, der vaterlose Junge aus Tønsberg, muss stolz gewesen sein. Es sah so aus, als liefen die Dinge jetzt. Einen Grund zur Besorgnis gab es allerdings noch. Zwar hatte Foyn die Unterstützung der Elite des Landes, aber eher nicht die der Einwohner Vadsøs. Er spürte, dass ihm Missgunst entgegenschlug.

Bereits im Jahr zuvor, 1872, war die Fabrikanlage draußen auf Vadsøy verwüstet worden.[43] Die Verantwortlichen wurden nie gefasst. Möglicherweise hing dieser Vorfall mit den Beschwerden zusammen, die gleichzeitig in der Lokalzeitung erhoben wurden. Die übel riechende Schweinerei aus Foyns Fabrik verschmutzte das Meer im Umkreis und machte den Fischern des Ortes das Leben schwer. Die Einwohner erlebten hauptsächlich die negativen Auswirkungen des Betriebs. Als die Anlage fertiggebaut war, trug sie kaum etwas zum örtlichen Arbeitsmarkt bei, während die aus der Vestfold angereisten Walfänger Löhne erhielten, von denen ein Fischer aus der Finnmark kaum zu träumen wagte.

Im Frühling 1873, im Vorfeld des Königsbesuchs, reichten 37 Einwohner Vadsøs die erste offizielle Klage bei der Obrigkeit ein.[44] Sie brachten unter anderem vor, Foyn sei dabei, die Wale im Varangerfjord völlig auszurotten, und dass der Walfang unmittelbar nachteilig für den Fischbestand sei. Foyn reagierte gereizt und abweisend und machte sich so nur noch mehr Feinde.

Die Beschwerden der Fischer aus der Finnmark sollten im folgenden Jahrzehnt zum Problem für die Walfänger werden. Teilweise glaubten die Fischer irrtümlich, der Schwund des Stints, eines für die Region wichtigen Fisches, sei auf den Walfang zurückzuführen. Die Auffassung, Wale drängten den Stint in den Fjord oder an die Küste, war weit verbreitet.[45] Dort konnten die Fischer den glänzenden kleinen Fisch leicht erbeuten – und danach als Köder für den Fang von Dorschen oder anderen Raubfischen benutzen, die den Stintschwärmen folgten. Der Walfang verscheuche sowohl den Fisch wie den Wal, so die Fischer. Außerdem beklagten sie sich, die Fangschiffe seien draußen im Fjord ganz einfach im Weg und schafften mit Sprengstoffeinsatz und angeschossenen Walen gefährliche Situationen.

Von der Wissenschaft erhielten die Fischer zwar kaum Unterstützung für ihre Klagen, aber die Ansicht, der Wal sei wichtig für die Fischerei, war an der norwegischen Küste weit verbreitet und stützte sich auf eine lange Tradition. Im *Konungsskuggsjá* (*Königsspiegel*), einer berühmten enzyklopädischen Abhandlung des 13. Jahrhunderts, heißt es von einer besonders nützlichen Walart, dass sie keinesfalls bejagt werden dürfe: »Dann heißt eine Walart *fiskreki* (Fischtreiber), der den Menschen wohl am meisten nützlich ist, denn er treibt aus der hohen See auf das Land zu Heringe und andere Fische aller Art und er hat dabei eine so wundersame Natur, daß er Menschen und Schiffe zu schonen weiß und ihnen Heringe und allerhand Fische zutreibt, als sei er dazu verordnet und gesandt von Gott ...«[46]

Der Streit zwischen Fischern und Walfängern sollte im Laufe der Zeit eine bedeutsame politische Frage werden, und König Oscar, der am 18. Juli 1873 im Nidarosdom zu Trondheim gekrönt wurde, erhielt im Lauf der Jahre von seiner Regierung in Christiania eine Reihe von Gesetzesvorschlägen zum Schutz der Wale zur Unterschrift vorgelegt. Auch ansonsten bereiteten ihm seine norwegischen Untertanen viele Sorgen. Als er mit dem roten, hermelingefassten Krönungsmantel über der Militäruniform im altehrwürdigen Dom stand, wusste Oscar II. es noch nicht, aber er sollte der letzte König von Norwegen aus dem Hause Bernadotte sein.

Die neue Königin Sofie trug zur Krönung ein Kleid aus weißer Seide, bestickt mit dem norwegischen Wappenlöwen in Gold, das eigens für den Anlass gefertigt worden war. Hofschneider Albert Valentin hatte das Mieder des Krönungsgewands mit dem besten Material ausgesteift, das zu haben war[47]: Fischbein, also Walbarten, die vermutlich von einem der seltenen Grönlandwale stammten.[48]

Als der Wal blau wurde

Georg Ossian Sars stammte aus einer großen und redseligen Familie. Er selbst schwieg in Gesellschaft aber meist und saß gerne mit einem leichten Lächeln um den Mund einfach dabei. Wenn er sich bei solchen Anlässen bemerkbar machte, dann durch sein Geigenspiel. Ossian, wie Freunde und Angehörige ihn nannten, war dünn, trug eine Brille und einen schütteren Bart. Mit 37 Jahren wohnte er noch immer zu Hause bei seiner Mutter.

Als Wissenschaftler dagegen machte Sars sich deutlich besser. Er entdeckte zahlreiche neue Tierarten und zeichnete wunderschöne Illustrationen von allen, vom mikroskopisch kleinen Wassertierchen bis hin zu riesigen Walen. Als einer von Norwegens damals nur zwei Zoologieprofessoren um seine Emeritierung bat, bewarb sich Sars, der damals ein Stipendium der Universität innehatte, als Nachfolger, wobei ihn die norwegische Regierung unterstützte. Am 10. Juli 1874 tauchte König Oscar auf seinem Sommersitz Schloss Sofiero in Süd-west-Schweden die Feder ins Tintenfass und setzte seinen Namen unter die Urkunde, mit der Sars zum Professor an der Universität Christiania ernannt wurde.[49]

Der neue Lehrstuhlinhaber befand sich zu diesem Zeitpunkt gerade auf einer Reise in den Norden des Landes. Neben seiner Tätigkeit als Dozent leitete er auch noch die staatliche Untersuchung zur Meeresfischerei. Das verschaffte ihm nicht nur ein willkommenes Zusatzeinkommen, sondern gab ihm auch gute Gelegenheit, das Leben im Meer zu erforschen. Im Rahmen dieser Tätigkeit sollte er auch feststellen, ob die Behauptungen der Fischer in der Ostfinnmark stimmten, der neue Walfang verscheuche den zahlreich vorhandenen, aber launischen Stint.

Die Reise von Christiania nach Vadsø erfolgte in mehreren Etappen mit Zwischenaufenthalten. Erst einige Wochen nach seiner Berufung zum Professor legte Sars die letzte Teilstrecke zurück und schiffte sich nach Vardø ein, dem östlichsten Ort Norwegens. Zu Anfang der sieben Meilen langen Fahrt entlang der Küste sah man draußen noch die offene Barentssee. Es herrschte Nordwind bei kühlem Wetter mit bedecktem Himmel.[50] Trotzdem blieb Sars oben an Deck und beobachtete. Wir dürfen davon ausgehen, dass der frischgebackene Professor gespannt und erwartungsvoll war. In Vadsø wartete eine Chance auf ihn, die noch kein Zoologe vor ihm gehabt hatte: täglicher Zugang zu frisch getöteten Exemplaren des größten aller Wale.

Während seiner Studentenzeit hatte Ossian Sars eine Zeit lang alles gelesen, was es über Wale zu finden gab. Obwohl er sich später auf Krebstiere spezialisierte, hatte er in den 1860er-Jahren doch auch einige Fachaufsätze über Wale veröffentlicht.[51] Ein Glückstreffer war es für ihn gewesen, als auf den Lofotinseln ein toter Finnwal angeschwemmt wurde, während er dort gerade mit Fischereiforschung befasst war.

Nun würde er bald einen weiteren Beitrag zur Erforschung der Wale liefern können. Darüber, zu welcher Art der großen Wale innerhalb der Finnwalfamilie die Exemplare eigentlich gehörten, die Foyn fing, war sich Sars vorläufig noch unsicher, aber er hatte Grund zu der Annahme, dass es sich um eine andere Art als den gewöhnlichen Finnwal handelte, den er bereits untersucht und über den er geschrieben hatte.

Die Aufregung ist der Schilderung des Zoologen, wie er zum ersten Mal einen Wal blasen und harpuniert werden sah, deutlich anzumerken. Beides erlebte er bereits mit, noch bevor er den Fuß an Land gesetzt hatte: »Bereits beim Einlaufen in den Varangerfjord sah man von Deck aus Foyns kleines Dampfschiff *Martha* am Horizont beim Fang. Im Fernrohr waren deutlich die hohen Dampfsäulen wahrzunehmen, die den Kurs des Wals markierten, und als das Dampfschiff nach und nach näherkam, ging es dem Wal ans Leben. Unvermittelt schoss eine dichte, weiße Rauchwolke vom Bug des Dampfers, gefolgt von einem dumpfen Knall, der uns sagte, dass die todbringende Harpune abgeschossen worden war. Dass der Schuss sein Ziel getroffen hatte, sagten uns deutlich die weiteren Manöver des Dampfers. Der Wal war also getroffen, und durch die vortrefflichen Apparate, die Foyn anwendet, war damit gleichzeitig auch schnell und sicher sein Leben beendet.«[52]

Später am selben Tag stand Sars an Land in Vadsø und sah dem Dampfer zu, wie er einen enormen Walkadaver in den Sund vor dem Ort bugsierte. Er beeilte sich, ein Boot zu mieten und sich nach Foyns Anlegestelle auf Vadsøy übersetzen zu lassen.

Der Rücken des Wals ragte aus dem Wasser, als Sars sich näherte. Die Form der Rückenflosse beseitigte jeden Zweifel: Sars stand wirklich vor einem Exemplar derselben bemerkenswerten Walart, die August Wilhelm Malm in Göteborg ausstopfen lassen und im Detail beschrieben hatte. Dass diese Art auch an der norwegischen Küste vorkam, war der Zoologie noch nicht lange bekannt.

Der Blauwal, der vor Sars lag, war ungefähr 19 Meter lang. Er ging sofort daran, den Kadaver kreuz und quer zu vermessen, wurde aber bald von den Arbeitern weggescheucht, die den Wal abspecken sollten. Das musste während der Ebbe geschehen, solange noch Niedrigwasser herrschte. Im Laufe der hellen Sommernacht sollte der Kadaver schon Platz für den nächsten Wal machen, der bei Hochwasser möglichst weit den Strand hinaufgeschleppt wurde, um dann, wenn das ablaufende Wasser den Zugang ermöglichte, seinerseits abgeflenst zu werden. Hier ging alles mit »reißender, geradezu maschinenhafter Schnelligkeit« vor sich, wie Sars notierte. In den folgenden Tagen gelang es ihm offenbar, sich dem Arbeitsrhythmus draußen auf Vadsøy anzupassen. Foyn hatte Glück beim Fang, und der Professor konnte zehn verschiedene Blauwale beiderlei Geschlechts untersuchen, sowohl Jungtiere wie auch ausgewachsene Exemplare. Besonders faszinierten ihn die großen Augen der Tiere. Durch die ovale Form und das deutlich sichtbare Weiß um die graublaue Iris erinnerten sie ihn an Menschenaugen.

Sars nutzte auch die Gelegenheit, Foyn selbst über den Walfang im Varangerfjord auszufragen. Es wäre sicher interessant gewesen, bei den Unterredungen zwischen dem schüchternen Professor und dem aufbrausenden Walfänger Mäuschen zu spielen. Manche Themen vermieden sie wahrscheinlich lieber. Sars gehörte einem Milieu an, in dem man sich für radikale Ideen sowohl in der Wissenschaft wie in der Politik interessierte. Zu Hause in Christiania hielt er bahnbrechende Vorlesungen über die Biologie des Menschen, die auf Darwins neuer Evolutionstheorie beruhten. Manche meinten, er erzähle den Studenten, die moderne Wissenschaft sei dabei, den Glauben an einen Gott als Weltenschöpfer überflüssig zu machen.[53] Der alte Foyn dagegen war tief religiös, politisch konservativ und ein glühender Anhänger des Königshauses. Für weltliche Unterhaltung hatte er keinen

Sinn, also dürfte er auch kaum Wert auf die Bauernweisen und klassischen Ohrwürmer gelegt haben, mit denen Sars auf seiner Hardangerfiedel aufwarten konnte, die er auch auf seiner Forschungsreise dabeihatte. Es fragt sich, kurz gesagt, ob es irgendwelchen Smalltalk oder allgemeine Gespräche zwischen Sars und Foyn gab. Sie sprachen wohl nur über ihr einziges gemeinsames Interesse: Wale.

Nach seiner Rückkehr hielt Sars vor der Videnskabs-Selskab, der Norwegischen Akademie der Wissenschaften in Christiania, einen Vortrag mit dem Titel *Om »Blaahvalen«* (»Über den ›Blauwal‹«), der auch gedruckt in der Schriftenreihe der Akademie erschien. Zwar wurde er nie in andere Sprachen übersetzt, stellt aber dennoch einen Meilenstein in der Erforschung des Blauwals dar, weil er auf der Untersuchung einer Reihe frisch getöteter Exemplare beruhte.

Nach aller Wahrscheinlichkeit handelt es sich um das größte Tier des Erdballs, so Sars. Er selbst hatte Tiere von bis zu 25 Meter Länge vermessen, und Foyn hatte angegeben, früher Blauwale von fast 31 Meter Länge gefangen zu haben.

Aus eigener Anschauung konnte Sars jetzt Malms ältere Beschreibung des Blauwals in vielen Punkten berichtigen; er stellte außerdem die detaillierte Zeichnung eines großen, trächtigen Weibchens vor. Die Brustflossen stellte er dabei an den Körper gedrückt dar, statt seitlich ausgestreckt wie beim schwimmenden Blauwal. Die Zoologie wusste damals noch nicht, dass der Blauwal seine Brustflossen benutzt, um zu manövrieren und unter Wasser das Gleichgewicht zu halten; Sars hatte ja auch kaum je einen lebenden Blauwal aus der Nähe gesehen. Es gibt keine Hinweise darauf, dass er je auf einem der Fangschiffe mit hinausgefahren wäre, und mit dem Tauchen hatte weder er noch jemand anders Erfahrung.

Sars schlug seinen Kollegen in der Akademie vor, der Walart den norwegischen Gemeinnamen *blåhval* (Blauwal) zu geben. Der Name stammte ursprünglich von Foyn, der ihn schon seit den 1860er-Jahren in seinen Tagebüchern verwendet hatte. Ob der Pionier des industriellen Walfangs ihn selbst erfunden oder von jemand anderem hatte, ist unklar, aber der Name beschreibt jedenfalls treffend, wie das Tier unter Wasser aussieht. Der Blauwal ist heller als seine Verwandten, so sehr, dass er, wenn er zwischen zwei Atemzügen dicht unter der Oberfläche schwimmt, einem großen, türkisfarbenen oder bläulichen Umriss im ansonsten dunklen Meerwasser gleicht. Denselben Farbeffekt sieht man auch über hellen Sandbänken.

Sars fand den Namen *blåhval* passend und behauptete in seinem Vortrag auch, das Tier sehe aus geringem Abstand deutlich blau aus. Der Name setzte sich durch, und viele andere Sprachen haben ihn aus dem Norwegischen übernommen: *Blue whale, baleine bleue, Blauwal.* Dabei enthält die Haut des Blauwals keinerlei blaue Pigmente. Sie ist vielmehr mittelgrau, mit unregelmäßigen hellgrauen Flecken.

Die wichtigste Erkenntnis, die Sars im Sommer 1874 in der Finnmark gewann, betraf direkt seinen behördlichen Auftrag: Der Blauwal fraß keine Fische. Seinen Fachkollegen berichtete er: »Die genaue Untersuchung des Magen- und Darminhalts, die durchzuführen ich an den frisch gefangenen Exemplaren Gelegenheit hatte, hat mich vollständig von der denkwürdigen Tatsache überzeugt, dass dieses kolossale Tier, ein Riese unter allen rezenten Organismen, sich so gut wie ausschließlich von 1 Zoll langen Krebstierchen ernährt [...], oder, wie sie die Fischer nennen, von Krill.«[54]

Der Grund, warum der Blauwal im Sommer ein Stück in den Varangerfjord hineinschwamm, so spekulierte Sars, war vielleicht, dass die Meeresströmung den Krill dann im Fjord anstaute. Über die Wanderrouten des Blauwals zwischen Norden und Süden wusste er nichts, schloss aber aus seinen Gesprächen mit den Leuten in Vadsø, darunter auch Foyn, dass die Wale, die im Frühling unter den Stint-Schwärmen auftauchten, zu einer anderen Art gehörten. Mehrere kleinere Finnwalarten kamen als Stint-Fresser in Betracht: Buckelwal, Finnwal und Seiwal.

In seinem offiziellen Bericht an das Innenministerium brachte Sars seine Analysen des Magen- und Darminhalts als entscheidendes Argument gegen die Beschwerden der Fischer: »Die Walart, die Foyn fast ausschließlich fängt, der sogenannte Blauwal [...], hat nämlich nach aller Wahrscheinlichkeit so gut wie nichts mit dem Stint zu schaffen.«[55]

Es gab mit dieser Schlussfolgerung nur ein kleines Problem: Es war nicht wahr, dass Foyn fast ausschließlich Blauwale fing. Es stimmte zwar vielleicht für den Juli, als Sars sich in Vadsø aufhielt, aber in Wirklichkeit pflegten Foyns Fangexpeditionen bereits im März in der Finnmark einzutreffen, lange vor den Blauwalen. Im

Frühling und Frühsommer jagten die Männer aus der Vestfold vielmehr gerade die Finnwale und Buckelwale, die den Fischschwärmen in den Fjord hinein folgten. Sars' Abschlussbericht führte dazu, dass sich der falsche Eindruck festsetzte, der Walfang vor der Küste der Finnmark gelte fast ausschließlich dem Blauwal.

Im Grunde ist das ein Rätsel. Wie konnte Sars die Fangtätigkeit Foyns so falsch einschätzen, nachdem er drei Wochen bei den Walfängern in Vadsø verbracht hatte?

Eine Möglichkeit ist, dass Sars sah, was er sehen wollte, oder die Wirklichkeit ein bisschen anpasste, damit sie zu einer vorgefassten Meinung passte. Er hatte die Sorgen der Fischer bereits ein Jahr vor seinem Besuch in der Finnmark in einer ersten Stellungnahme für das Innenministerium als unbegründet zurückgewiesen, und es musste ihn tief befriedigen, dass er jetzt eine aufsehenerregende wissenschaftliche Erkenntnis präsentieren konnte – dass sich der Blauwal von Krill ernährte –, die diesen Schluss untermauerte. Er kann daher durchaus versucht haben, dem Fang des Blauwals mehr Gewicht beizumessen als dem anderer Arten, die er noch kaum untersucht hatte.

Die andere Möglichkeit ist, dass Sars von Svend Foyn überredet worden war, dem natürlich viel daran lag, festgestellt zu sehen, dass der Walfang keine Bedrohung für die Stint-Fischerei darstelle.[56] Foyn war verschlagen. Ein Brief, den er Anfang der 1870er-Jahre an seinen Bruder Laurentius schrieb, zeigt, dass er genau wusste, wie wichtig es war, dass er andere Menschen dazu brachte, in seinem Sinn zu handeln. Er erzählt in dem Brief von seinen Bestrebungen, den Tran des Blauwals und der verwandten Walarten zu einem verkäuflichen Produkt zu raffinieren: »Ich glaube jetzt, dass ich es geschafft habe mit meinem Waltran, den ich als alter Querkopf lange (sechs Jahre) schöngeredet habe, so dick, zäh und unverkäuflich war das Zeug, aber jetzt produziere ich ihn mit aller Kraft.«[57]

Es liegt nahe zu vermuten, dass der zurückhaltende Gelehrte Sars, der seine wissenschaftlichen Fakten so gut im Griff hatte, gegen den eisernen Willen Kapitän Foyns nicht ankam. Sars wusste jedenfalls, dass Foyn bereits im Frühling 1874 in Vadsø war und einige Buckelwale erlegt hatte.[58] Außerdem gibt er eine Bemerkung Foyns wieder, dass nämlich die Wale, die im Frühling und Frühsommer zahlreich in den Stint-Schwärmen zu finden waren, zu mager seien, als dass er sich die Mühe mache, sie zu fangen.

Krill

Als Professor Sars in Vadsø den Bauch eines Wals aufschnitt – gewiss mithilfe der Flenser Svend Foyns, denn es ist harte Arbeit, ein Tier von hundert Tonnen zu sezieren –, fand er selbst die Antwort auf die Schlüsselfrage der Biologie des Blauwals: Er ernährt sich von Krill, und zwar von ungeheuren Mengen Krill.

Mit Krill kannte sich Sars aus. Äußerlich ähneln die kleinen Krebse oft Garnelen, aber für einen Krustentierexperten wie Sars waren Krill und Garnelen zwei ganz verschiedene Tiere. Er hatte Krill zuvor bereits entlang der gesamten Küste gefunden, vom Oslofjord – wo er selten war –, bis zu den Lofotinseln – wo er viel häufiger vorkam. An der Finnmarkküste war Krill allen Fischern, mit denen Sars sprach, als eines der wichtigsten Beutetiere des Köhlers, einer Dorschart, wohlbekannt.

Krillkrebschen sind durchsichtig. Bei Tageslicht schimmern sie in unterschiedlichem Ausmaß rötlich. Im Dunkeln lassen die kleinen Krustentiere ein elektrisch blaues Leuchten sehen, um Kontakt zueinander zu halten. Die Leuchtorgane sitzen entlang der Körperseiten und am Kopf. Die meisten Krillarten gehen täglich auf eine lange senkrechte Wanderung – hinunter in die Tiefe am Tag, wieder hinauf zum Fressen im Schutz des Nachtdunkels, wenn viele Vögel und andere Fressfeinde, die mithilfe des Sehvermögens jagen, schlafen gegangen sind. Der Blauwal dagegen frisst oft bis in die Dämmerung, mitunter auch noch bei Nacht. Er kann auf Nahrungssuche bis zu 300 Meter tief tauchen, zieht es aber vor, wenn möglich dafür an der Oberfläche zu bleiben.

Wie der Blauwal fraß, darüber wusste Ossian Sars nichts, außer dass er offenbar seine Barten als Sieb benutzte. Im Laufe der Jahre konnten die Seeleute an Bord der Fangschiffe mitunter sehen, wie der Blauwal Fahrt aufnahm und einen Sturmangriff auf den Krill fuhr, der sich an der Oberfläche gesammelt hatte. Sie nannten dieses Verhalten *boltre,* also etwa »Toben«[59]. Der Blauwal legte sich manchmal auf die Seite, um den Krill zu schlucken, oder griff von unten an, sodass man sein enormes offenes Maul zur Oberfläche hinaufsteigen sah.

Erst in den letzten Jahren ist es der Wissenschaft gelungen, die Krilljagd des Blauwals über längere Zeit in der Tiefsee zu studieren. Am Körper des Wals befestigte Sensoren haben ergeben, wie falsch die Vorstellung vom Blauwal als trägem Riesen ist. Der Blauwal ist ganz im Gegenteil ein akrobatisch begabtes Muskelbündel, das seine Glanznummern im Verborgenen aufführt. Denn der Krill treibt keineswegs hilflos mit der Strömung im Meer. Spürt er Gefahr, dann flüchtet er. Der Blauwal muss überraschend auf einen dichten Klumpen der kleinen Krebstiere losgehen, wenn er erfolgreich jagen will. Um den Krill zu fangen, um präzise und überraschend zuzuschlagen und sich die größtmögliche Zahl Beutetiere zu sichern, vollführt der Blauwal beachtliche Wendungen, auf die den Walfängern höchstens dann und wann ein kurzer Blick gelang. Unter den Wellen manövriert das größte Tier der Welt wie ein Kunstflugpilot oder ein verspielter Rabe in einer Windböe. Oft rotiert er fortlaufend 360 Grad um seine Längsachse, wenn er einem Spiralkurs durchs Wasser folgt, bevor er sich auf einen Schwarm rot-orangefarbener Krebstierchen stürzt und Hunderttausende davon mit einem Biss schnappt.

Der Körper des Blauwals ist stromlinienförmig und muskulös, angepasst an sein schnelles Jagdtempo. Der schuhförmige Kopf ist so gebaut, dass er eine Schnellbremsung durch Öffnen des Mauls aushält. Die beiden Unterkieferknochen, die größten Knochen des Tierreichs, sitzen nicht mit normalen Gelenken am Schädel, sondern mit einer Anordnung elastischer Bänder, die überhaupt für die Finnwalfamilie typisch ist. Auch vorne am »Kinn« sind die beiden Unterkieferknochen nur lose miteinander verbunden. Dieses System ist stark und flexibel genug, als dass sich die gebogenen Kieferknochen gegeneinander verdrehen können, um das Volumen des Mauls, in dem das krillhaltige Meerwasser aufgenommen wird, möglichst zu vergrößern.

Wenn der Blauwal einen Krillschwarm erreichte und das Maul aufsperrte, kamen auch »die eigentümlichen Brustfalten«[60], wie Sars sie nannte, in Gebrauch. Diese Falten sind Rinnen elastischen Gewebes im steiferen Speck. Sie führen an der Unterseite des Wals von der Schnauze über den Hals nach hinten bis zum Nabel und können sich wie ein gigantischer Sack aufspannen. Wenn der Blauwal Krill schluckt, füllt sich dieser Sack mit einer Menge krillhaltigen Meerwassers, die alleine bereits dem normalen Körpervolumen nahekommt. Einen Augenblick lang gleicht das schlanke Tier einer Kaulquappe oder einem Ballon mit Schwanzflosse.

Sind schon die Brustfalten des Blauwals eigentümlich, so ist seine Zunge nicht weniger bemerkenswert. Sie besteht mehr aus Fett denn aus Muskeln. Wenn der Blauwal Krill und Meerwasser schluckt, vollbringt sie etwas einer Zunge eigentlich Unmögliches: sie dreht sich um. Der Wasserdruck schiebt sie nach hinten und unten. Sie wird vom einströmenden Wasser völlig umgeklappt und dehnt sich dabei wie ein großes, dünnes Segel, sodass sie den Hohlraum an der Unterseite des Walkörpers ganz auskleidet. Die völlig verformte Zunge bildet also sozusagen die innere Schicht des krill- und wassergefüllten Sacks an der Unterseite des Wals.

Der Wal schiebt sich dabei mit Schwanzschlägen weiter vorwärts, um noch mehr Wasser in das offene Maul zu drücken. Der Kehlsack bläht sich auf, aber eine Muskelschicht innerhalb des gefurchten Specks übt Widerstand aus und wirkt als Federung, um den ungeheuren Wasserdruck gleichmäßig zu verteilen. 2012 beschrieben Forscher aus den USA und Kanada erstmals ein zuvor unbekanntes Sinnesorgan, das sich an der Unterkieferspitze der Wale aus der Finnwalfamilie befindet. Nach allem, was man weiß, hilft dieses Organ dabei, die Tätigkeit der Muskeln zu koordinieren, wenn der Meeresriese sich auf die Kleinkrebs-Schwärme stürzt.

Der ganze Vorgang des Zuschnappens dauert nur wenige Sekunden. Ist der Kehlsack voll, schließt sich das Maul, und das Wasser läuft durch die Barten ab, die den Krill herausfiltern und zurückhalten. Durch das Öffnen des Mauls hat der Wal so stark abgebremst, dass er erst wieder Fahrt aufnehmen muss, um den Angriff auf den nächsten Krillschwarm vorzubereiten. Während eines Tauchgangs nimmt er gerne mehrere Maulvoll Krill zu sich, aber das kraftraubende Manöver zehrt seine Sauerstoffreserven rasch auf und begrenzt die Zahl der Angriffe. Deshalb dauern die Tauchgänge des Blauwals selten länger als eine Viertelstunde.

Immer noch unklar ist, wie der Blauwal die Krillschwärme eigentlich findet. Sicher wissen die Tiere aus Erfahrung, wo sie mit Krill rechnen können, und außerdem machen möglicherweise andere Blauwale die Artgenossen mit Rufen auf den Standort von Krillschwärmen aufmerksam. Auch der Gesichtssinn spielt vermutlich eine wichtige Rolle beim Auffinden der Beute, aber der Blauwal jagt auch in der Tiefsee, wo er kaum noch etwas sehen kann. Vielleicht hört er, wo sich der Krill befindet, vielleicht registriert er die Streuung von Unterwasserschallwellen durch dichte Krillmassen, vielleicht sondert der Krill auch Stoffe ab, die der Wal im Wasser schmecken kann. Wenn er einen Schwarm erreicht hat, spürt er sicher das Vorbeiströmen der Krebstierchen an seiner Kopfhaut, die mit zahlreichen kleinen Sinneshaaren besetzt ist.

Große Krillschwärme finden sich in allen Ozeanen. Wo sie am liebsten auftauchen, ist intensiv erforscht worden. Kurz gesagt, schwärmt der Krill dort, wo nährstoffreiches Tiefenwasser an die Oberfläche und damit ans Sonnenlicht gespült wird, sodass darin Phytoplankton gedeiht, von dem sich der Krill ernährt. Solche senkrechten Umwälzungen des Meerwassers finden sich eher in polaren Breiten als am Äquator, denn wenn sich das Oberflächenwasser abkühlt, wird es dichter und sinkt ab. Das ist der Grund für den überraschenden Mangel an Leben in der offenen See tropischer Breiten. Dort wird das Pflanzenwachstum durch Nährstoffmangel gehemmt. Dieses stets warme und damit leichte, tropische Oberflächenwasser liegt wie eine Barriere über dem Tiefenwasser und verhindert, dass die abgesunkenen Nährstoffe mit diesem wieder aufgewirbelt werden. Im arktischen und antarktischen Sommer dagegen blüht das Phytoplankton reichlich. In den einzelnen Gewässern ist die Nährstoffzufuhr und damit der Krill allerdings ungleichmäßig verteilt. Die Leben spendende senkrechte Wasserumwälzung entsteht in bestimmten Umgebungen. Sie kann durch den Wind verursacht werden, der das Oberflächenwasser von der Küste wegtreibt, sodass Tiefenwasser hinauf in die Nähe des Landes gesaugt wird, oder durch das Aufeinandertreffen unterschiedlicher Wassermassen – warmer und kalter, salzigerer und salzärmerer –, oder auch durch das Relief des Meeresbodens. Wo es starke Höhenunterschiede gibt – Unterwasserberge, Inseln, Abhänge oder Schluchten –, entstehen Turbulenzen in den Meeresströmungen, die über diesen Meeresboden hinstreichen. Auch am Rand der Polareiskappen gibt es mehr Phytoplankton und Krill als anderswo, außerdem in bestimmten Fjorden und Flussmündungen.

Der Krill, den Ossian Sars in den Magensäcken des Blauwals fand, *Thysanopoda inermis*, ist nur eine von 85 bekannten Arten der zoologisch als Gruppe der Euphausiden bezeichneten Kleinkrebse. Ihre Größe schwankt: Die kleinsten bleiben unter einem Zentimeter, die größten werden zehn Zentimeter lang. Die überall auf der Welt heimischen Blauwale ernähren sich von den unterschiedlichsten Krillarten. Entscheidend ist, dass der Krill dicht genug zusammensteht. Jedes Zubeißen kostet den Wal Kraft, und wenn der Krill zu schütter im Wasser verteilt ist, rutscht die Energiebilanz ins Minus – die Jagd kostet mehr Kräfte, als sie bringt.

Die Meeresströmungen können zwar dazu beitragen, den Krill zusammenzutreiben, aber diese Krebstiere können ja aktiv schwimmen und bilden von sich aus Schwärme. Wenn sie sich also nach Millionen Jahren mit Walangriffen immer noch in großen Mengen versammeln, bietet dieses Verhalten wohl auch Vorteile. Im Schwarm zu schwimmen kann das einzelne Krebschen vermutlich vor Räubern mit kleineren Mäulern beschützen, wie etwa Fischen, Robben oder Seevögeln. Außerdem findet so jedes Einzeltier sicher einen Geschlechtspartner, der sonst in den Weiten des Meeres vielleicht schwer aufzuspüren wäre.

Das Wort *krill* entstammt der Sprache der nordnorwegischen Fischer und hat sich in vielen Sprachen als Bezeichnung der Euphausiden durchgesetzt, die außer den Fischern und den Zoologen kaum jemand kannte, bis Sars sie im Magen des Blauwals fand. Das veränderte alles. Von allen erstaunlichen Tatsachen, die es über den Krill zu lernen gibt, ist die netteste vielleicht, dass es diesen bescheidenen Krebstierchen im späten 19. und frühen 20. Jahrhundert mehr als einmal gelungen ist, sich in die Debatten der norwegischen Nationalversammlung zu mischen.

Der Wal im Parlament

Johannes Winding Harbitz, seines Zeichens Reeder und Stortingsabgeordneter aus Tønsberg, erhob sich von seinem weichen, samtbezogenen Stuhl im Plenarsaal des Stortings, des Parlaments in Oslo, um in einer wichtigen Angelegenheit für seine Stadt das Wort zu ergreifen. Es war Samstag, der 29. Mai 1880. Draußen vor den Fenstern der halbrunden Steinfassade zum Løvebakken-Platz hin ließ eine leichte Brise Hüte und Mäntel flattern.[61] Drinnen im Saal, unter dem großen Kristallleuchter, stand der Walfang auf der Tagesordnung. Die Regierung schlug vor, alle Wale an der Finnmarkküste in den ersten fünf Monaten des Jahres unter Schutz zu stellen, und zusätzlich im Interesse der Fischerei auch in der Stint-Fangsaison.

Harbitz sprach sich für die Fortsetzung des Fangs aus, zumindest solange niemand einen schlüssigeren Beweis für die Notwendigkeit einer Schonzeit vorlegte. Als Abgeordneter für Tønsberg vertrat er selbstverständlich die Interessen der Walfänger. In der Stadt gab es inzwischen zwei Firmen, die in der Ostfinnmark Walfang betrieben. Die beiden Unternehmen erlegten zusammen in den Fangjahren 1878, 1879 und 1880 mehr als 120 Wale jährlich. Die Preise für Waltran und Barten waren gut, der Gewinn entsprechend hoch.

Eines der wichtigsten Argumente Johannes Winding Harbitz' und seiner Gesinnungsgenossen in der Stortingsdebatte war der Blauwal. »Den Finnwal unter Schutz zu stellen, das mag noch angehen«, sagte Harbitz, »aber ein Fangverbot für den Blauwal, der mit dem Stint nichts zu schaffen hat, das ist etwas ganz anderes.« Der Gesetzesvorschlag stellte nämlich alle Walarten ohne Unterschied unter Naturschutz und berücksichtigte nicht, was Ossian Sars über die Ernährungsweise des Blauwals herausgefunden hatte.

In der Debatte vom Mai 1880 fand das vorgeschlagene Walschutzgesetz warme Unterstützung bei allen nordnorwegischen Abgeordneten, die sich zu Wort meldeten. Die Debatte spielte sich hauptsächlich zwischen den Befürwortern des Wunsches der Fischer nach Walschutz und denjenigen ab, die mehr Gewicht auf die Interessen der Walfänger legten. Die Fischerei war zwar immer noch ein weit größeres und wichtigeres Gewerbe als der Walfang, aber die Frage war, ob an der Behauptung der Fischer, der Walfang vertreibe den Fisch, etwas dran sei. Die Sprecher der Pro-Walfang-Fraktion wiesen das entweder zurück oder hoben den Mangel an Beweisen hervor. Unterstützt wurden sie dabei von den wissenschaftlichen Autoritäten wie Ossian Sars, während die Anhänger des Walschutzes die praktische Erfahrung der Fischer höher bewerteten.

Zum Abschluss der Debatte brachte Johan Sverdrup, der einflussreiche Präsident des Stortings, eine kraftvolle Einlassung zugunsten der Fischer vor. Er legte sich dabei mit Sars an, ohne ihn beim Namen zu nennen. Der Professor war ein Beamter und gehörte damit zur Elite, die Sverdrup im Namen des Volkes gerne herausforderte.

In Wirklichkeit wüssten die Zoologen doch kaum etwas über das Verhalten der Wale unter Wasser und hätten im Konflikt zwischen Walfängern und Fischern gar nichts zu sagen, behauptete Sverdrup. Hier habe die Wissenschaft ganz einfach Bankrott gemacht, sagte er, sei in Konkurs und pleitegegangen. »Aber eine offene Bankrotterklärung ist ja sehr unangenehm, besonders für einen herausragenden Vertreter des betreffenden Fachs, zu dem man aufschaut – und so kleidet man die Bankrotterklärung in die hier vorliegenden Worte.« Besser sei es da, auf Männer der Praxis wie die Fischer zu hören.

Sverdrup brachte auch ein außenpolitisches Argument vor, das nach allem, was man weiß, hinter der Unterstützung der Regierung und des Königs für den Schutz der Wale steckte: Drohungen aus Russland. Wie es hieß, wollten die russischen Behörden ebenfalls ähnliche Walschutzbestimmungen einführen. Komme Norwegen den Fischern nicht entgegen, riskiere man, dass das zaristische Russland bei ihnen besser dastehe als die eigene Regierung, und die war ständig besorgt um die Loyalität der Einwohner der Finnmark, die ja unmittelbar an der Grenze zu Russland lebten.

Das Walschutzgesetz wurde dann mit 65 gegen 16 Stimmen angenommen. Johan Sverdrups Rede hatte zu diesem klaren Ergebnis ganz sicher beigetragen.[62]

Der Streit zwischen Fischern und Walfängern war also das Hauptthema der Stortingsdebatte, aber bei dieser Gelegenheit sprachen viele Abgeordnete in ihren Reden auch die Gefahr einer Ausrottung des Walbestands an. Diese Debatte wurde durch Ossian Sars in Gang gebracht, und zwar in einem Bericht ans Innenministerium nach einer weiteren Vadsøreise im Sommer 1879. Es fänden sich zahlreiche bedenkliche Beispiele dafür, dass die Verantwortungslosigkeit des Menschen eine Tierart ganz von diesem Planeten verschwinden lassen könnte, warnte Sars. Er bezweifelte allerdings, dass die Walfänger die Wale wirklich gänzlich ausrotten könnten, denn die hätten ja das ganze große Weltmeer, um sich darin zu verstecken. Aber die Wale könnten »von bestimmten Küstenabschnitten mehr oder weniger vollständig vertrieben werden«[63]. Das zeigten, so Sars, die Erfahrungen aus der Jagd auf die Glattwale in früherer Zeit.

Sars sah voraus, dass der Walfang vor der Finnmark so umfassend werden könnte, dass Schutzbestimmungen für die Wale notwendig würden, aber vorläufig eile es nicht. Wenn eine Walart aufgrund des Walfangs vor der Finnmark zu leiden haben werde, dann der Blauwal, schrieb Sars. »Aber die reiche Walausbeute der letzten Jahre scheint gegenwärtig nicht darauf hinzudeuten.« Denselben Schluss zog Baard Madsen Haugland, Abgeordneter aus Hordaland, in der Stortingsdebatte. Der Fang laufe doch wie geschmiert. Er selbst habe Vadsø im Sommer zwei Jahre zuvor besucht und fünf große, tote Blauwale gesehen, die bereit zur Verarbeitung vor Foyns Fabrik lagen.

Die meisten Stortingsabgeordneten, die sich an der Debatte über die Ausrottungsgefahr beteiligten, gingen mit einem höchst pragmatischen Sinn an das Problem heran. Im 19. Jahrhundert unterschied man gewöhnlich noch zwischen schädlichen und nützlichen Tieren, und die schädlichen wollte man ausrotten. So gab es zum Beispiel in Norwegen seit 1845 ein *Lov angaaende Utryddelse af Rovdyr og Fredning af andet Vildt* (»Gesetz betreffend die Ausrottung von Raubtieren und den Schutz anderen Wildes«), das Abschussprämien unter anderem für Wölfe und Bären auslobte. Auch die Robbe wurde oft unter die schädlichen Tiere gezählt, weil sie mit den Fischern in Konkurrenz stand.[64] Sie raubte gefangene Fische von den Leinen und aus den Netzen und zerstörte Fanggerätschaften. Der Wal dagegen war nützlich. Einige Stortingsabgeordnete wiesen auf seinen Wert als Rohstoff für das Fanggewerbe hin, andere darauf, dass er den Fischern helfe.

Ossian Sars dagegen hatte in seinem letzten Bericht aus der Finnmark den Wert der Wale ganz anders betrachtet. Die Wale »haben ihre Bedeutung im großen Naturhaushalt, besonders, indem sie zur Erhaltung des Gleichgewichts beitragen, das notwendig ist, damit das Tierleben im Meer seinen gegenwärtigen Charakter behält«, schrieb er, ohne genau zu sagen, worin dieser Beitrag im Fall des Wals bestand. »Jede gewaltsame Verschiebung dieses Gleichgewichts ist immer eine bedenkliche Sache, da man nicht wissen kann, welche weiteren Folgen sie mit sich bringt.«[65]

Sivert Nielsen, Abgeordneter aus Nordland, schloss sich diesem Standpunkt an und brachte Sars' Ansichten zum Gleichgewicht des Naturhaushalts in die Debatte ein. Nielsen meinte, der Walschutz sei womöglich dringlicher, als Sars selbst geschrieben habe. Er erinnerte an das alte Sprichwort, nach dem es zu spät sei, den Brunnen abzudecken, wenn das Kind schon hineingefallen sei.

Das Walschutzgesetz führte dann aber keineswegs zum Untergang des Walfanggewerbes, wie es die unterlegene Partei im Storting – und Svend Foyn – zuvor prophezeit hatte. Den Walfängern stand es weiterhin ganzjährig frei, auf hoher See Wale zu fangen, solange sie weiter als eine norwegische Meile (damals 11,2 Kilometer) von der Küste entfernt blieben. Für den Blauwal machten die Schutzvorschriften keine Ausnahme. Auch für ihn endete die Schonfrist am 1. Juni, also noch bevor er überhaupt vor der Finnmark eintraf.

Faktisch folgte auf das Walschutzgesetz des Stortings eine gewaltige Ausdehnung des Walfanggewerbes. Ende der 1880er-Jahre begann Svend Foyn Lizenzen zur Gründung neuer Walfangfirmen zu verkaufen. Damals begann der Aufstieg des Ortes Sandefjord im Walfang.[66] Eine der neuen Firmen wurde von einem Reeder aus diesem Ort gegründet, der später zur Walfanghauptstadt werden sollte. Foyn verlangte von den neuen Konkurrenten, dass sie sich aus dem Varangerfjord heraushielten, wo er selbst arbeitete. Die neuen Fangstationen breiteten sich entlang der Finnmarkküste nach Westen aus. Eine weitere Bedingung, die Foyn zumindest bei einigen seiner Lizenzen stellte, war eher ungewöhnlich: Die betreffenden Firmen mussten zehn Prozent ihrer Gewinne für die Heidenmission spenden.

Als Foyns Patent 1883 auslief, kamen noch weitere Walfangfirmen dazu. Die Zahl der erlegten Wale stieg. Zwischen 1885 und 1895 wurden jährlich zwischen 700 und 1300 Wale zu den Fangstationen an der Küste der Finnmark geschleppt, später auch zu Stationen in Troms. »Auf mich macht der Aufschwung, den der Walfang deshalb in letzter Zeit genommen hat, den Eindruck eines Raubzugs«, warnte der Vorsitzende des Gewerbeausschusses, Walter Scott Dahl, schon 1885 im Storting. Das milde Walfangschutzgesetz von 1880 wurde mit kleinen Änderungen durch den Storting 1885, 1890 und 1896 bestätigt. Die Fischer der Finnmark fuhren fort, eine Ausweitung des Walschutzes zu verlangen – zum Teil lauthals –, aber ihr Engagement erlahmte oft in guten Fangjahren, wenn es hieß, Stint und Dorsch stünden doch gut.

Die Walfangreedereien wiederum bekämpften alle neuen Schutzbestimmungen und wollten die geltenden Beschränkungen aufheben lassen. Sie waren einflussreich. Selbst wenn der Walfang als Wirtschaftszweig längst nicht so bedeutend war wie der Fischfang, der vielen Norwegern den Lebensunterhalt sicherte, war er ein Gewerbe, mit dem man rechnen musste. Er brachte Exporteinnahmen und beschäftigte Hunderte Menschen.

Verwüstung in hellen Nächten

Die Brauen senkten sich gerne mürrisch, wenn Johan Hjort ein Fotograf unter die Augen kam. Die Bartspitzen folgten den Mundwinkeln nach unten. Auf seinem Lieblingsporträt stand er breitbeinig, mit herausforderndem Blick und den Händen in den Taschen, inmitten von Leinen und Taurollen an Deck des Forschungsschiffs *Michael Sars*.[67] Der junge Zoologe und Meeresforscher hatte sich sehr dafür eingesetzt, dass der Storting das Dampfschiff finanzierte. Auf ihm sollte er seine schönsten Tage erleben. Hjort war nur selten zu Hause bei seiner Familie, und sein ältester Sohn erzählte später, er habe ein wenig Angst vor dem vielbeschäftigten Vater gehabt.[68] »Er hat mich nie zum Skilaufen oder Fischen mitgenommen oder mir Schwimmen oder Segeln beigebracht, er wurde immer gleich ungeduldig.«[69]

Im Jahr 1900 leitete Hjort die Jungfernfahrt der *Michael Sars* in den Norden. 1901, ein Jahr später, fuhr sie abermals dorthin. Das Ziel war, den Behörden zu helfen, eine solide Position im immer heftigeren Streit um den Walfang im Norden zu finden. Die Methoden reichten dabei vom ständigen Messen des Planktonreichtums bis zu Gesprächen mit Fischern und Walfängern. Zum wissenschaftlichen Stab gehörte auch der Polarheld Fridtjof Nansen, der genau wie Hjort einen Doktorgrad in Zoologie hatte.

Gerhard Sørensen, Kapitän der *Michael Sars*, war früher selbst Walfänger gewesen, und alleine das machte die Walschützer misstrauisch. Der Expeditionsleiter trug auch nicht gerade zur Beruhigung der Gemüter bei. Bei einer großen Zusammenkunft in Vardø im Sommer 1901 stellte Hjort den Vertretern der Fischer eine Reihe inquisitorischer Fragen: Glaubten sie wirklich, der Blauwalfang schade den Fischbeständen ebenso wie die Jagd auf Finnwale und Buckelwale? Würde der Walfang vor Island den Wal nicht ebenso ausrotten, und was helfe es da, wenn Norwegen ihn in seinen Gewässern schütze? Und sollte der Staat, anstatt im Falle eines neuen Walschutzgesetzes die Walfänger entschädigen zu müssen, nicht lieber mit diesem Geld die Fischer direkt unterstützen? Diese Fragen des »Wissenschaftsapostels«[70], wie ihn die Zeitung *Finnmarken* nannte, erinnerten verdächtig an die Argumente der Walfänger.

Hjort verstand sich mit den Fischern anscheinend mindestens ebenso schlecht wie sein zurückhaltenderer Vorgänger Georg Ossian Sars. Die Abneigung der Fischer gegen die Forscher aus dem Süden beruhte teilweise auf einer Uneinigkeit hinsichtlich der Fischereipolitik. Einige der entschiedensten Walfanggegner stellten fast alle Schlussfolgerungen der Forscher infrage; sie akzeptierten zum Beispiel auch nicht, dass der Blauwal keine Stinte jage.[71]

Als Hjort die Ergebnisse von zwei Forschungsjahren in seinem Buch *Fiskeri og hvalfangst i det nordlige Norge* (»Fischerei und Walfang im nördlichen Norwegen«, 1902) zusammenfasste, kam er den Fischern ein wenig entgegen. Er räumte ein, der Finnwal nütze den Küstenfischern beim Aufspüren der Stint-Schwärme und indem er die Stinte zusammentreibe, sodass sie leichter zu fangen waren. Sein Lösungsvorschlag – den Finnwal unter Schutz zu stellen, den Blauwal und die anderen Walarten aber nicht – fand trotzdem nicht viel Unterstützung, weder bei den Fischern noch bei den Walfängern. Es war zu spät für Kompromisse.

Am späten Nachmittag des 2. Juni 1903 schritt dann der Vorsitzende des Walschutzausschusses, Adam Egede-Nissen, Postmeister von und Stortingsabgeordneter für Vardø, den Gang zwischen den Sitzreihen im Plenarsaal hinab. Sein Ziel war das Rednerpult.

Die Rede des Vertreters der liberalen Partei beschwor eine Finnmark in der Krise. Das Ausbleiben der Wale führe an der ganzen Küste zu miserablen Fangergebnissen für die Fischer, und eine Invasion von Grönlandrobben in den Fjorden verschlimmere die Lage noch. Egede-Nissen machte den Walfang auch für dieses Problem verantwortlich. Vom Rednerpult aus verlas Egede-Nissen Erklärungen der Gemeindeverwaltungen und der Arbeiter- und Fischerverbände der Finnmark. »Die Versammlung fordert vollständigen Schutz für alle Walarten in ganz Norwegen«, hatten zum Beispiel über 200 Fischer in Vadsø geschrieben.

In der liberalen Regierungspartei Venstre bestand Uneinigkeit über die Walfrage. Otto Blehrs Regierung setzte sich für ein totales Fangverbot für Finn- und Buckelwal ein. Die königliche Proposition, die am 2. und 3. Juni 1903 im Storting debattiert wurde, beinhaltete außerdem ein Verbot, in internationalen Gewässern erlegte Wale geschützter Arten in Norwegen zur Verarbeitung an Land zu bringen. In der Praxis bedeutete das ein völliges Fangverbot von norwegischen Stützpunkten aus, da es hier kaum noch Blauwale gab. Die Unterstützer des Walfangs im Storting waren in der Defensive.

Am Morgen des 3. Juni nahm die Debatte eine dramatische Wendung. Es kamen Nachrichten über die Verwüstung einer Walfangstation in der Finnmark. »Fabrik heute nacht völlig zerstört«, hieß es in einem gerade eingetroffenen Telegramm, das der Tønsberger Stortingsabgeordnete vom Rednerpult aus verlas. Zwei Nächte hintereinander hatten Hunderte Fischer, die aus Anlass des Pfingstfests im Fischerdorf Mehamn vor Anker lagen, die dortige Walfangstation angegriffen.[72] Diese hatte ursprünglich dem inzwischen verstorbenen Svend Foyn gehört und war von einer Firma aus der Hauptstadt aufgekauft worden. In der hellen Finnmarknacht rollten die Fischer die Kessel zum Speckeinkochen ins Meer. Sie zerstörten die Maschinen. Sie schlugen Türen und Fenster ein, versahen sich mit Vorschlaghämmern und anderen Werkzeugen und verwüsteten die ganze Anlage systematisch. Der Verwalter und die uniformierten staatlichen Aufsichtsorgane des Fischerdorfs standen hilflos dabei und mussten zusehen. Die Aktivisten legten Leinen um die beiden hohen Fabrikschornsteine und rissen sie nieder. Als es nichts mehr zu verwüsten gab, in der Morgendämmerung des 3. Juni, hielten die Fischer eine Versammlung mit den arbeitslos gewordenen Fabrikarbeitern ab.

Nur wenige Stunden später stand Christian Knudsen aus Tønsberg am Rednerpult im Stortingssaal und hielt eine heftige Rede gegen den Gesetzesvorschlag der Regierung zum Schutz der Wale. Es gehe jetzt um den Ruin eines ganzen Gewerbes, so der Mann von der konservativen Partei Høyre. »Gerade zur selben Zeit, in der wir mit Sorge verfolgen müssen, wie Hunderte und Aberhunderte unserer Arbeitskräfte in einen anderen Weltenteil emigrieren« – Knudsen meinte die Auswanderung nach Amerika –, »plant die Nationalversammlung des Landes die ›Abschiebung‹ eines der, wenn nicht wichtigsten, so doch jedenfalls wichtigeren Erwerbszweige.« Norweger hatten bereits den Walfang auf Island und den Färöern in Gang gebracht. Sollten denn alle Arbeitsplätze im Walfanggewerbe ins Ausland verlagert werden?

In der ersten Lesung setzten sich die Walfangunterstützer noch durch. Die Frage wurde bis nach den Wahlen vertagt. Als sie dann aber wieder auf der Tagesordnung stand, kaum ein halbes Jahr später, stimmte die Mehrheit dafür, sämtliche Walarten unter Schutz zu stellen. Die Aktion in Mehamn – ungewöhnlich gewalttätig für norwegische Verhältnisse – hatte Eindruck gemacht. Die Wahlergebnisse in Nordnorwegen ebenso. Die sozialdemokratische Arbeiterpartei gewann in jenem Herbst ihre ersten vier Stortingsmandate. Alle Abgeordneten stammten aus den nördlichen Landesteilen, und alle hatten die Walfang-Frage in ihren Wahlkampagnen zum Thema gemacht.

Es war der Zorn der nordnorwegischen Fischer, der letztlich den Storting bewog, die Wale unter Naturschutz zu stellen.[73] Aber in der Parlamentsdebatte um den Gesetzesbeschluss am 2. Dezember 1903 wiesen zahlreiche Abgeordnete auch auf die Gefahr einer Ausrottung der großen Walarten hin. Dass Blauwal und Finnwal aus manchen Gewässern ganz verschwinden könnten, war jetzt keine hypothetische Möglichkeit mehr. »Im Varangerfjord hat doch der Walfang schon vollständig aufgehört«, hob Handelsminister Jakob Schøning im Storting hervor. Die Aktivitäten hätten sich ständig weiter nach Westen entlang der Küste der Finnmark verschoben, und auch dort werde nicht mehr viel gefangen. »Sie weichen immer weiter aus, hinaus bis nach Island und zu den Färöern. Letztes Jahr haben sie bei den Shetlandinseln angefangen, und nächstes Jahr sind die Hebriden dran.«

Im Sommer 1903 hatten die Walfangstationen in der Finnmark nur noch 445 Wale verarbeitet, so Schøning. Die Fangzahlen variierten zwar von Jahr zu Jahr, aber inzwischen lägen sie so niedrig wie noch nie. Inzwischen müssten die Fangschiffe weit aufs Meer hinausfahren, um Wale zu finden, oft bis zur Bäreninsel oder nach Spitzbergen. Nach dem Erlegen würden die Wale dann zur Finnmarkküste zurückgeschleppt.

Der Blauwal sei praktisch ganz aus den norwegischen Küstengewässern verschwunden, und so werde es auch bald mit dem Finnwal gehen, betonte Johannes Hougen, Oberlehrer aus Kristiansand und Abgeordneter der Liberalen. Er sprach sich in der Debatte dafür aus, im größten Tier der Welt mehr als nur den wirtschaftlichen Nutzen zu sehen. Der Wal sei ein Geschlecht wie die Riesen der Vorzeit, meinte er, von großem naturgeschichtlichem Interesse – »das ist für mich der beste Grund für eine Ausweitung seines Schutzes, um wenigstens einen Versuch zu machen, seine Ausrottung um seiner selbst willen zu verhindern«.

Die Gegner des Walschutzgesetzes sagten, es sei ein internationales Abkommen erforderlich, um die Wale zu schützen. Weil ein solches aber nicht zu erreichen sei, wäre es auch sinnlos, behaupteten sie, die Wale nur in Norwegen unter Schutz zu stellen, ja, dadurch würde ihre Ausrottung sogar beschleunigt.

»Die Walfänger der Vergangenheit haben schon gewusst, dass man den Fang auch ausgezeichnet an Bord verarbeiten kann«, so Johan Lothe, konservativer Abgeordneter aus Bergen. Er meinte damit, dass bei einem Verarbeitungsverbot in Norwegen die Walfänger einfach schwimmende Fabriken bauen und den Speck in internationalen Gewässern zu Tran kochen würden. Den Rest des Walkadavers würden sie wegwerfen. Damit sich ein solcher Betrieb lohne, müssten die Walfänger möglichst viele Tiere erlegen. »Ich bin mir völlig sicher, dass der Wal, wenn das auch nur kurze Zeit so geht, zu den Museumstieren gehören wird«, sagte Lothe. »Er wird auf jeden Fall von den norwegischen Küsten verjagt sein.«

In der Stortingsdebatte wurde es zwar nicht erwähnt, aber bereits im Sommer zuvor hatten die Walfänger im kleinen Maßstab schon begonnen, die erlegten Wale in internationalen Gewässern an Bord zu verarbeiten. Ein primitives Fabrikschiff war in einem der Fjorde Spitzbergens vor Anker gegangen. Diese arktische Inselgruppe, die heute zu Norwegen gehört, war damals noch Niemandsland. Die Expansion zu neuen Küsten war also schon im Gang, als das Walschutzgesetz verabschiedet wurde, und der Walfang in der Finnmark ohnehin am Ende, sodass der Stortingsbeschluss kaum ein entscheidender Faktor dafür war, dass er dort aufhörte.[74] Die Walfänger zog es ganz von alleine dorthin, wo es noch mehr Wale gab.

Steypireyður, der Blauwal

Im Sommer 1385 segelte der isländische Häuptling Bjørn Einarsson von Bergen ab. Er wollte mit seinem Gefolge nach Hause zurück. Über jedem der offenen Boote spannte sich ein viereckiges Rahsegel mittschiffs an einem einzelnen Mast. Diese Fahrzeuge glichen stark den Wikingerschiffen, die seinerzeit die ersten Siedler aus Norwegen nach Island und noch weiter westwärts gebracht hatten.[75]

Ein Unwetter brachte sie vom Kurs ab. Bjørn und seine Männer gelangten schließlich nach Grönland, in die nordische Siedlung Eystribyggð, die von isländischen Kolonisten 300 Jahre zuvor gegründet worden war. Dort mussten sie vorerst bleiben, weil ungewöhnlich starkes Treibeis sie daran hinderte, nach Island weiterzusegeln. Die Einwohner hatten aber nicht genug Lebensmittel, um so viele Extramäuler zu stopfen, also machte sich Bjørn, als der Herbst zu Ende ging, große Sorgen, wie er seinen Männern etwas zu essen verschaffen solle. Die Rettung war dann ein großer Wal, auf den sie stießen. Ob er bereits tot war oder ob sie ihn erlegten, ist unklar, aber er war jedenfalls verwundet worden. In seinem Fleisch steckte ein Speer.

Dieser Speer war wie ein Gruß aus der Heimat. Er hatte einem Mann namens Óláfr gehört, der aus den zerklüfteten Westfjorden Islands stammte, dem Landesviertel, aus dem auch Bjørn kam. Wie Bjørn später selbst über seinen Speerfund schrieb, handelte er gewissenhaft, wie es das Gesetz befahl, und bezahlte Óláfr seinen Anteil am Wal. Derjenige, der als Erster einen Speer in einen Wal trieb, hatte nämlich Anspruch auf einen Teil des Kadavers, wie sowohl das isländische als auch das norwegische Recht des Mittelalters festlegten.

Bjørn Einarssons Bericht über seine Reise, in dem er von diesem Walfund erzählte, ging zwar später verloren, aber 1623 schrieb sein Namensvetter Bjørn Jónsson, der den Bericht wahrscheinlich noch gelesen hatte, über diesen Vorfall. Er hielt fest, dass es sich bei dem Wal, der mit einem Speer im Körper von Island bis nach Grönland geschwommen war, um einen *steypireyður* gehandelt habe. *Steypireyður* ist das isländische Wort für Blauwal.

Auch wenn Georg Ossian Sars vergeblich nach älteren nordischen Namen gesucht hatte, die sicher dem Blauwal zuzuordnen waren[76], hatten die Isländer über die Jahrhunderte weit mehr über Wale geschrieben (und bestimmt auch geredet). Die Insel Island ist ein Teil des Mittelatlantischen Rückens, einer vulkanischen, größtenteils unterseeischen Gebirgskette, die mitten zwischen zwei Tiefseebecken emporragt und ein Strömungshindernis darstellt, an dem das Meerwasser emporgewirbelt wird und Leben spendende Nährstoffe aus der Tiefe nach oben spült. Hier gibt es Wale in Mengen. In den isländischen Sagen haben die Helden ständig mit großen Walen zu tun, die ihnen Nahrung im Überfluss verschaffen. Noch heute bedeutet das isländische Wort *hvalreki*, eigentlich ein gestrandeter Wal, im übertragenen Sinn einen unerwarteten Glückstreffer.

In den ganz alten Quellen ist oft nicht klar, welche Art Wal gemeint ist, und in vielen Fällen kann man nicht einmal unterscheiden, ob es sich um einen wirklichen Wal oder ein herbeifantasiertes Seeungeheuer handelt, das da beschrieben wird. Es gibt heute die Ansicht, dass die als *reyðr* bezeichnete Walart der Blauwal gewesen sei[77], andere lesen das Wort als Name für den Finnwal oder eine übergreifende Bezeichnung für Blauwal, Finnwal und verwandte Arten.[78]

Der *Königsspiegel*, der vermutlich im Norwegen des 13. Jahrhunderts entstand, enthält einen mehrseitigen Katalog der Wale, die im Meer rund um Island leben, darunter ist auch der *reyðr* genannt, der als groß und lang geschildert wird.[79] Zähne hatte er keine. Seinem Samen wurde heilkräftige Wirkung gegen viele Krankheiten zugeschrieben, so man ihn sich denn beschaffen konnte, und der *reyðr* galt als friedlich und ungefährlich für Schiffe. Er wurde oft gejagt und schmeckte von allen Walen am besten. Das Wort *reyðr* bezieht sich möglicherweise auf eine rötliche Körperfarbe; eine andere Möglichkeit wäre, dass es mit dem heutigen norwegischen *rydde* »(weg-) räumen« verwandt ist. Im Dänischen und Norwegischen wurde *reyðr* oft mit *rørhval* (»Furchenwal«) wiedergegeben, wegen der auffälligen Kehlfalten, wie sie alle Angehörigen der Finnwalfamilie an der Bauchseite aufweisen. Daraus wiederum ist das englische *rorqual* entlehnt, mit dem ebenfalls die Finnwale und ihre Verwandten bezeichnet werden.

Ab dem 17. Jahrhundert stößt man in isländischen Texten auf Beschreibungen eines Wals mit dem Namen *steypireyður*, bei dem es sich ganz klar um den Blauwal handelt. Nicht ganz so klar ist, warum er diesen Namen bekommen hat, aber das Verb *steypa* kann im heutigen Isländisch unter anderem »stürzen« und »schütten, gießen« heißen. Um 1640 schrieb der Isländer Jón Guðmundsson, mit dem Beinamen »der Gelehrte«, der Blauwal sei der beste und heiligste aller Wale. Während böse Wale (die gebe es auch) Menschen und Schiffen Schaden zufügten, beschütze der Blauwal die Seeleute. Jón Guðmundssons Manuskript enthält auch eine schöne und für ihre Zeit vorbildlich realistische Zeichnung des Blauwals.[80] Viele isländische Autoren des 17. und 18. Jahrhunderts beschrieben den Blauwal als guten und hilfreichen Wal, ohne dass dies die Menschen gehindert hätte, ihn zu jagen und zu verspeisen.

»Der *steypi-reyður* ist der allergrößte unter den bekannten Walfischen«, schrieb Eggert Ólafsson 1772.[81] Er hatte in Kopenhagen studiert und war von den Ideen der Aufklärung geprägt. Seine Walbeschreibungen sind weniger fantasievoll als die der früheren isländischen Walliteratur. Ólafsson klagte, die Isländer seien so zögerlich und ängstlich geworden, dass sie heute nur noch kleinere Wale fingen als früher. Aber der große *steypireyður* wurde dennoch in gewissem Maß weiter genutzt. Der Blauwal komme um Island herum ziemlich häufig vor, stellte Ólafsson fest, »und wird gelegentlich an den Strand getrieben oder von wagemutigen Seemännern mit Harpunen erlegt«. Letzteres ereignete sich im Westfjord-Viertel. Dort kam der Blauwal bis in die Fjorde hinein, und hatte er erst einmal einen Eisenspieß im Rücken, konnte man hoffen, ihn durch Blutverlust und Wundinfektion so zu schwächen, dass ihn jemand zu fassen bekam. Die Tradition, seine Harpunen zu markieren, gab es weiter. Diese Markierungen stellten sicher, dass man wusste, wer dem Wal die tödliche Wunde beigebracht hatte: »Das Eisen wird stets markieret und bei Gericht registrieret nach dem Gesetze […], ein Gebrauch, welcher in Norwegen seit den ältesten Zeiten gilt.«

Auf Island finden sich mehr Spuren dieser altnordischen Tradition des Großwalfangs als in Norwegen. Die Methode scheint darin bestanden zu haben, das Tier zunächst mit einem Spieß (gewöhnlich als Harpune umschrieben) zu verletzen, der zwar Widerhaken und die Markierung seines Eigentümers, aber keine Fangleine trug. In der weiten Fjordlandschaft des isländischen Westens konnte man dann hoffen, dass der Wal später, entweder bereits tot oder bedeutend geschwächt, aufgefunden wurde und erbeutet werden konnte.

Wie es heißt, wurde noch 1894 ein großer Wal auf diese Art erlegt. Gísli Ásgeirsson, der im 19. Jahrhundert an den Westfjorden aufwuchs, erzählte später, wie sein Vater und sein Bruder Wale gefangen hatten. Wenn der Harpunier mithilfe zweier Ruderer seinen Spieß in den Rücken des Wals gestoßen hatte, löste sich der Schaft des Spießes von der Spitze, die im Fleisch stecken blieb. Jetzt galt es, sich schnell davonzumachen, denn der getroffene Wal wurde wild. Von Land aus wurde der verwundete Wal dann mit dem Fernglas beobachtet. Das konnte ein paar Tage dauern, weil der Spieß nur leichte Wunden schlug. Danach fuhren sie wieder aus und zogen ihn an Land. Ab und zu schwamm der Wal in einen benachbarten Fjord, wo ihn andere fingen. In diesem Fall erhielten Gíslis Vater und Bruder den Anteil, den ihnen der markierte Spieß sicherte. Gelang es einem Mann, den Wal zu erbeuten, kam die ganze Gegend zusammen, um das Fleisch des Tieres aufzuteilen.

Es waren hauptsächlich Jungtiere, die sich auf diese Weise fangen ließen. Ausgewachsene Wale, die mit einem Spieß verwundet wurden, verschwanden in der Regel in den ersten 24 Stunden aus dem Fjord, und niemandem gelang es, sie zu fangen. Blauwal- und Finnwalmuttertiere gaben ihre sterbenden Kälber oft auf und verließen sie, erzählte Gísli Ásgeirsson, aber Buckelwalmütter blieben bei ihren toten Jungen, und man konnte sehen, wie sie den Booten folgten, die das tote Junge an Land zogen.

Gegen Ende des 19. Jahrhunderts wurde diese Fangmethode nur noch von einigen wenigen Männern in einem einzigen Fjord praktiziert. Wenige Jahre später war die Tradition ausgestorben, nachdem die Norweger den Walfang mit Dampfschiff und Harpunenkanone in den Westfjorden aufgenommen hatten und die Wale, wie Gísli erzählte, schnell weniger wurden.

In der Anfangsphase des neuzeitlichen Walfangs war Svend Foyn, wie geschildert, bereits einmal nach Island gefahren, um dort von den Amerikanern Roys und Lilliendahl zu lernen. Jetzt, 1883, machte er sich erneut dorthin auf, um in Zusammenarbeit mit Reedern aus dem norwegischen Haugesund die neuen norwegischen Fangmethoden einzuführen. Fischer aus Haugesund gingen bereits in den isländischen Fjorden auf Heringsfang und waren daher vor Ort bekannt und hatten wichtige Kontakte knüpfen können. Der Profit aus dem Heringsfang war das Startkapital für den Walfang.

Die Station, die Foyn und die Haugesunder 1883 errichten ließen, lag geschützt im Álftafjörður, einem Seitenarm des mächtigen Isafjarðardjúp der Westfjorde. Die Firma hieß Mons Larsen & Co. Ihr erstes Fangschiff, die *Isafold*, wurde von Akers mekaniske Verksted in Kristiania (Oslo) gebaut; Kapitän und Harpunenschütze war ein entfernter Verwandter Svend Foyns namens Samuel Foyn.

Der Fang lief gut, und die Arbeiter der Fangstation hatten viel zu tun. Auf einer ebenen Landspitze, die in den Fjordarm hinausragte, hatten die Norweger eine mehrstöckige Trankocherei und zahlreiche andere Gebäude errichtet, darunter eine Schmiede und Wohnhäuser. Ein dänischer Besucher nahm von der Anlage zuerst den Gestank wahr: »Bereits in der Fjordmündung riecht man das Gewerbe. Das gesamte Ufer ist nämlich mit großen, halb verwesten Stücken Walfleisch, Walgedärm und dergleichen bestreut, die im weiten Umkreis die Luft verpesten.«[82]

Dem Dänen fiel auf, dass die Arbeiten zum großen Teil mit Dampfkraft ausgeführt wurden. Eine Winsch zog den Walkadaver das Ufer hinauf. Nachdem die Flenser mit langschäftigen Flensmessern den Speck vom Körper abgeschält hatten, wurden die Stücke in den obersten Stock der Trankocherei hinaufgehievt. Hier hackte ein dampfbetriebener Häcksler den Speck in kleine Stücke, die dann auf kleinen Loren in die Trankessel befördert wurden, die jeweils rund zehn Tonnen Speck fassten.

Die Arbeit in der Trankocherei beschrieb der Däne als einträglich, aber schmierig. »Das gesamte Gebäude ist vollständig mit Tran durchtränkt, sodass man nichts auch nur mit dem Finger anrühren darf, ohne sich zu beschmutzen. Dazu muss man flink auf den Füßen sein, wenn man auf den glitschigen, tranigen Treppenstufen nicht böse ausrutschen will.«

Svend Foyn setzte eine Zeit lang sehr stark auf den isländischen Walfang und gründete neben der Zusammenarbeit mit den Haugesundern noch eine eigene Fangstation. Aber bald schon zog er sich aus Mons Larsen & Co. zurück und verlegte seine eigene Ausrüstung zurück nach Norwegen. Der Grund war ein neues Gesetz, nach dem Schiffseigner und Kapitäne ihren Wohnsitz auf Island haben und ihre Schiffe unter dänischer Flagge registrieren mussten – Island gehörte ja damals noch zu Dänemark. Für flexiblere Naturen als Foyn gab es durchaus Wege, mit der Wohnsitzpflicht auf Island zurechtzukommen. Einige zogen tatsächlich um, andere registrierten mehr oder minder fiktive Postadressen.

Die ersten sechs Jahre blieb Mons Larsen & Co. gleichwohl konkurrenzlos auf Island. Jedes Frühjahr liefen Schiffe der Firma von Haugesund mit norwegischen Mannschaften aus, um die Fangboote und die Station Àlftafjörður zu bemannen. Es gab reichlich Wale, besonders Blauwale. Nachdem die Zahl der Walboote vor der Finnmarkküste ihre Obergrenze erreicht hatte und die Wale dort immer weniger wurden, wollten sich viele Norweger in Island beweisen. Eine Reihe neuer Firmen wurde gegründet, sie errichteten Fangstationen im Westfjord-Viertel und auch in der ähnlichen Fjordlandschaft entlang der Ostküste. Ab 1890 wurden vor Island regelmäßig mehr Wale gefangen als vor der Finnmarkküste.

Der Walfang von Island aus wurde so gewinnträchtig, dass den Norwegern Konkurrenz aus anderen Ländern erwuchs. Dänen und Deutsche gründeten eigene Fangstationen, auch wenn sie ihre Boote und Ausrüstung in Norwegen kauften und größtenteils mit Norwegern bemannten. Sie hatten allerdings langfristig keinen Erfolg. Die schottische Firma Chr. Salvesen & Co., die sich ebenfalls im isländischen Walfang engagierte, wurde zu einem wichtigen internationalen Akteur der Branche.[83] Die Salvesens stammten aus Norwegen, waren aber britische Untertanen; ihr Firmensitz war die Hafenstadt Leith bei Edinburgh. Kurz vor der Jahrhundertwende wurden die Schotten Miteigentümer isländischer Fangstationen und betrieben bald auch ihre eigenen Stationen auf Island, den Färöern und den Shetlands. Sie beschäftigten weiterhin viele Norweger, sowohl auf Island wie später in anderen Gewässern.

Für alle Fangstationen, die auf Island gegründet wurden, gab es auf Dauer nicht genug Wale. Die Geschichte der Finnmark wiederholte sich. Der Walfang von Island aus erreichte seinen Höhepunkt bereits 1902, als insgesamt 1305 Wale aller Arten getötet wurden; kurz darauf stürzten die Fangzahlen steil ab.

Das Fanggewerbe weitete seinen Bereich weiter aus. Die Walfänger gewannen einen ständig besseren Überblick über die Wanderwege des Blauwals und der anderen großen Finnwalarten im Nordostatlantik.[84] Eine der Routen des Blauwals ging die Mitte des Meeres entlang und folgte anscheinend dem Mittelatlantischen Rücken, einem unterseeischen Vulkangebirge, das von den Azoren nordwärts bis Island reicht. Andere Exemplare wanderten näher an Land. Im Lauf des Frühlings zogen sie westlich an Irland vorbei, passierten das einsame Felseiland Rockall und die grünen Äußeren Hebriden vor der schottischen Westküste und wandten sich nordöstlich zu den Shetlandinseln. Von dort aus konnten sie entweder einem unterseeischen Höhenzug nordwestwärts bis zu den Färöern und weiter über Island in Richtung Grönland folgen oder weiter nordöstlich den Abhang des Kontinentalsockels vor der norwegischen Küste entlang bis hinauf zur Finnmark und in die Barentssee schwimmen.

An vielen Orten entlang dieser Wanderrouten und in den Nahrungsgründen der Wale schossen neue Fangstationen aus dem Boden. 1894 begann Albert Grøn aus Sandefjord den neuzeitlichen Walfang auf den Färöern. 1903 und 1904 etablierten sich norwegische Walfänger auf den Shetlands, den Hebriden und an der irischen Westküste. Finanziert wurden sie hier zum großen Teil von britischen Investoren.

Das unbewohnte Spitzbergen hoch oben in der Barentssee sah 1903 eine Neuerung im neuzeitlichen Walfang: eine schwimmende Trankocherei, also ein Fabrikschiff. Kleinere Fangschiffe schleppten die von ihnen erlegten Wale zu diesem großen Verarbeitungsschiff, das geschützt in einem Fjord vor Anker lag. Bereits im ersten Sommer gelang es der Sandefjorder Firma Ørnen A/S, vor Spitzbergen 45 Blauwale zu fangen. Im Folgejahr kochte die schwimmende Fabrik 113 Blauwale und einige kleinere Wale aus anderen Arten zu Tran ein. Die Konkurrenz baute hastig Schiffe zu Fabrikschiffen um und schickte sie ebenfalls nach Spitzbergen. Versuche, die Walkadaver bereits auf dem offenen Meer abzuspecken, wenn sie noch längsseits des Fangschiffs vertäut waren, ergaben schlechte Resultate, Wind und Wellen machten die Arbeit gefährlich. So blieb die schwimmende Kocherei weiterhin auf einen geschützten Hafen angewiesen. Dennoch ließ sich mit ihr der Walfang auch an öden Küstenstrichen leichter betreiben.

Es kam, wie es kommen musste und wie viele schon vorausgesagt hatten: Auch in den neuen Fanggebieten nahm die Zahl der Wale rasch ab. Insbesondere der Blauwal wurde schwer getroffen, weil die Walfänger, die mit den modernen, industriellen Methoden arbeiteten, die größten Tiere bevorzugten. Der Fang vor Spitzbergen wurde 1912 eingestellt.

Die Statistiken aus den Anfängen des neuzeitlichen Walfangs sind nicht sehr genau. Niemand weiß wirklich, wie viele Blauwale unter den getöteten Walen waren, die zwischen 1868 und 1904 an die Küste der Finnmark geschleppt wurden. Der wichtigste neue Fanggrund im Nordatlantik war Island. Hier sollen zwischen 1883 und 1915 über 6000 Blauwale getötet worden sein, sehr wahrscheinlich mehr als vor der Finnmark. In den Gewässern um Spitzbergen wurden hauptsächlich Blauwale gejagt; wahrscheinlich wurden dort zwischen 1903 und 1912 etwa 1000 bis 1500 erlegt.

Die Fischer protestierten überall gegen den neuartigen Walfang, sowohl auf Island wie in Irland und auf den schottischen Inseln. Diese Protestbewegung übernahm Argumente und Inspiration wohl vom norwegischen Widerstand gegen den Walfang, wurde aber nie stark genug, um dem Walfanggewerbe große Probleme zu bereiten. Auf den Shetlandinseln führte ein junger Sozialist und Fischhändler den Widerstand an[85], der dort sogar ein eigenes Kampflied hatte. Die erste Strophe lautete:

In the days before the whaling
poisoned all the waters round,
hearts were light, and men were happy,
for the fish could aye be found.[86]

Die Proteste führten immerhin dazu, dass der Fang gesetzlich geregelt und gewissen Beschränkungen unterworfen wurde, versickerten aber, als der junge Sozialist aufs Festland umzog, wo er später an Tuberkulose starb, und viele Shetländer Arbeit auf den Walfängern der schottischen Firma Salvesen im Südpolarmeer fanden.

Ein wirkungsvollerer Walschutzbeschluss wurde in Island 1915 gefasst, als das isländische Parlament, das Althing, ein zehnjähriges Fangverbot verhängte, allerdings erst, nachdem der Walfang vor Island ohnehin zusammengebrochen war. In den letzten Fangsommern waren nur noch 54 Wale erlegt worden. Das Walschutzgesetz des Althings glich in seinen Vorschriften dem norwegischen, kam aber aus anderem Grund zustande. Den Isländern ging es vor allem darum, die Reste des Walbestands als Grundlage für ein zukünftiges Fanggewerbe zu erhalten.

Die Blauwale, die vor der Finnmark, um Spitzbergen und die Bäreninsel, um Island, vor den Färöern und bei den Shetlands und Hebriden sowie vor der irischen Westküste erlegt wurden, gehörten sämtlich zu einer auf den nordöstlichen Atlantik beschränkten Population; viele von ihnen überwinterten südlich der Azoren, möglicherweise im Meeresgebiet westlich der Sahara.

Auf der anderen Seite des Atlantiks, vor der nordamerikanischen Küste, gab es einen mehr oder weniger davon getrennten Blauwalbestand, der seine eigenen jahreszeitlichen Zugwege hatte. Im Sommer hielten sich die Wale unter anderem im St.-Lorenz-Golf zwischen Neufundland und Quebec auf, im Winterhalbjahr durchzogen sie anscheinend den Ozean der Länge nach.

Wie viel Kontakt diese Blauwale mit ihren Artgenossen auf der anderen Seite des Atlantiks hatten, ist nicht bekannt, aber ganz isoliert waren sie nicht. Zwei Mal – 1888 und 1898 – wurden vor der Finnmarkküste Blauwale erlegt, denen ungewöhnliche Harpunen im Rücken staken.[87] Diese wurden als Modelle identifiziert, die im nordamerikanischen Walfang gebräuchlich waren. In den letzten Jahren hat sich ebenfalls gezeigt, dass einzelne Wale gelegentlich von einem Revier ins andere wechseln.[88]

Die Sommerweidegründe der nordwestatlantischen Blauwale liegen nahe dem mittelalterlichen Vinland, dem Teil der heutigen amerikanischen Nordostküste, wo Leif Eriksson vor etwa tausend Jahren an Land ging. Die altnordische *Grönländersage* erzählt, wie eine Siedlergruppe unter Thorfinn Karlsefni, die kurz nach Leif Eriksson Vinland erreichte, von Anfang an das Glück auf ihrer Seite hatte. »Sie machten bald einen großen und guten Fang, als ein *reyðr*, der sowohl groß als auch gut war, dort angetrieben wurde, und sie gingen hin und zerteilten den Wal, sodass ihnen das Essen nicht knapp wurde.«[89] Das trug sich vielleicht an der Nordspitze der Insel Neufundland zu, wo die Archäologen Reste einer skandinavischen Siedlung gefunden haben. Die festen Wanderwege der Blauwale führen noch heute dicht an der Ausgrabungsstätte vorbei.

Die skandinavische Ansiedlung auf Vinland lag allerdings bald wieder verlassen. Fast 900 Jahre später, am Ende des 19. Jahrhunderts, fand dann eine weit erfolgreichere Einwanderung aus Nordeuropa nach Nordamerika statt. Einer der Auswanderer war Adolf Nilsen aus Tønsberg, ab 1889 Fischereisekretär für die damalige selbstverwaltete britische Kolonie Newfoundland. Adolph Neilsen – so schrieb er seinen Namen auf der anderen Seite des Meeres – wurde zum Bindeglied zwischen neufundländischen Kaufleuten und den norwegischen Walfanginteressen. Ein gemeinsames neufundländisch-norwegisches Joint Venture bestellte bei Akers mekaniske Verksted in Kristiania Fangschiffe und heuerte norwegische Mannschaften an. Der Walfang von der ersten neufundländischen Station aus begann 1898. In diesem Gewässer war der Finnwal die bei Weitem wichtigste Walart, aber es wurden auch zahlreiche Blauwale und Buckelwale erlegt.

Der Zusammenbruch des Walbestands vor der Finnmark hatte Eindruck hinterlassen, und 1902 beschloss das House of Assembly, das neufundländische Parlament, ein Gesetz zur Begrenzung der Fangzahlen. Die Walfangfirmen wurden unter anderem verpflichtet, eine Konzession von der Regierung einzuholen und eine jährliche Abgabe zu entrichten, und jede Fangstation durfte nur ein einziges Fangschiff betreiben.

In der Praxis erwies sich keines dieser Walschutzgesetze als sonderlich wirkungsvoll. Die Abgabe war nicht hoch genug, um abschreckend zu wirken, und die Obrigkeiten genehmigten außerdem die meisten Konzessionsanträge. In den Jahren 1904 und 1905 erlebten Neufundland und Labrador den schlimmsten Ansturm neuer Firmengründer in der Geschichte des Walfangs. Mehr als 30 Fangstationen wurden gebaut, von denen die meisten nach kurzer Zeit wieder eingingen. Die Verluste waren enorm. Hohe Betriebskosten und magere Jahre mit weniger Walen als zuvor trugen ihren Teil zum Problem bei, aber der Konkurrenzkampf zwischen all den vielen neuen Walfangbetrieben kann auch nicht geholfen haben.

Einige der ersten in Neufundland etablierten Gesellschaften hatten norwegische Miteigentümer, während hinter den vielen des folgenden Booms nordamerikanische Investoren standen. Für die norwegischen Schiffswerften und Schiffsausrüster war der Walfangboom an der nordamerikanischen Ostküste ein unerwartetes, gutes Geschäft. Auch viele norwegische Harpuniere und andere Seeleute aus dem Walfang fanden bei den Walfanggesellschaften Beschäftigung.

Der Walfang an der nordamerikanischen Ostküste ging in Schüben und mit Unterbrechungen noch einige Jahrzehnte weiter. Eine norwegisch-kanadische Firma mit Sitz in Sept-Îles (Quebec) war in der Zeit des Ersten Weltkriegs im St.-Lorenz-Golf vor Neufundland aktiv. Sie erlegte zwischen 1912 und 1915 etwa 30 Blauwale jährlich, wozu noch etwa doppelt so viele Finnwale kamen. Im Ersten Weltkrieg, in dem Norwegen neutral blieb, wurde die Firma in Kanada beschuldigt, mit dem Feind zu handeln, und aufgelöst.

Nach dem Ersten Weltkrieg wollte sich eine neue Firma, die teilweise Norwegern gehörte, im Walfang vor Neufundland versuchen, der inzwischen fast völlig zum Erliegen gekommen war. Sie hatte Erfolg, aber nicht ohne Konflikte. »Wo unsere Behörden doch den Walfang vor unseren Küsten für ein Jahrhundert oder so unterbinden wollen, sollte man nicht glauben, dass sie jetzt die Norweger damit anfangen lassen«, schrieb eine Zeitung in der Hauptstadt St. John's. »Die haben vor ihren eigenen Küsten schon reinen Tisch gemacht, ebenso mit der amerikanischen Pazifikküste und an etlichen anderen Orten, wo die Wale früher in Mengen vorkamen.«[90] Die Norweger hatten sich einen Ruf als außergewöhnlich effektive Walfänger erarbeitet – im Guten wie im Schlechten.

Östlich der Sonne, westlich des Mondes

In den Stillen Ozean zog der neuzeitliche Walfang im Herbst 1889 ein. Damals lag im Hafen der russischen Hafenstadt mit dem sprechenden Namen Wladiwostok (»Beherrsche den Osten«) ein kleines Dampfschiff. Es trug eine Harpunenkanone am Bug und war bei Nylands Verksted in Kristiania gebaut worden. Der Kapitän hieß Samuel Foyn und hatte am großen Walfangboom in Island teilgenommen. Sowohl er als auch sein Steuermann Hjalmar Bull waren erfahrene norwegische Waljäger.

Auch der Chef der Walfangfirma, der russische Adelige Akim Grigorjewitsch Dydymow, war mit an Bord. 180 Kilometer östlich von Wladiwostok hatte er eine Fangstation errichten lassen. Der Fang lief gar nicht schlecht; die ersten fünf Wale, die sie im Japanischen Meer – zwischen Russland, Japan und Korea – erlegten, waren Blauwale.

Allerdings entließ Dydymow die Norweger schon nach einem Jahr wieder. Die Russen wie auch die Einheimischen hätten inzwischen die Fangmethoden selbst gut genug gelernt, meinte er. Es blieb ihm allerdings keine Zeit mehr, das zu beweisen. Am Neujahrsabend ging das Fangschiff aus der Nyland-Werft vor der koreanischen Ostküste unter, bei Sturm und 15 Grad unter null. Dydymow kam mit dem Rest der Mannschaft ums Leben.

Zur selben Zeit befand sich der damalige russische Kronprinz und spätere Zar Nikolaus II. mit dem mächtigen Panzerkreuzer *Pamjat Azova* auf dem Weg nach Wladiwostok, wo er den Grundstein für die Transsibirische Eisenbahn legen wollte. Im Gefolge des Thronerben reiste der Marineoffizier Heinrich Jeannot Otto Graf Keyserling – ein Baltendeutscher, der auf einem litauischen Gut aufgewachsen war.[91] Auf der letzten Etappe der Reise, der Überfahrt vom japanischen Kobe nach Wladiwostok, sah er so viele Wale, dass er sich, dort angekommen, entschloss, das Erbe des ertrunkenen Dydymow anzutreten.

Die Fangstation stand noch, und von Keyserling kaufte sie schließlich auf, aber alle walfangerfahrenen Seeleute waren entweder weggezogen oder ertrunken, sodass er von norwegischen Fängern neue anlernen lassen wollte. Das erwies sich als nicht so einfach, denn die Norweger waren inzwischen unwillig, ihre Fangmethoden künftigen Konkurrenten preiszugeben, wie von Keyserling bald merkte. Die Lösung bestand in Industriespionage.

Im Frühsommer 1893 fuhr also ein Seemann namens Henry Carlsson in die isländischen Westfjorde hinaus, an Bord eines norwegischen Schoners, der den Walfängern Nachschub brachte. Der Seemann reiste unter einem Decknamen; in Wirklichkeit handelte es sich um Graf Keyserling selbst, der sich heimlich und unerkannt mit den norwegischen Fangmethoden vertraut machen wollte. Er hatte sich mithilfe eines Norwegers in St. Petersburg eine Heuer als Matrose auf einem Fangschiff verschafft. Sein Arbeitgeber war die neu gegründete Haugesunds Hvalfangerselskab, nach ihrer Fangstation, die auf einer von steilen Berghängen umgebenen Ebene am Talknafjord lag, gerne einfach Talkna-Firma genannt.

Sechs Monate lang soll sich Graf Keyserling als einfacher Matrose den nasskalten isländischen Sommer hindurch und bis in den Herbst abgemüht haben. So gründlich ging er in der Rolle des Henry Carlsson auf, dass er sich, als die Fangsaison vorbei war und er sich mit einem großen Passagierdampfer auf die Heimreise machte, in der ersten Klasse kaum noch zurechtfand. »Als ich auf das große englische Passagierschiff kam und somit Passagier 1. Klasse wurde, war mir die feine Umgebung so fremd geworden und so ungemütlich, daß ich mich immer zu den Leuten in der 3. Klasse und zu den Matrosen hingezogen fühlte, mit denen ich mich besser verstand. So sehr verliert man im Lauf von sechs Monaten den gesellschaftlichen Standpunkt, ich wußte einfach nicht mehr, worüber ich mich mit meinesgleichen unterhalten sollte.«[92]

Zurück an Land, fand Keyserling rasch wieder in den Umgang mit der Elite zurück. Er nutzte seine Bekanntschaft mit dem Zarewitsch und sicherte sich, wie sein Vorgänger Dydymow, staatliche Finanzierung für sein sibirisches Walfangprojekt. Die beiden Fangschiffe, die er bei Akers mekaniske Verksted bestellte, waren 30 Meter lang und damit länger als diejenigen, auf denen er im Talknafjord gearbeitet hatte. Ihre Dampfmaschinen waren um einiges stärker. Faktisch waren die *Nikolaj* und die *Georgij* die größten Walfangschiffe, die bis dahin gebaut worden waren. Im Frühling 1895 liefen sie aus dem

Oslofjord aus und durchquerten das Mittelmeer und den Suezkanal auf ihrem Weg nach Osten. Zwei erfahrene Harpuniere aus Sandefjord waren – als einzige Norweger – mit an Bord.

Keyserlings Firma erlegte zwischen 1895 und 1903 insgesamt um die tausend Wale, hauptsächlich Blauwale, Finnwale und Buckelwale. Im Sommer wurden sie in der firmeneigenen Verarbeitungsfabrik zu Öl gekocht und zu Dünger zermahlen. Im Winter zogen Keyserlings Schiffe den Walen südwärts nach und operierten vom japanischen Nagasaki aus. In Japan war Walfleisch als Teil der traditionellen Küche ein begehrtes Gericht. In einer älteren japanischen Übersicht über die verschiedenen Fleischstücke des Wals, die 1832 erschien[93], konnte man zum Beispiel lesen, dass Walpenis am besten vom Jungtier schmecke. Das Fleisch wurde gerne in der Pfanne gebraten oder in Wasser gekocht und mit Sojasoße, Sake oder Sanbaizusoße serviert. Der Zwölffingerdarm, außen gelb und innen rot, wurde dagegen nur von den Armen verspeist. Im Walkochbuch von 1832 kommt der Blauwal nicht vor, dagegen erfährt man, wie man die gefurchte Kehlpartie beim Finnwal und Buckelwal verwertet. Die altjapanische Fangtechnik mit zwischen mehreren Booten gespannten Netzen ermöglichte schon vor der Zeit der Dampfschiffe mit Harpunenkanonen, auch große und starke Wale zu fangen. Mit den neuzeitlichen Fangtechniken wurde die Versorgung mit vielen Sorten Walfleisch regelmäßiger und besser.

Der friedliche Walfleischhandel mit Russland wurde 1904 abrupt unterbrochen, als der Russisch-Japanische Krieg ausbrach, der auch die Tätigkeit von Graf Keyserlings Walfangfirma beendete. Fangschiffe und Ausrüstung wurden von den Japanern als Prisen aufgebracht, die Mannschaften eine Zeit lang interniert. Der Norweger Henrik G. Melsom aus Stokke in der Vestfold, der sechs Jahre lang als Harpunenschütze und Schiffsführer für Keyserling gearbeitet hatte, entkam mit Müh und Not der Gefangennahme. Wie die anderen Kapitäne hatte er ein gefälschtes Telegramm erhalten, das ihn ins chinesische Shanghai beorderte. In der Koreastraße lauerte ihm ein japanisches Kriegsschiff auf. Melsom entdeckte die Falle rechtzeitig und versuchte sich im Schutz der Nacht mit abgeblendeten Laternen daran vorbeizuschleichen. Das große, verdunkelte Schlachtschiff ragte wie eine drohende Silhouette über dem kleinen Walfänger auf, der tatsächlich unentdeckt blieb. Melsom und seine Mannschaft kamen sicher nach Shanghai durch.[94]

Offenbar trug Melsom den Japanern diesen Vorfall aber nicht nach, denn in den folgenden Jahren nahmen sowohl er wie auch viele andere norwegische Harpuniere Heuer im japanischen Walfang, der sehr gut bezahlte. Die Japaner setzten intensiv auf »die norwegische Methode«, wie sie den Walfang mit kleinen Dampfern, Granatharpunen und Kanonen nannten.

Juro Oka, Direktor der wichtigsten japanischen Fangfirma, erzählte später von der Anfangsphase 1899: »Ich überließ die gesamte Arbeit der Firmengründung Freunden und Verwandten und reiste nach Norwegen, um die Methode dort aus erster Hand kennenzulernen«.[95] Die Norweger scheinen gegenüber Oka, der vom anderen Ende Eurasiens kam, wohlwollender eingestellt gewesen zu sein als gegenüber Keyserling aus dem Nachbarland Russland wenige Jahre zuvor. Auf einer Rundreise durch Norwegen besichtigte der junge Japaner Schiffswerften und Fangstationen und soll auch mit auf Fangfahrt gegangen sein. Darauf kam er zu dem Schluss, dass die Japaner für den Walfang tatsächlich die norwegische Methode übernehmen sollten, die Verarbeitung jedoch weiter auf traditionelle japanische Weise erfolgen solle, denn in Japan war das Fleisch, nicht der Tran, das Hauptprodukt.

Zahlreiche Japaner kamen in den folgenden Jahren nach Norwegen, um zu lernen, um Seeleute anzuheuern, Schiffe in Auftrag zu geben und Ausrüstung einzukaufen, und einige Fangschiffe wurden auch direkt bei norwegischen Reedern gechartert. Der Austausch mit Japan war für viele Norweger lohnend, aber immer auch umstritten. Das Fachblatt *Norsk Fiskeritidende* warnte 1906, das Land sei in Gefahr, seinen Vorsprung im internationalen Walfanggeschäft aufzugeben, wenn es einem »rücksichtslosen und kalt berechnenden Konkurrenten«[96] gestatte, dermaßen aufzuholen.

1910 bekam der amerikanische Zoologe Roy Chapman Andrews in Japan den Stand des dortigen Walfangs zu sehen. Andrews war auf einer Weltreise, um Musterexemplare für das New Yorker Museum of Natural History zu sammeln. Wenn sich eine Chance bot, fuhr er selbst mit den Fangbooten hinaus. In Japan gelang es ihm, mit

Henrik G. Melsom wie auch mit anderen norwegischen Kapitänen auf Fang zu gehen. So erlebte er, dass auch nach 40 Jahren Erfahrung im Umgang mit der Granatharpune der Wal manchmal immer noch alles andere als schlagartig getötet wurde.

An Bord des Fangschiffs *Rekkusu Maru* erwachte Andrews eines Morgens, weil die Maschine ständig anlief und wieder gestoppt wurde. Das war ein sicheres Zeichen, dass die Mannschaft manövrierte, um sich an einen Wal heranzuarbeiten. Die Kunst lag darin, vorauszuberechnen, wo er beim nächsten Mal zum Blasen auftauchen würde.

Andrews warf sich in die Kleider, schnappte seine Kamera und lief in den kalten Regen hinaus. Fredrik Olsen aus Drammen, Harpunenschütze und Kapitän, stand am Bug bereit. Die japanischen Seeleute am Ruder berichteten, dass sie seit sechs Uhr früh einen Blauwal verfolgten. Der Amerikaner konnte selbst sehen, wie schwierig es war, in Schussweite zu kommen. Kaum hatte der Wal einmal geblasen, sobald er die Oberfläche erreicht hatte, und sich ein wenig ausgeruht, da buckelte er auch schon und tauchte wieder ab. Kurz nach neun kam der Wal dann knapp außerhalb der Harpunenreichweite hoch. »Halt dich bereit, beim nächsten Mal kommt er nahe genug!«,rief Kapitän Olsen nach hinten. »Plötzlich schoss uns eine Wolke aus weißem Dampf genau ins Gesicht, und ein breiter, triefender Körper breitete sich vor dem Bug aus. Auf das Klicken der Kamera folgte das ohrenbetäubende Dröhnen der Kanone, dann ein Augenblick Stille, während der gigantische Leib erzitterte, sich streckte und aufrichtete. Mit einem gewaltigen Schlag seiner Schwanzflosse schwang er herum und flüchtete, wobei er an der Wasseroberfläche blieb. Die *Banzai*-Hochrufe der Seeleute wurden vom Heulen der Winde und dem Knattern der Fangleine übertönt, die über das Deck schoss, als Törn um Törn über die Reling verschwand. Durch die Rauchwolke sah ich den Mann an der Winsch sich mit aller Kraft in die Bremse stemmen und hörte ihn nach Wasser rufen, um das glimmende Holzgerüst anzufeuchten.«[97]

Ein halber Kilometer Fangleine lief aus, bevor die Motorwinde zum Stillstand kam und das Schiff wieder ruhig mit der Dünung rollte. Der Wal war abgetaucht. Die Leine straffte sich bald wieder, diesmal nach unten. Nach einer Viertelstunde entschloss sich der Kapitän, Zug auf das straffe Tau und damit auf die Harpune im Rücken des Wals geben zu lassen, in der Hoffnung, dass der Wal, um die Schmerzen in der Wunde zu verringern, nach oben kommen würde. Der Kapitän wollte vermeiden, dass der Wal dort unten starb, weil er fürchtete, die Leine könnte beim Hochziehen des Kadavers reißen.

Nachdem der Wal 20 Minuten getaucht war, begann die Leine endlich zu erschlaffen. Das Tier kam überraschend weit entfernt wieder hoch und schleppte jetzt das Schiff hinter sich her, immer rascher ging das, bis die Maschine schließlich mit halber Kraft rückwärts lief, um zu bremsen. Der Wal zog das Fangschiff eine halbe Stunde lang, dann tauchte er wieder für zehn Minuten und kam so schnell wieder hoch, dass er halb aus dem Wasser schoss. Danach nahm er wieder Fahrt auf, wobei er immer wieder kurz untertauchte. Der Kapitän gab ständig Befehle, entweder mehr Leine auszugeben oder sie einzuholen, um allmählich näher an das Tier heranzukommen, ohne dass die Fangleine riss. Um elf Uhr wurde der Wal merklich schwächer. Im Fernglas konnte Andrews sehen, dass sich das Wasser um den Rücken rot färbte, dort, wo zwischen den Schulterblättern die Harpune steckte.

Als der Wal an das Fangschiff herangezogen wurde, geschah das Unglück. Die Leine straffte sich in der starken Dünung plötzlich und riss. Olsen feuerte sofort eine neue Harpune. Die Mannschaft brüllte vor Spannung, während das Geschoss im Bogen über die Wellen flog und den Walrücken traf. Die Granate an der Spitze explodierte zwar im Körper des Tiers, aber ohne es zu töten; sie warf nur die Harpune wieder aus dem Fleisch. Blut und Fleischfetzen trieben im Wasser. Der Wal entkam. Bis in den Nachmittag verfolgte das Fangschiff den verwundeten Blauwal, ständig kurz davor, in Schussweite zu kommen. Erst nach fünf Uhr, nach fast zwölf Stunden Jagd, gelang Fredrik Olsen endlich ein Schuss, der den Wal fast auf der Stelle tötete.

Der tote Blauwal wurde längsseits der *Rekkusu Maru* gezogen und von der Mannschaft an Bug und Heck vertäut. Die Jagd hatte sie weit von ihrem Heimathafen entfernt; erst am folgenden Nachmittag lief das kleine Fangschiff wieder ein »und lieferte den Wal an die Fangstation, wo er im Laufe weniger Stunden Tausende wartender Blechbüchsen füllte und auf die Märkte im gesamten Kaiserreich geschickt wurde«.

Auch auf der anderen Seite des Nordpazifiks, an der nordamerikanischen Westküste, gab es Blauwale und andere große Walarten. Zwei Jahre vor der Jahrhundertwende reiste Samuel Foyn dorthin. Er hatte bereits an der Einführung des neuzeitlichen Walfangs zuerst auf Island und dann in Wladiwostok teilgenommen, und jetzt hatte er sich vorgenommen, auch in der kanadischen Pazifikprovinz British Columbia Interesse für den Walfang zu wecken. Er war zwar nur sehr entfernt mit Svend Foyn verwandt – Samuels Vater war Svends Großneffe –, aber sowohl in kanadischen wie in russischen Quellen wird er als Svend Foyns Neffe bezeichnet.[98] Das wird nichts anderes bedeuten, als dass er die Verwandtschaft absichtlich übertrieb, als er seine Dienste im Ausland anbot.

Samuel Foyn ging vielleicht ein wenig übereifrig vor. Laut einer Lokalzeitung in British Columbia war er unwillig, »Berufsgeheimnisse« über die fantastischen Investitionsmöglichkeiten im Walfang zu verraten, nur um dann gleichsam damit herauszuplatzen. Der Vorstoß war kein unmittelbarer Erfolg, aber es scheint, als habe Foyn die Kaufleute von British Columbia auf eine Idee gebracht.

Am 10. Dezember 1904 lief das frisch vom Stapel gelaufene Walfangschiff *Orion* aus dem Dock von Akers mekaniske Verksted in Kristiania aus. Kapitän war Rube Balcom von der neu gegründeten, in kanadischem Besitz befindlichen Pacific Steam Whaling Co. Sein Harpunier und der Rest der Mannschaft waren Norweger. Die Überführung rund um ganz Nord- und Südamerika dauerte fast vier Monate, weil der Panamakanal noch nicht eröffnet war und das 30 Meter lange Dampfschiff Kap Hoorn umrunden musste, die sturmumtoste Südspitze Südamerikas. Schiff und Mannschaft überstanden alle Schwierigkeiten und erreichten im Frühling 1905 den Hafen Victoria auf Vancouver Island vor British Columbia. Nach einigen Startschwierigkeiten wurde Ende August 1905 der erste Blauwal erlegt.

Wegen der übermäßig großen Entfernung zu den norwegischen Werften dauerte es nicht lange, bis an der nordamerikanischen Westküste ein eigener Fangschiffbau in Gang kam. Zum ersten Mal bekamen die norwegischen Werften internationale Konkurrenz auf diesem Markt. Die Norweger spielten allerdings noch viele Jahre im Fanggewerbe an der ganzen Westküste, von Alaska bis Mexiko, eine wichtige Rolle.

Der Gesang des Blauwals

Solange die Jagd andauerte, teilte der reisende Zoologe Roy Chapman Andrews den Eifer der Walfänger. Die Verfolgung war spannend, und die Fangfahrt war eine unschätzbare Gelegenheit, die großen Wale aus der Nähe zu studieren. Aber Andrews war mit gemischten Gefühlen dabei. »Es ist tief zu beklagen«, schrieb er, »dass das groß angelegte Abschlachten von Walen unvermeidlich zu ihrer raschen kommerziellen Ausrottung führen wird«.[99] Unter kommerzieller Ausrottung verstand er, dass die Wale so selten würden, dass sich der Fang nicht mehr lohnte.

Aber während Andrews auf dem stampfenden Schiffsdeck stand und die Wale bewunderte, traf ihn die Erkenntnis, dass ein so starkes Tier doch auch eine kraftvolle Stimme haben müsse. Nun hat der Wal keinen Kehlkopf, der Laute hervorbringen kann. Das bewiesen die anatomischen Untersuchungen, zu denen der Walfang so gute Gelegenheit bot. Wenn manche Zeugen behaupteten, der Wal brülle, dann war es nur das Geräusch der durch die Blaslöcher ausgestoßenen, komprimierten Atemluft, das die Betreffenden gehört hatten. Erst viele Jahre später wurde entdeckt, dass auch die Wale eine echte Stimme haben. Es stimmt, dass man sie über Wasser nur selten hören konnte, und mit welchem Organ die Bartenwale ihre Unterwasserlaute hervorbrachten, blieb ein Geheimnis, aber darüber, dass sie miteinander kommunizierten, gab es keinen Zweifel.

Die Stimme des Blauwals wurde zuerst von militärischen Sonarbojen in der Nachkriegszeit eingefangen. Die Aufnahmen wurden lange geheim gehalten. Der begrenzte Personenkreis, der Zugang dazu hatte, war ratlos, von wem diese ungewöhnlich lauten Rufe stammen mochten. 1970 wurden dann von einem Schiff aus die ersten sicher zugeordneten Aufnahmen eines Blauwals gemacht. Die Entdeckung wurde im Jahr darauf veröffentlicht. »Die Kraft hinter dem Signal des Blauwals ist spektakulär«[100], schrieben die Forscher, die mit Wehmut daran dachten, wie ungewiss es war, dass das Tier mit der kräftigen Stimme die übermäßige Bejagung durch den Menschen überleben würde.

Die Laute des Blauwals erklingen gewöhnlich in so tiefen Tonlagen, dass das menschliche Ohr sie nicht mehr wahrnimmt. Die Forscher studierten diese Laute auf Diagrammen oder in beschleunigt abgespielten Aufnahmen. Weitere Forschungen haben ergeben, dass die Stimme des größten Tiers der Welt Hunderte, manchmal Tausende Kilometer weit trägt. Die Einzelgänger hatten also doch eine Art Sozialleben. Auf Distanz. Sie hörten einander über die Abgründe der Tiefsee und die langen Wanderungsstrecken von Weidegrund zu Weidegrund hinweg. Begegneten sie einander in einem krillreichen Gebiet, wechselten sie zwischen den einzelnen Bissen kurze Laute.

Die auffallendsten Rufe waren diejenigen, die später als Gesang des Blauwals bekannt wurden. Es waren feste, regelmäßig wiederholte Klangmuster, und der Gesang konnte mehrere Stunden am Stück anhalten, manchmal tagelang. Die Forscher fanden Hinweise, dass es Blauwalmännchen waren, die da sangen, oft während der Wanderung.[101] Wahrscheinlich dient der Gesang dazu, Weibchen anzulocken und Rivalen zu warnen. Das ist jedenfalls die Funktion ungewöhnlicher Lautäußerungen bei vielen Tierarten.

Als man die Aufnahmen aus verschiedenen Gewässern verglich, zeigte sich, dass die Blauwale unterschiedlicher Regionen auch unterschiedlich sangen. Die Art fand sich zwar in allen Ozeanen, und Blauwale wanderten über lange Strecken, aber dennoch ist der Lebensraum des einzelnen Blauwals auf ein bestimmtes Seegebiet begrenzt, in dem auch schon seine Vorfahren gelebt und einander mit ihren besonderen Gesängen gerufen haben. In Gewässern, in denen sich Blauwale verschiedener Populationen begegneten, zeigten die Dialektunterschiede, welches Tier welchem Stamm angehörte.

Im ganzen Nordatlantik sangen die Blauwale denselben Gesang. Zwei klare Töne, den ersten mit gleichbleibender, den zweiten mit fallender Tonhöhe. Im größten Teil des Nordpazifiks – von der ostasiatischen Küste bis Hawaii – hörte man einen verwandten Gesang, dessen fallender Ton etwas anders klang.

Auf der anderen Seite des Pazifiks hingegen, längs der nordamerikanischen Westküste, war ein ganz anderer Blauwalgesang verbreitet. Zuerst kam ein taktmäßiges Klopfen, wie ein langsamer Herzschlag. Darauf folgte ein fallender Ton, der aber ganz anders klang als der im Gesang der anderen nördlichen Blauwale, voller und mit zahlreichen Ober- und Untertönen. Im nordöstlichen Pazifik gab es eine ganz eigene Blauwalpopulation, die diesen Gesang hören ließ. Die Tiere zogen von Alaska bis zum Golf von Kalifornien vor Mexiko und in andere Winterquartiere in südlichen Breiten.

Trotz der Dialektunterschiede gehörten alle Blauwale im Nordpazifik und Nordatlantik derselben Unterart an, dem Nördlichen Blauwal *Balaenoptera musculus musculus*. Südlich des Äquators lebten andere Blauwalpopulationen. Ihre Wanderungen folgten den Jahreszeiten der südlichen Halbkugel, und ihr Vermehrungszyklus war um ein halbes Jahr gegenüber dem ihrer nördlichen Verwandten verschoben.

Am größten von allen ist der antarktische Blauwal – die Unterart heißt *Balaenoptera musculus intermedia* –, der den Sommer auf Krillfang im kalten Südpolarmeer verbringt. Er hat einen eigentümlichen Gesang, den man vor der gesamten Küste Antarktikas hört. Der Gesang beginnt mit einem ebenen, klaren Ton, der in einem raschen Abglitt in einen neuen, tieferen Ton übergeht. Das Muster wird etwa einmal pro Minute wiederholt. Wenn es Winter auf der Südhalbkugel ist, hört man diesen Gesang auch in wärmeren Gewässern, weil manche antarktischen Blauwale vor der Kälte und Dunkelheit nach Norden ausweichen; andere aber bleiben im Südpolarmeer.

Die größere antarktische Unterart übertraf – vor dem Beginn des kommerziellen Walfangs – an Zahl alle anderen Blauwalarten. Der ursprüngliche Bestand ist auf 239 000 Exemplare geschätzt worden. Aber es gibt südlich des Äquators auch andere Blauwale, mit jeweils eigenem Gesang, die nicht ganz so groß werden.

Im Indischen Ozean leben die sogenannten Zwergblauwale, die bis 24 Meter lang werden. Der Zwergblauwal wird inzwischen als eigene Unterart mit dem wissenschaftlichen Namen *Balaenoptera musculus brevicauda* betrachtet. *Brevicauda* bedeutet »Kurzschwanz« und bezeichnet die körperliche Eigenschaft, mit der er sich von den anderen Unterarten, besonders der antarktischen, unterscheidet.

Der Zwergblauwal wurde zuerst auf Sommerweiden im Süden des Indischen Ozeans beobachtet und kommt sowohl vor Australien wie in Teilen des malaiischen Archipels vor. Im Allgemeinen überquert er die sogenannte Polarfront ins kältere Südpolarmeer nicht. Im Norden des Indischen Ozeans, bis hinauf zur arabischen Halbinsel, finden sich ebenfalls Blauwale, die in einigen Klassifikationen zu den Zwergblauwalen gezählt werden, in anderen aber eine eigene Unterart bilden.

Die Walforschung hat noch nicht durch eindeutige Gentests oder aufgrund anderer Merkmale herausgefunden, was die Zwergblauwale definitiv von anderen Blauwalen unterscheidet; entsprechend herrscht Uneinigkeit, welche Bestände zu dieser Unterart gehören. Der Zwergblauwal hat seine eigenen charakteristischen Lautäußerungen, die sich aber wiederum in den verschiedenen Regionen, die er bewohnt, unterscheiden.

Vielfach werden auch die Blauwale, die im Sommer im Südwestpazifik vor Neuseeland auftreten, zu den Zwergblauwalen gerechnet. Auf der anderen Seite des riesigen Pazifiks – vor Chile, Peru und Ecuador und um die Galapagosinseln – lebt eine weitere Blauwalpopulation, die möglicherweise als eigene Unterart klassifiziert zu werden verdient. Sie nutzt das vor der südamerikanischen Westküste aufquellende nährstoffreiche, Tiefenwasser aus, und viele Tiere verbringen den Südsommer vor der chilenischen Küste. Die chilenischen Blauwale, wie sie mitunter bezeichnet werden, sind etwas größer als die Zwergblauwale, aber immer noch kleiner als die der antarktischen Unterart. Auch sie haben ihre eigenen Gesänge.

Den norwegischen Walfangpionieren war der Gesang des Blauwals völlig unbekannt. Zu Anfang wussten sie auch kaum etwas von den Blauwalvorkommen auf der Südhalbkugel, weder von den großen und zahlreichen antarktischen Blauwalen noch von ihren kleineren Verwandten im Indischen Ozean und im Südpazifik. Aber schon in den 1890er-Jahren wurde der professionelle Walfang darauf aufmerksam, dass es im Südpolarmeer so viele Blauwale gab. Die Teilnehmer der ersten norwegischen Antarktis-Expedition kehrten mit Berichten über Blauwale in verblüffenden Mengen nach Hause zurück. Einige von ihnen fassten Pläne für ein neues und größeres Walabenteuer.

Teil 2

Süden

Der Anfang

Weder der junge Kapitän Carl Anton Larsen noch irgendeiner der Seeleute an Bord des Schoners *Freden* aus Sandefjord hatte je einen Wal gesehen. Dennoch fuhren sie auf die Jagd nach Entenwalen in der Norwegischen See. Der Schoner war nicht groß. Die Ausrüstung für diesen neuen Zweig des Fanggewerbes, der Anfang der 1880er-Jahre in Gang kam, war viel einfacher als im Großwalfang.[102] Oft blieben die Schiffe monatelang auf See und sammelten eine große Ladung Speck, der den getöteten Entenwalen auf See abgeflenst wurde.

Der Entenwal oder *Bottlenose*, wie er bei den Fängern meist hieß, ist ein sechs bis neun Meter langer Zahnwal, der in der Tiefsee nach Kopffüßern taucht. In der ersten Fangsaison erlegten Larsen und seine Männer nur sechs Exemplare. Im Jahr darauf war das Ergebnis mit 40 Entenwalen schon besser, und ab 1886 fuhr Larsen in einem größeren, speziell dafür gebauten Bottlenose-Schiff aus. Auch in der Robbenjagd im Nördlichen Eismeer hatte er sich versucht, bevor er das Angebot bekam, die erste norwegische Antarktis-Expedition zu leiten.[103]

Larsen schlug zu. Das Schiff, das er in den letzten Jahren geführt hatte, der Robbenjäger *Jason*, war am 1. September 1892 fertig ausgerüstet für die Reise nach Süden, und Menschen strömten hinaus nach Framnæs bei Sandefjord. Sie waren zu einem Fest an Bord geladen.

Der Gastgeber, Reeder Christen Christensen, bewirtete die 35 Mannschaftsmitglieder, ihre Familien und einige weitere Gäste mit Austern aus dem Fjord und Pökelschinken vom Eisbären.[104] Christensen war gemeinsam mit deutschen Investoren einer der Eigner der Firma, die hinter der Expedition stand. Ihm gehörte außerdem die Schiffswerft in Framnæs, auf der elf Jahre zuvor die *Jason* gebaut worden war.

Der Reeder ergriff das Wort. Er wandte sich an Larsen und forderte ihn auf, es wie der Namensgeber des Schiffes zu machen, der griechische Sagenheld Iason, und »nach Kolchis zu fahren und das Goldene Vlies zu holen«. Kapitän Larsen erwiderte den Trinkspruch und antwortete munter wie immer, er habe zuerst geglaubt, der Reeder habe *kold is* (»kaltes Eis«) statt *Kolchis* gesagt.[105]

Die Hauptpersonen des Banketts, Christensen und Larsen, freuten sich schon über den Profit, den sie mit der Fahrt der *Jason* machen würden. »Nach dem Fest gab es ein Feuerwerk«, berichtete die *Norsk Sjøfartstidende.*

Christen Christensen – oder *Gammel'n* (»der Alte«), wie ihn Larsen mitunter nannte – war damals seit zehn Jahren im neuzeitlichen Walfang vor der Finnmarkküste tätig. Dennoch waren es nicht Blauwale, Finnwale oder Buckelwale, nach denen zu suchen er Larsen ins Südpolarmeer schickte. In der Antarktis, so hieß es, gebe es immer noch viele Glattwale, deren lange Barten bei den Schneidern begehrt waren. Im Norden gab es inzwischen kaum noch Glattwale – weder Nordkaper noch Grönlandwale –, sodass der Preis für ihre langen Barten ungeheuer in die Höhe geschossen war. Wichtig war daher, möglichst viele Glattwalköpfe zu erbeuten, damit sich die kostspielige Expedition lohnte.

Das war also das Goldene Vlies, das Larsen mit der *Jason* nach Hause bringen sollte – »Pottwale und diese gesegneten Barten, von denen das Geld tropft«[106]. Falls keine Glattwale zu finden wären, sollten sie stattdessen in der Antarktis Robben fangen. Die Waljagd würde nach der traditionellen Methode durchgeführt, in robusten Fangbooten, die vom Mutterschiff ausgesetzt und mit Rudern betrieben wurden. Die *Jason* war ein Segelschiff, eine Bark, hatte aber eine kleine Dampfmaschine als Hilfsmotor, der vor allem zum Manövrieren im Treibeis und um Eisbergen auszuweichen wichtig war.[107] Sie hatte eine Gesamtlänge von 45 Metern und war damit wesentlich größer als die kleinen Dampfboote, die von den Fangstationen in der Finnmark eingesetzt wurden. Das war angesichts der langen Seereise ein beruhigender Gedanke. Die *Jason* war sogar berühmt dafür, Zusammenstöße mit Eisschollen wegstecken zu können. Sie hatte bereits den Polarhelden Fridtjof Nansen zu seiner Inlandeisdurchquerung auf Skiern nach Grönland gebracht.

Jetzt sollte der Robbenfänger also Larsen in sein bisher größtes Abenteuer bringen, fast auf der anderen Seite der Erde. Er erwartete, als reicher Mann heimzukehren. »Es war wie eine Reise in eine Goldmine, in der man sicher mit Gold rechnen konnte und in der vorher noch niemand geschürft hatte«, erzählte er später.[108]

Auf der Fahrt durch die tropischen Gewässer fing die Mannschaft kleine Fliegende Fische, die auf das Deck niederprasselten, Delfine, die sie harpunierten, und Albatrosse, die sie mit Schlingen in der Luft fingen.

Weiter südlich im Atlantik wurde es kühler, und es gab mehr Vögel zu sehen. Riesige Schwärme Kapsturmvögel, damals Kaptauben genannt, umschwärmten das Schiff. Die *Jason* war auf dem Weg in Gewässer mit einem vielfältigen Tierleben.

Am 6. November wurde der erste Eisberg gesichtet. Larsen schätzte, dass er viermal so hoch war wie der höchste Kirchturm Kristianias. Ihm fiel auf, dass die Eisberge hier im Süden anders aussahen, als er sie aus dem Nordpolarmeer kannte, sie waren »nicht gezackt, sondern flach«. Diese enormen Tafeleisberge, die dem Seefahrer noch überraschend weit nördlich begegnen können, sind ein erstes deutliches Zeichen für die Unterschiede zwischen Arktis und Antarktis. Die Arktis ist, verkürzt ausgedrückt, ein von Kontinenten umgebenes Polarmeer, die Antarktis dagegen ein von einem Polarmeer umgebener Kontinent. Das kilometerdicke antarktische Inlandeis und die mehrere hundert Meter dicken schwimmenden Eisschelfe, die an den Küsten ansetzen, sorgen für ein sehr kaltes Klima. Die charakteristischen Tafeleisberge sind abgebrochene Stücke der Eisschelfe.

Auch das offene Meer rund um den Kontinent Antarktika hat entscheidenden Einfluss auf das Klima der Antarktis. Hier fließt der Südpolarstrom, die mächtigste Meeresströmung der Welt, wie ein Karussell einmal um die Erdachse, ohne von Kontinenten blockiert zu werden. Der Südpolarstrom lenkt die warmen Oberflächenströmungen aus dem Atlantik, Pazifik und Indischen Ozean ab und hindert sie daran, weiter nach Süden vorzudringen. Deshalb liegt die Polarfront, die Grenze zwischen warmem und kaltem Meerwasser, weit nördlich vom Südpol in diesem Strömungsgürtel.

Am Tag nach der ersten Eisbergsichtung passierte die *Jason* die große Insel Südgeorgien. Vom Ausguck im Masttopp aus sah man »Schnee auf allen Bergen, wiewohl es doch Sommer war hier unten und wir viele Grade näher am Äquator als Kopenhagen waren«.[109] Diesmal segelten sie bloß vorbei. Zwölf Jahre später sollte Kapitän Larsen hier sein Lebenswerk in Angriff nehmen: den Aufbau der Walfangstation Grytviken.

Südgeorgien ist ein über den Wasserspiegel ragender Gipfel des Scotiarückens, einer unterseeischen Gebirgskette, die Südamerika in einem weit nach Osten reichenden Bogen mit der Antarktischen Halbinsel verbindet. Er bildet die östliche Begrenzung der Scotiasee, eines Teils des Südpolarmeers mit reichem Tierleben.

In der Scotiasee drückt sich der Südpolarstrom durch seine engste Stelle, die Drake-Passage zwischen der Antarktischen Halbinsel im Süden und Kap Hoorn im Norden, und trifft danach auf die bergige Unterwasserlandschaft des Scotiarückens. Dadurch kommt es zu Turbulenzen, die nährstoffreiches Tiefenwasser an die Oberfläche bringen. Auch an der Polarfront, die sich längs durch die Scotiasee zieht, wirbelt das Aufeinanderprallen kalter und warmer Wassermassen das Tiefenwasser nach oben. Dadurch vermehrt sich das Phytoplankton, von dem wiederum die Krillkrebschen leben, die sich deshalb hier massenhaft einfinden.

Auf der Fahrt nach Süden beobachtete Larsen, dass es in diesem Gewässer »weder an Blauwalen, noch an Finnwalen oder Buckelwalen«[110] mangelte. Er hatte keine Ausrüstung dabei, um sie zu erlegen, und musste an ihnen vorbeisegeln, weiter nach Süden, wo die Pottwale zu finden sein sollten. Unterwegs nahm sich die Mannschaft aber die Zeit, auf den Süd-Orkneys an Land zu gehen, einer Inselgruppe, die ebenfalls aus über das Wasser ragenden, kleineren Gipfeln des Scotiarückens besteht. Sie töteten Robben und liefen zwischen Tausenden Pinguinen herum, die ihnen in die Hosen bissen.

Die Spannung stieg, als sich das Schiff der Nordspitze der Antarktischen Halbinsel näherte, wo die »Walbank« wartete, wenn der Entdecker James Clark Ross, der die Antarktis in den 1840er-Jahren erforscht hatte, recht hatte. »Wir sehen an der Menge der Vögel, dass wir in der Nähe der Weidegründe sind«, schrieb Larsen – also in der Nähe der Schwärme von Krill und anderem Zooplankton, das sowohl Wale wie Vögel ernährt –, und bald zeigte sich auch der erste Blas eines Wals. Das Tier stellte sich aber wieder als Blauwal heraus. Wie weit sich die *Jason* auch zwischen die Eisberge und in die Treibeisfelder wagte, zu denen bald noch Schneestürme kamen – Glattwale, die es doch hier so reichlich geben sollte, fand sie nicht.

»Blauwale sahen wir zu Hunderten in Herden bis zu 20 Stück«, berichtete Larsen später.[111] Normalerweise sind Blauwale Einzelgänger, aber sie fanden sich dort zusammen, wo es den meisten Krill gab. Larsen wusste das noch nicht, aber er befand sich mitten im reichsten Blauwalvorkommen der Welt. Das Südpolarmeer war damals, bevor der neuzeitliche Walfang hier einzog, die Sommerweide für die meisten Blauwale weltweit. Hier fanden sich auch die größten Tiere. Nur aus den Gewässern der Südhalbkugel sind Blauwale von über 30 Meter Länge gut dokumentiert. Das größte je erlegte antarktische Blauwalweibchen war rund 32 Meter lang.

Der Grund, warum sich die Blauwale hier in solchen Mengen fanden und so groß wurden, war natürlich der massenhaft vorhandene Krill. Es gibt ihn hier in vielen Arten, von denen die wichtigste der antarktische Krill ist, *Euphausia superba*, eine außergewöhnlich erfolgreiche Tierart. Außer von Phytoplankton ernährt er sich auch von kleinen Zooplanktonarten, wenn sich die Chance ergibt, und er lebt im Südpolarmeer vielerorts in unglaublichen, wimmelnden Massen. Er nagt Algen von der Unterseite der Eisschollen und schwärmt im offenen Wasser an der Polarfront. *Euphausia superba* wird ziemlich groß, bis zu 6,5 Zentimeter lang.

Wegen der enormen Krillschwärme ist die Nahrungskette vom Pflanzenplankton zum Seevogel oder Meeressäuger hier oft kürzer als in anderen Meeresgebieten. Oft hat sie nur drei Glieder – vom Phytoplankton via Krill zu einem hungrigen Pinguin, einer Robbe oder einem Wal. Dass die Nahrungskette so kurz ist, ist entscheidend dafür, dass es hier so viele und so große Wale gibt. Rund zehn Prozent der Energie, die das Phytoplankton aus dem Sonnenlicht gewinnt, bleiben auf jeder Ebene der Nahrungskette zurück. Dort, wo diese auch nur ein Glied mehr hat – zum Beispiel, wenn der Wal Fische frisst, die sich von Zooplankton ernähren, das wiederum Phytoplankton frisst –, sind die Bestände an Robben und Walen viel kleiner.

Das Südpolarmeer, das kaum ein Zehntel der Meeresfläche der Welt ausmacht, beherbergt daher etwa die Hälfte aller Meeressäuger, wenn man ihr Gesamtkörpergewicht als Maßeinheit nimmt. Hier finden sich zum Beispiel Millionen Krabbenfresserrobben (*Lobodon carcinophagus*), die trotz ihres Namens von Krillkrebschen leben. Hier gedeiht der Blauwal neben vielen anderen Angehörigen der Finnwalfamilie, die alle hierher kommen, um von den großen Krillschwärmen zu profitieren. Die anderen Arten sind dabei flexibler in ihrer Ernährung als der Blauwal. Auf der Nordhalbkugel ernähren sich Finnwale und Buckelwale zu einem guten Teil auch von Fisch, im Südpolarmeer dagegen fast ausschließlich von Krill.

Die Gerüchte über die reiche »Glattwalbank« in der Antarktis bestätigten sich dagegen nicht. Es gab zwar durchaus Glattwale auf der Südhalbkugel; heute wird der Südliche Glattwal als eigene Art gezählt, er ist ein naher Verwandter des Nordkapers. Aber als die *Jason*-Expedition eintraf, gab es auch im Süden nur noch wenige davon, nachdem amerikanische und britische Segler hier Anfang des 19. Jahrhunderts bereits Jagd auf sie gemacht hatten. Außerdem zogen sie nur selten so weit in den Süden, bis an die Küste Antarktikas, wo Larsen sie laut seinem Auftrag suchen sollte. Ein Gegenstück zum Grönlandwal der Nordhalbkugel, der wirklich im Treibeis gedeiht, gab es in Wirklichkeit auf der Südhalbkugel nicht.

Im Frühling 1893 lief die *Jason* wieder in Sandefjord ein, voll beladen mit Speck und 6300 Robbenfellen. »Aber der Glattwal? Und das Gold? [...] Die sind da unten geblieben«, seufzte Larsen.[112]

Christensen und die anderen Financiers aber wollten lieber den Einsatz erhöhen, als aufzugeben. Ein Jahr später brach Larsen erneut nach Süden auf, diesmal mit einer kleinen Flotte aus drei Robbenfangschiffen, darunter wieder der *Jason*. Zwar war der Auftrag diesmal realistischer – sie sollten möglichst viele Robben erlegen –, aber gleichzeitig sollten sie dabei selbstverständlich weiter nach Glattwalen Ausschau halten. Die Expedition suchte die Gewässer und Inseln entlang eines großen Teils der Antarktischen Halbinsel und der Südspitze Südamerikas ab.

Auf der Rückfahrt machten die Schiffe einen Abstecher nach Südgeorgien, um einem neuen Gerücht nachzugehen, demzufolge sich dort die Glattwale fänden. Am 20. April 1894, also schon tief im Südherbst, harpunierte und tötete die Expedition endlich ihren ersten Südlichen Glattwal. Der Kadaver ging dann allerdings wegen starken Windes und hohen Seegangs wieder verloren und sank auf den Meeresgrund, aber Larsen merkte sich, welche Möglichkeiten Südgeorgien bot. Hier gab es zumindest einige Glattwale, und die Landschaft war von ehemaligen Gletschern erodiert, zerfurcht und geformt, die Erosion hatte geschützte Fjorde und Buchten hinterlassen, in denen Schiffe sicher anlegen können würden.

Auch diesmal blieb allerdings der große Gewinn aus, und die Schiffseigner schickten keine weiteren Expeditionen mehr nach Süden. Larsen allerdings machte sich nach seiner Heimkehr viele Gedanken über die Möglichkeit lohnenderer Fahrten. Der Gedanke an eine Fangstation mit Trankocherei auf Südgeorgien nahm Form an. Es waren immer noch Robben, Pottwale und nicht zuletzt die Glattwale mit ihren geldtriefenden Barten, von denen Larsen träumte, nicht etwa die Jagd auf Blauwale und ihre Verwandten mit Foyns Methode. In einem Interview fand Larsen deutliche Worte, was den Walfang vor Südgeorgien als norwegisches Projekt anging: »… es ist meine feste Überzeugung, dass hier unten ein neuer Erwerbszweig liegt und auf Norwegen wartet. Es wäre eine Beleidigung, unter fremder Flagge zu einem solchen Unternehmen auszufahren; die Norweger sollen die ersten hier sein.« Aber unter fremder Flagge sollte er einige Jahre später nach Hause zurückkehren.

Zur selben Zeit, als Larsen mit der *Jason* nach Süden aufbrach, gab es noch weitere ähnliche Fahrten, die die Robbenjagd mit der Suche nach Glattwalen kombinierten. Alle waren von James Clark Ross und dem Gerücht über den Reichtum an Glattwalen inspiriert, der sich hier finden ließe. Alle Schiffe stießen stattdessen in den südlichen Polargewässern auf Blauwale, Finnwale und Buckelwale in großer Zahl.

Im ersten Jahr hatte die *Jason* an der Antarktischen Halbinsel Gesellschaft einer schottischen Expedition mit mehreren Schiffen. In der Saison 1894/95, ein Jahr nach der zweiten Fahrt der *Jason*, kämpfte sich die *Antarctic* aus Tønsberg an einer anderen Stelle, südlich Neuseelands, durch das Treibeis bis an Antarktika heran. Expeditionsleiter war Henrik Johan Bull, ein Neffe von Svend Foyns Frau, er wurde von dem inzwischen 85 Jahre alten Walfangpionier selbst finanziert. Dennoch waren auch Bulls Schiffe nicht für den Fang mit Foyns Methode ausgerüstet. Bull hatte viel Zeit, das Tierleben zu beobachten, während die *Antarctic* teils in offenen Fahrwassern manövrierte, teils hilflos eingefroren mit dem Eis trieb und dabei um Kap Adare in Richtung Viktorialand und ins eisfreie Rossmeer davor vorstieß. Er erkannte, wie wichtig der Krill hier in der Antarktis sowohl für die Seevögel wie für die Meeressäuger war. Es war Krill, den die Mannschaft in den Mägen der erlegten Pinguine und Robben fand. Die roten Krebstiere, »das täglich Brot des Wals«, wie Bull sie nannte[113], wimmelten im Meer um das Schiff. Besonders viele gab es an der Unterseite der Eisschollen. »Immer, wenn das Schiff eine Eisscholle umwälzte, schwärmten sie zu Millionen davon, und jedes Mal fühlt man sich an das Gewimmel in einem Ameisenhaufen erinnert, wenn man die kleinen eifrigen Tiere aufscheucht.«

Woche um Woche füllte Bull, wie Larsen vor ihm, sein Tagebuch mit Berichten über die vergebliche Suche nach Glattwalen und über Blauwale, die zwar zahlreich, aber für die Expedition unerreichbar waren. In ihrer Frustration wagte die Mannschaft trotzdem den Angriff auf die Riesen. »Wir sahen heute mehrere Blauwale und harpunierten zwei vom Schiff aus; aber die Leine riss wie Bindfaden, als der Wal davonzog«, schrieb Bull am 12. Dezember.[114]

Auch Henrik Johan Bull kam als glühender Anhänger eines antarktischen Walfangs zurück, aber im Gegensatz zu Carl Anton Larsen war Svend Foyns Neffe überzeugt, dass man hier den Blauwal und die anderen Finnwalarten jagen müsse, und zwar mit der Harpunenkanone von Dampfschiffen aus.

»Aber es ist gut möglich«, schrieb Bull, »dass es, solange der Verdienst [aus dem Walfang] an der Finnmarkküste und vor Island so gut ist, keinen unserer Walfänger dorthin drängt, da es eine große Herausforderung werden kann, den Fang in so fern von der Heimat gelegenen Gewässern zu betreiben, und es sieht daher so aus, als ob die Walbestände des Südpolarmeers erst dann ihren wahren Wert zeigen werden, wenn diejenigen hier im Norden so reduziert sind, dass sich der Fang nicht mehr lohnt. Und das wiederum ist keine allzu ferne Aussicht; denn wenn man zum Maßstab nimmt, wie viele Wale jetzt in den nördlichen Gewässern getötet werden, muss man erwarten, dass der Walfang [hier] schon in wenigen Jahren zum Erliegen kommt.«[115]

Henrik Johan Bull war sicher, dass die Walfänger schon bald ihren Blick auf das Südpolarmeer richten würden. Welches Schicksal dann den antarktischen Blauwalbestand erwartete, kommentierte er nicht.

Wie der Blauwal so groß wurde

Dass der Blauwal das größte Tier der Welt war, wussten Naturinteressierte wie Henrik Johan Bull und Carl Anton Larsen. Weil der Wal Luft atmete und seine Jungen in der ersten Zeit nach der Geburt säugte, gab es auch keinen Zweifel, dass er zu den Säugetieren gehörte. Den damaligen Zoologen wie Sars, Hjort und Nansen war damit auch klar, dass die Wale von vierbeinigen, bepelzten Landtieren abstammten.

Weitere Aufklärung über die Abstammung des Blauwals konnten auch Bull oder Larsen nicht gewinnen. Warum er so groß geworden war, blieb ebenfalls unbekannt. Die Fossilien, die uns heute Hinweise darauf geben, wie das abgelaufen ist, lagen damals noch verborgen in der Erde.

Aber Kapitän Larsen stolperte beinahe über ein Stück Urgeschichte, das den Aufstieg der Wale ermöglicht hatte, er lief darauf herum und hielt sogar Brocken davon in der Hand. Als er nämlich auf der kleinen Seymour-Insel tief in der Antarktis an Land ging, fiel ihm auf, dass das Gestein teilweise aus Muschelschalen bestand, die allerdings sämtlich zerschlagen und schlecht erhalten waren. Larsen konnte noch nicht wissen, dass die versteinerten Scherben der Muschelschalen mehrere Dutzend Jahrmillionen alt waren. Sie gehörten zu einem wichtigen Fossilvorkommen. Die betreffenden Gesteinsschichten, ein fossiler Meeresboden, sollten sich als Zeugen einer Naturkatastrophe erweisen, die vor 66 Millionen Jahren einen Großteil des Lebens auf der Erde ausgerottet hatte.

Die Katastrophe wurde vermutlich durch einen Meteoriteneinschlag verursacht. Am bekanntesten ist sie wegen des Aussterbens der Dinosaurier, zu denen auch die größten Landtiere aller Zeiten gehörten. Manche pflanzenfressenden Dinosaurierarten waren noch einige Meter länger als der größte Blauwal, wogen allerdings weniger als halb so viel wie dieser, weil ein großer Teil des Körpers vom langen, schmalen Hals und vom Schwanz gebildet wurde.

Auch aus den Meeren verschwanden damals viele große und kleine Arten. Auf der Seymour-Insel finden sich Knochen großer

Meeresechsen in den Schichten mit dem Schlamm und den zerschlagenen Muschelschalen, die von der Katastrophe abgelagert wurden. In den Sedimentschichten, die folgen, fehlen diese Knochen.

Die Meeresechsen waren keine Dinosaurier, sondern stammten von anderen vierbeinigen Landreptilien ab. Nach ihrer Rückkehr ins Meer bildeten sich ihre Füße zu Paddeln und Flossen um, aber sie mussten zum Atmen immer noch an die Oberfläche kommen. An der Küste der Antarktis fanden sich Fossilien der Mosasaurier, einer Gruppe von Meeresraubtieren, die mit den heutigen Waranen verwandt sind, und zahlreicher Arten Schwanenhalsechsen, die mit den Riesentieren verwandt sind, die heute auf Spitzbergen ausgegraben werden. Die Zahnstellung einiger Vertreter dieser Gruppe deutet darauf hin, dass sie sich möglicherweise von Krebstierchen ernährt haben, die sie aus dem Meerwasser heraussiebten.

Auf dem Land machte die Ausrottung der Dinosaurier bekanntlich den Weg für den Aufstieg der Säugetiere frei. Ähnliches geschah auch im Meer. Mit der Zeit übernahmen die Wale die Stellung der Meeresechsen.

Als der Meteorit auf der Erde einschlug, war bereits eine andere und sehr viel langsamere Entwicklung im Gange, die Millionen Jahre brauchte, aber ebenfalls dramatische Folgen für das Leben auf der Erde hatte. Konvektionsströme im zähflüssigen Gestein des Erdmantels verschoben die Platten der Erdkruste darüber und brachen den Superkontinent Gondwana auf der Südhalbkugel in Stücke. Afrika, Südamerika, Australien und zahlreiche kleinere Landmassen entfernten sich von der Antarktis, mit der sie zuvor verbunden gewesen waren. Neue Ozeanbecken öffneten sich, vulkanische Rücken produzierten immer neuen Meeresboden. Die Entwicklungsgeschichte der Wale, so wie heutige Fachleute sie erzählen, fand auf einem Planeten statt, dessen Kontinente sich wie Bühnenkulissen ständig verschoben und laufend die Lebensbedingungen änderten. Die Kontinentalverschiebung verlagerte Meeresströmungen und beeinflusste das Klima.

Gegen Ende des Zeitalters der Dinosaurier und Meeresechsen und am Anfang des Säugetierzeitalters war die Erde viel wärmer als heute. Auf der Seymour-Insel stieß Kapitän Larsen auf einen Beweis dafür: Er fand die Spuren eines Waldes in der Antarktis – versteinert. Rinde und Jahresringe der Baumfossilien waren intakt. »Manche sahen aus wie Laubbäume, andere wie Nadelbäume«, berichtete der Kapitän.

Heute wissen wir, dass die Bäume, deren Fossilien sich auf der Seymour-Insel finden, vor etwa 50 Millionen Jahren gelebt haben, also lange nach dem Aussterben der Dinosaurier. Viele von ihnen waren Südbuchen, Verwandte einer Art, die heute noch an der Südspitze Südamerikas, in Australien und auf Neuseeland wächst. Eine Opossumart lebte zwischen den Stämmen.

In dieser Welt, die so warm war, dass in der Antarktis Bäume wuchsen, begann die Entwicklung des Wales zum Meeressäuger. Sie fand etwa zur selben Zeit statt, als der Südpolarwald gedieh, aber weit weg davon, dort, wo der indische Subkontinent dabei war, sich in die Südküste Asiens hineinzurammen. Dieser Subkontinent war ebenfalls ein Bruchstück des ehemaligen Gondwana, das mit für geologische Verhältnisse beträchtlicher Geschwindigkeit – mehrere Zentimeter pro Jahr – nach Norden getrieben war. Während der Kollision, die schließlich den Himalaya auffalten sollte, bildete sich zwischen den beiden Landmassen zunächst ein flaches Meer. Darin wimmelte es von Leben. Hier kehrten die vierbeinigen, bepelzten Vorfahren der Wale ins Wasser zurück.

Der Paläontologe Hans Thewissen hat den Augenblick beschrieben, als er bei einer Exkursion im indischen Bundesstaat Gujarat zum ersten Mal ein gut erhaltenes Fossil dieser Walvorfahren entdeckte. Der otterähnliche Körper war völlig in schokoladefarbenem Kalkstein verkapselt, nur das Schädeldach lag frei, sodass man den Umriss des lang gestreckten Kopfes sah. In der brennenden Wüstenhitze kam sich Thewissen vor, als stehe er in einem Boot, neben dem der kleine Urzeitwal gerade auftauchte, um zu blasen.

Die Wale gehören zur selben großen Säugetiergruppe wie die Paarhufer. Der Blauwal ist also ein entfernter Verwandter der Hirsche, Kühe und Schweine. Sein nächster lebender Verwandter ist das Nilpferd, auch wenn die Verwandtschaft nicht sehr eng ist. Robben, Walrösser und Seelöwen, die anderen Meeressäuger, gehören dagegen zu einer ganz anderen Säugetiergruppe; sie stehen eher den Bären nahe und haben den Weg zurück ins Wasser auf eigene Faust gefunden.

Vielleicht suchten die Vorväter der Wale in Flüssen zuerst den Schutz vor Raubtieren. Es gibt einige Anhaltspunkte dafür, dass sie damals Landpflanzen fraßen, aber auch solche, die im Süßwasser wuchsen. Mit der Zeit stellten sie ihre Ernährung um. Fossile Zähne belegen, dass die Wale bald zu Fleischfressern wurden. Möglicherweise legten sie sich im Wasser in den Hinterhalt und griffen Tiere an, die zum Trinken ans Ufer kamen, wie man es bei Krokodilen beobachtet. Die Beine wurden jedenfalls schwerer und stämmiger. Die Augen verschoben sich auf das Schädeldach, damit sie auf der Lauer liegen und mit dem Rest des Körpers dabei unter Wasser bleiben konnten. Fossilien finden sich sowohl in Gesteinen, die sich als Flussschlamm im Süßwasser abgelagert haben, als auch unter Muschelschalen und Schneckenhäusern an ehemaligen Meeresstränden.

Einer dieser fossilen Wale, nur aus Bruchstücken eines Kieferknochens bekannt, hat einen unvergesslichen Namen bekommen: *Himalayacetus*, der Wal aus dem Himalaya. Der Name erinnert daran, wie dramatisch sich die Geografie dieses Landes änderte, als sich die Landmassen Indiens und Asiens ineinanderschoben. *Himalayacetus* lebte anscheinend an der Meeresküste, aber seine Fossilien wurden in mehreren tausend Meter Höhe gefunden, zu Füßen der Gebirgskette.

Einige der Wale, die an den Flussufern und Meeresstränden entlangschlichen, entwickelten sich zu lebhafteren, schwimmtüchtigeren Tieren weiter, deren Augen seitlich am Kopf saßen. Vielleicht jagten sie Fische. Der Bau ihrer Gliedmaßen deutet darauf hin, dass sie wie Otter schwammen. Wenn eine Otter Fahrt aufnimmt, um unter Wasser einen Fisch zu verfolgen, schlägt sie ihren Schwanz gemeinsam mit den Hinterbeinen in einer einheitlichen, wellenförmigen Bewegung auf und ab. Bis heute schlägt auch der Schwanz der Wale auf und ab, nicht hin und her wie die Schwanzflossen der Fische oder die Hinterbeine der Robben.

Die frühesten vierbeinigen Wale waren nur so groß wie kleine Hunde, aber mit dem Übergang zum Leben im Wasser entkamen sie der Schwerkraft, die es den Landtieren schwer macht, einen großen Körper aufrecht zu halten. Vielleicht entwickelten sich deshalb so schnell Walarten, die mehrere hundert Kilo wogen. Auch der Kampf um Fleisch und andere Nahrung in den neuen, reichen Lebensräumen, die sich die Wale eroberten, kann einen größeren Körper zum Vorteil gemacht haben. Vielleicht wuchsen die Wale aber auch nur, um mit einem günstigeren Verhältnis von Oberfläche zu Volumen des Körpers die Wärme besser halten zu können. Wasser leitet die Wärme gut, und unter Wasser ist der Wärmeverlust für Tiere hoch, besonders für kleinere mit ihrer im Verhältnis zum Volumen größeren Körperoberfläche.

Bei den frühen Walen saßen die Nasenlöcher noch vorne an der Schnauzenspitze.[116] Es brauchte Jahrmillionen der Anpassung an das Leben im Meer, bis die Blaslöcher sich nach hinten auf das Schädeldach verschoben hatten. Dazu musste der gesamte Schädel seine Form ändern, und selbst nach solchen Anpassungen bleibt es für Wale notwendig, für jeden Atemzug an die Oberfläche zu kommen wie die großen Meeresechsen vor ihnen, sodass sie eher wie Gäste im Meer wirken, wie weniger vollwertige Meerestiere als die Fische mit ihren Kiemen. Dabei haben, merkwürdig genug, gerade ihre Lungen den Walen ermöglicht, im Lauf der Zeit zu den allergrößten Meerestieren heranzuwachsen.

Das Problem mit der Kiemenatmung ist nämlich, dass Meerwasser nur sehr wenig Sauerstoff enthält.[117] Um auch nur ein einziges Gramm Sauerstoff zu gewinnen, muss ein Fisch um die 100 Kilogramm Seewasser durch seine Kiemen strömen lassen. Das ist eine schwere Arbeit, die einen großen Teil der durch Nahrung aufgenommenen Energie verschlingt. Lungenatmer haben es da leichter. Für ein Gramm Sauerstoff braucht es nur dreieinhalb Gramm Luft. Daher sind die regelmäßigen Besuche des Wals an der Wasseroberfläche den Einsatz wert. Die Luft ist sauerstoffreich genug, um die Verbrennungsvorgänge im großen, warmblütigen Körper des Wals auch bei langen Tauchgängen aufrecht zu erhalten.

Einen Wendepunkt erreichte die Entwicklung der Wale, als sie sich von der Notwendigkeit befreiten, Süßwasser zu trinken, und damit das Land hinter sich lassen und weit ins Meer hinaus vorstoßen konnten. Das Heimatmeer, in dem sie zu Meerestieren geworden waren, sollte bald zum Binnenmeer werden und austrocknen. Inzwischen waren einige Walarten bereit, die Ozeane zu erobern. Vor etwa 45 Millionen Jahren tauchten urtümliche Wale erstmals an den Küsten anderer Kontinente auf. Den Fossilienfunden zufolge geschah das zuerst in Afrika, danach in Nord- und Südamerika. Diese Wale hatten Zähne, die sich dafür eigneten, große Beutetiere, die sich wehren konnten, zu fassen, und gediehen in Küstengewässern mit warmem, klarem Meerwasser. Sie hatten immer noch zwei kleine Hinterbeine oder Hinterflossen. Anscheinend schleppten sie sich zurück an Land, um sich zu vermehren, wie es heute noch die Robben tun. In der ersten weltumfassenden Familie der Wale, den Protocetiden, finden sich die Ahnen aller heutigen Wale, vom riesigen Blauwal bis zu den kleinen Delfinen und Schweinswalen.

Nachdem die Wale vom Land unabhängig geworden waren, ähnelten sie bald immer mehr der heutigen Spezies. Eine artenreiche Gruppe, die Basilosauriden, entwickelte lang gestreckte, fast seeschlangenartige Formen, von denen einige bis zu 18 Meter lang wurden.

Im Zeitraum von vor 40 bis vor 30 Millionen Jahren bildeten sich die beiden Hauptgruppen der heutigen Wale heraus: die Zahnwale mit ihrer besonderen Fähigkeit der Ultraschallortung – sie orientieren sich mithilfe von Echos ihrer eigenen Rufe – und die Bartenwale, gekennzeichnet durch ihre eigentümlichen Mundwerkzeuge, angepasst an eine Ernährung aus Plankton und frei schwimmenden Kleintieren. Die ersten Bartenwale hatten neben kurzen Barten auch noch Zähne. Ihre Nasenlöcher saßen noch auf halber Strecke zwischen der Schnauzenspitze und den Augen.

Vermutlich waren die Kontinentalverschiebung und die Klimaveränderungen, die sie nach sich zog, die Ursache dafür, dass sich die Lebensbedingungen im Meer so gründlich änderten, dass die Zahnwale und Bartenwale die älteren Walarten völlig ablösten. Vor etwa 35 Millionen Jahren endete eine lange Warmzeit für die Erde. Der Wald in der Antarktis starb ab, das Inlandeis begann sich zu bilden. Die Abkühlung der Antarktis hing mit der Öffnung des Südpolarmeers rings um Antarktika – nach dem Abdriften weiterer Bruchstücke Gondwanas Richtung Norden – und dem daraus folgenden Einsetzen der ringförmigen Südpolarströmung zusammen. Die Drake-Passage zwischen der Antarktischen Halbinsel und Südamerika öffnete sich als letzte Barriere für diese Strömung. Die neue Lage der Kontinente schuf im Südpolarmeer ein Paradies für Krill und Meeressäuger. Auch im Rest der Welt änderten sich die Lebensbedingungen; es wurde kühler, und die Meeresströme fanden neue Bahnen.

Die Vorläufer der beiden wichtigsten Bartenwalfamilien der Gegenwart, der Finnwale und der Glattwale, schieden sich bereits vor etwa 30 Millionen Jahren voneinander. Erst danach entwickelte der Blauwalzweig des Familienstammbaums seine einmalige Jagdtechnik und den gefurchten Kehlsack.

Die enorme Größenzunahme kam erst viel später, als die Finnwale und Glattwale bereits getrennte Wege gingen. Ihre letzten gemeinsamen Vorfahren wogen bereits einige Tonnen, aber von da war es noch ein langer Weg bis zu den 190 Tonnen des Blauwals. In den letzten zehn Millionen Jahren haben die Bartenwale eine gewaltige Steigerung ihrer Länge und ihres Gewichts erlebt. Das Wachstum beschleunigte sich vor etwa 3,5 Millionen Jahren und setzte sich durch die Eiszeiten hindurch fort, als auch große Teile der Nordhalbkugel von Inlandeis bedeckt waren.

Der Grund für das Wachstum der Wale kann darin bestehen, dass durch die globale Abkühlung die Vermischung von Tiefenwasser und jetzt kälterem Oberflächenwasser erleichtert wurde. Dadurch vermehrte sich der Krill, und das Plankton generell, und lieferte genug Nährstoffe, um auch größere Wale am Leben zu erhalten. Die Größenzunahme war möglicherweise eine Anpassung, um größere Planktonschwärme effektiv auszunutzen oder um sich für die langen Wanderungen zu rüsten, die die großen Walarten unternehmen.

Denn ein größerer Körper hat mehr Muskelkraft und größere Fettreserven, von denen er zehren kann. Das macht es den Walen leichter, den Zug zwischen den Sommerweidegründen an den Polen und den Gebieten am Äquator, in denen sie ihre Jungen werfen, zu überstehen.

Die allergrößte Art, der Blauwal, hat einen komplizierteren Stammbaum, als man glauben sollte. Er trennte sich vor etwa elf Millionen Jahren von den Vorfahren der Finnwale, von jenen der näher mit ihm verwandten Seiwale vor etwa sieben Millionen Jahren. Allerdings gibt es im Erbgut des Blauwals Spuren neuerer Einkreuzungen von Finnwalen. Mischlinge aus Blau- und Finnwal sieht man gelegentlich heute noch, und offensichtlich sind manche davon fortpflanzungsfähig.

Dass das größte Tier, das es je gegeben hat, heute, zu Lebzeiten des Menschen, diesen Planeten mit uns teilt, ist im Übrigen kein merkwürdiger Zufall. Die Geschichte des Lebens auf der Welt umfasst vielleicht drei Milliarden Jahre. Der Blauwal wuchs in wenigen Tausendsteln dieser Zeitspanne zu seiner gegenwärtigen Riesengröße heran, im Laufe einiger Jahrmillionen und im Takt mit der globalen Abkühlung. Es ist also ein Fehlschluss, wenn manche die großen Wale mit der Urzeit oder den Dinosaurierfossilien verbinden. Die Ära der Riesen war nicht vor langer Zeit. Sie ist heute.

Die Fangstation Grytviken

Carl Anton Larsen hatte sich mit einem familienfreundlichen Posten an Land abgefunden. Als Verwalter der Walfangstation auf Ingøy vor der Finnmarkküste konnte er den Großteil des Jahres mit seiner Frau Andrine und seinen stetig mehr werdenden Kindern verbringen. Im Winter lebte die Familie in einer weiß gestrichenen Holzvilla in Sandefjord, im Sommer fuhren sie alle gemeinsam nach Ingøy im Land der Mitternachtssonne, und der Vater nahm die älteren Kinder mit zum Fischen.

Auf Ingøy sammelte Larsen auch seine erste praktische Erfahrung mit dem neuzeitlichen Walfang und dem Betrieb einer Fangstation, auch wenn es um die Jahrhundertwende mit dem Walfang in der Finnmark schon stark bergab ging. Da bot sich ihm die Möglichkeit zu einem neuen Abenteuer in der Antarktis. Der Geologe, Entdecker und Fossilienjäger Otto Nordenskjöld kam aus Uppsala nach Sandefjord, um Larsen anzuheuern. Nordenskjöld plante eine privat finanzierte Entdeckungsreise, die Schwedische Antarktis-Expedition, und hatte zu diesem Zweck die *Antarctic* gekauft, mit der einige Jahre zuvor bereits Henrik Johan Bull in die Antarktis gefahren war. Als Schiffsführer wünschte er sich jetzt den erfahrenen Carl Anton Larsen.

Larsen sagte zu. Seine dritte Reise nach Süden sollte langwierig und dramatisch werden; mitunter ging es ums Leben.

Die Expedition näherte sich Neujahr 1902 der Antarktischen Halbinsel, also im Hochsommer der Südhalbkugel. Larsen war der Experte an Bord, aber er sah sofort, dass die Verhältnisse sich geändert hatten. Es gab mehr Treibeis. Das Schiff war mehrfach gezwungen, Vorstöße nach Süden abzubrechen.

Eine kleine Gruppe, mit Nordenskjöld an der Spitze, wollte dort überwintern und ließ sich auf Snow Hill Island absetzen, nahe der Seymour-Insel mit ihren versteinerten Bäumen und Muscheln. Nach dem Abschied von Nordenskjölds Gruppe geriet Larsens Schiff mitten unter Eisbergen in einen fürchterlichen Sturm. »Ich habe allen Mann gesagt, dass sie ihren Frieden mit Gott machen sollen, weil ich unmöglich sagen könne, ob wir am Abend noch leben würden. Aber mit Gottes Hilfe hoffe ich uns doch noch hier herausbringen zu können«, schrieb der allzeit optimistische Larsen in sein Tagebuch. »Als ich das gesagt hatte, wurde es still. Das Leben ist einem teuer, ob man nun alleinstehend ist oder Frau und Kinder hat, die zu Hause auf einen warten.«

Das Schiff kam wirklich wieder klar, und Larsen und seine Mannschaft verbrachten die Herbstmonate April und Mai mit der Erforschung der unbewohnten Insel Südgeorgien und besonders des Fjordsystems der Cumberland Bay.

Als Larsen am Morgen des 14. Mai erwachte, herrschte nach mehreren Unwettertagen hintereinander ruhiges Herbstwetter. Er bewunderte den Sonnenaufgang und die Aussicht vom Ankerplatz im westlichen Fjordarm der Cumberland Bay: zerklüftete Bergketten, bedeckt mit Schnee und Gletschereis. Die Hügel im Vordergrund waren grün von üppigem Tussockgras. Bäume gab es keine auf der Insel.

Das Schiff dampfte in den östlichen Fjordarm hinüber. Hier hatte der Geologe Gunnar Andersson einige Wochen zuvor einen guten natürlichen Hafen gefunden. »Dicht unter dem Berg versteckte sich eine kleine, zuvor unbeachtete *vik* des Fjords«, schrieb Andersson.[118] Diese *vik*, also eine Bucht, wurde von einer niedrigen Landzunge geschützt. Es war sofort klar, dass hier schon Menschen gewesen waren. Auf der Landzunge, ein Stück vom Wasser entfernt, stand ein grün gestrichenes Boot aufgebockt, und am Strand fand Andersson sieben große, verrostete Gusseisenkessel, auf Norwegisch *gryter*, die britische oder amerikanische Fangmannschaften mitgebracht haben mussten, um Robbenspeck zu Tran zu kochen. Diese *gryter* inspirierten den Schweden, als er dem Ort einen Namen gab: Grytviken, die Kesselbucht.

Die Robbenjäger hatten außerdem einen kleinen Friedhof mit fünf Gräbern hinterlassen. Das jüngste datierte von 1891. »Hier liegt ein neunzehnjähriger Junge, der vermutlich zu einem Pelzjägerschiff gehört hat«, schrieb Larsen nach seinem ersten Tag in Grytviken ins Tagebuch.[119] Die Pelzrobben waren inzwischen nach Jahrzehnten rücksichtsloser Jagd selten geworden, und die Pelzjäger kamen nicht mehr hierher.

Larsen war von dem Ort sehr angetan – »der großartigste Hafen, den man sich vorstellen kann«, notierte er. Die Bucht war auch für große Schiffe tief genug, und Grytviken lag auf der Wind und Wellen abgewandten Seite des breiten Fjords. Zahlreiche Bäche führten reichlich Süßwasser, bemerkte Larsen. Das Schiff lag einen Monat in Grytviken vor Anker. Die Expeditionsteilnehmer ahnten da noch nicht, welche Prüfungen sie erwarteten, sondern ließen sich Zeit, angelten, töteten einige Robben und See-Elefanten, zeichneten Karten und loteten den Hafen aus. An Land gab es so viele üppige Tussockgraswiesen, dass Larsen schon weidende Schafe vor sich sah.

Nachdem er für einige Wochen in die Zivilisation zurückgekehrt war – zuerst in Port Stanley auf den britischen Falklandinseln, dann in Ushuaia im argentinischen Teil Feuerlands –, setzte Larsen wieder Kurs nach Süden, um Nordenskjöld abzuholen. Es war November 1902, Frühling also, aber wieder gab es viel mehr Treibeis, als Larsen vorausgesehen hatte. Mehrere Versuche, zum Überwinterungslager vorzustoßen, missglückten. Das Schiff geriet ins Packeis, saß fest und wurde schließlich zerdrückt. Larsen und seine Mannschaft retteten sich an Land auf eine kleine Insel, wo sie jetzt selbst überwintern mussten. Sie errichteten eine Hütte aus Steinen; die Mauerfugen dichteten sie mit Pinguinkot ab. Ernähren konnten sie sich vom Proviant, den sie aus dem Schiff geborgen hatten, und fingen dazu Fische, Pinguine und Robben. Als es Frühling wurde, versuchte eine Gruppe unter der Führung Larsens bis nach Snow Hill Island zu rudern, wo Nordenskjölds Gruppe jetzt schon zwei Winter hatte durchhalten müssen. Am Tag von Larsens Ankunft kam auch die Rettung: ein argentinisches Kriegsschiff, das ausgeschickt worden war, um nach den vermissten Skandinaviern zu suchen, weil sie auch einen argentinischen Offizier in ihren Reihen hatten.

Am 2. Dezember 1903 trafen Nordenskjöld, Larsen und ihre Retter in Buenos Aires ein. Die Überwinterung in der und die Rettung aus der Antarktis wurden in der argentinischen Hauptstadt als große Heldentaten gefeiert. Mehr als 40 Dampfer im vollen Flaggenschmuck, jubelnde Passagiere an Bord, begrüßten die zurückkehrenden Polarhelden beim Einlaufen.[120] Wohlbehalten wieder an Land angekommen, mussten sich die Skandinavier durch die Volksmenge kämpfen; Expeditionsleiter Otto Nordenskjöld schätzte, dass mehrere Hunderttausend auf den Straßen waren.

Buenos Aires war die größte Stadt Südamerikas. Sie wimmelte vor neu eingetroffenen Auswanderern aus Europa, die Einwohnerzahl hatte die Millionengrenze überschritten, und der betriebsame Hafen zählte über zehntausend Schiffsbewegungen jährlich. Hier war viel

Geld im Umlauf, und Carl Anton Larsen war so berühmt, dass er Zutritt zu denen hatte, die das Kapital kontrollierten. Peter Christophersen aus Tønsberg, Sohn eines norwegischen Zollbeamten, allgemein bekannt als Don Pedro Christopherson, hatte im Ausland sein Glück gemacht und agierte als Vertreter der Nordenskjöld-Expedition in der Stadt, ein reicher und angesehener Mann. Seine verstorbene erste Frau war eine Enkelin des ersten argentinischen Präsidenten gewesen, seine jetzige gehörte zum mächtigen Alvear-Familienclan.

Larsen ergriff seine Chance. Er ging zu Don Pedro und seinen Bekannten, um Investitionshilfe für eine Walfangstation in Grytviken zu erbitten. Die Schifffahrtsorganisation Centro Navegación Transatlantico gab auf Initiative von Don Pedro ein großes Festbankett für die Polarhelden – sowohl die argentinischen wie die skandinavischen. Kapitän Larsen hielt seine Dankesrede auf Englisch mit starkem Vestfold-Akzent, das von einem britischen Zuhörer wie folgt transkribiert wurde: »Vy don't youse take dese vales at your doors – dems are very big vales and I seen dem in hondreds and tousends« (»Warum holt ihr euch nicht diese Wale vor eurer Tür – es sind sehr große Wale, und ich habe sie zu Hunderten und Tausenden gesehen«).[121]

Diese Rede und der Heldenruhm können durchaus dazu beigetragen haben, in Buenos Aires das Interesse für den Walfang zu wecken, Don Pedros Netzwerk von Kontakten half dabei jedenfalls. Larsen sicherte sich jetzt die notwendigen Finanzmittel, um den Walfang von Südgeorgien aus zu beginnen. Einige Wochen nach dem Bankett wurden argentinische Investoren eingeladen, Aktien der Compañia Argentina de Pesca zu kaufen, der Argentinischen Fischereigesellschaft also, wie sie sich nannte, obwohl sie nichts anderes als Robben und Wale fing. Sie nennt sich noch heute Pesca. Don Pedro Christopherson firmierte als stellvertretender Vorstandsvorsitzender, und Bankier Ernesto Tornquist, ein Geschäftsfreund Christophersons, beschaffte einen Großteil des Kapitals.

Larsen betonte später, er habe damals auch Norweger als Miteigentümer gewinnen wollen.[122] Als er aber Ende Januar 1904 wieder im heimischen Sandefjord ankam, soll er sehr enttäuscht über die Skepsis gewesen sein, die ihm entgegenschlug. Weder sein alter Auftraggeber Christen Christensen noch sonst jemand vertraute seinen Plänen. Larsen klagte oft, er habe seinerzeit in der Vestfold nicht einmal tausend Kronen für das Projekt einwerben können, aber später wurden Zweifel laut, ob er es wirklich ernsthaft versucht habe. Im Februar 1904 war jedenfalls klar, dass die Pesca eine fast rein argentinische Firma würde. Sie wurde in Buenos Aires formell als Aktiengesellschaft gegründet, und Larsen nahm telegrafisch seine Bestellung zum Verwalter der Fangstation an.

Wenn er schon keine norwegischen Anteilseigner für die Pesca gewinnen konnte, sorgte Larsen wenigstens dafür, dass die argentinischen Investitionen auch seiner Heimatstadt und dem Vaterland zugutekamen. Bei der Framnæs-Werft, wo er damals Austern und Eisbärenschinken gespeist hatte, bestellte Larsen jetzt den größten Walfangdampfer, der je gebaut worden war. Die *Fortuna* war 33,5 Meter lang und bekam eine besonders starke Maschine und Schraube eingebaut, die von Akers mekaniske Verksted in Kristiania geliefert wurde. Das Schiff war von seiner Größe her darauf ausgelegt, bis zu sechs Blauwalkadaver auf einmal schleppen zu können. Zusätzlich kaufte Larsen zwei große alte Segler als Transportschiffe, zerlegbare Holzhäuser für den Aufbau in Grytviken und einen Haufen weiterer Ausrüstung. Die rund 30 Arbeiter, die für die Fangstation angeworben wurden, sowie die Mannschaften der Schiffe kamen ebenfalls aus Norwegen. Larsen verschaffte so unter anderem seinen Brüdern und anderen Verwandten eine Stellung.

Zwei voll beladene Schiffe trafen Mitte November, also im südlichen Frühsommer, in Grytviken ein. Larsen und seine Männer leisteten einen gewaltigen Arbeitseinsatz, um die Anlagen an Land möglichst schnell aufzubauen und die Sommersaison noch ausnutzen zu können. Einer der Teilnehmer erzählte später, sie seien von fünf Uhr morgens bis zehn Uhr abends auf den Beinen gewesen.

Der erste Wal, ein Buckelwal, wurde am 27. November erlegt. Im Lauf des Dezembers kamen Fang, Zerteilung und Einkochen voll in Gang. Das Fangschiff musste gar nicht erst ins offene Meer hinausfahren, weil der Fjord gleich vor dem Hafen vor Krill und Walen brodelte. Meist waren es Buckelwale. Im ersten Jahr, von Dezember 1904 bis Dezember 1905, wurden insgesamt 149 Buckelwale, 16 Finnwale und 11 Blauwale erlegt – und außerdem sieben jener Glattwale, von denen Kapitän Larsen so lange geträumt hatte. Die allermeisten Tiere wurden im Sommerhalbjahr getötet, obwohl sich manche Tiere offensichtlich nicht dem winterlichen Zug in wärmere nördliche Gewässer anschlossen. Selbst in den Wintermonaten Juni, Juli und August schleppte das Fangschiff den einen oder anderen Wal nach Grytviken.

Die Fangstation war nach dem Muster der Anlagen an der Finnmarkküste und auf Island angelegt. Anstatt die Wale bei Niedrigwasser am Strand zu zerlegen, wie es Foyns Arbeiter zu Anfang getan hatten, arbeiteten die Flenser hier allerdings auf einer hölzernen Plattform, einem sogenannten *plan*. Eine kräftige Dampfwinde zog die Walkadaver aus dem Meer über eine beplankte Rampe auf die Plattform. Das Wasser um sie herum war oft rot von Blut.

Die Flenser hatten Profilsohlen an den Schuhen, um auf den fettigen Planken der Plattform nicht auszurutschen, und arbeiteten mit langschäftigen Flensmessern in der Form eines Hockeyschlägers oder einer Sense, allerdings mit der Schneide an der Außenseite der Klinge. Die Dampfwinden halfen ihnen, einen Streifen Speck nach dem anderen vom Walkörper zu schälen. Danach wurden die langen Streifen in viereckige Blöcke zerlegt und von den Arbeitern durch eine Wandöffnung ins Fabrikgebäude geschafft, das in die Holzplattform eingebaut war. Die Speckblöcke glitten eine Rinne hinab in ein rotierendes Häckselmesser. Der zerhackte Speck wurde dann mit einem Gurtbecherwerk – einem senkrechten Förderband mit daran fixierten Fördergutbehältern – nach oben befördert und laufend in die großen Kessel gekippt, in denen der Speck zu Tran eingekocht wurde.

Die Walfangstation in Grytviken wurde sofort zum Erfolg. Schon im Sommer 1905 kehrte Carl Anton Larsen daher nach Sandefjord zurück, um dort ein weiteres Fangschiff abzuholen. In den folgenden Jahren wuchs der kleine Industriestandort gewaltig. 1908 umfasste Grytviken bereits 17 Gebäude und 160 Arbeitsplätze. Zahlreiche Konkurrenten hatten sich inzwischen auf Südgeorgien angesiedelt; sowohl britische wie norwegische Firmen betrieben jetzt von anderen geschützten Buchten aus ebenfalls Walfang.

Die Pesca dagegen, die hinter der Station Grytviken stand, war in argentinischem Besitz. Nach langem Hin und Her erklärten sich die Eigner schließlich bereit, der britischen Kolonialverwaltung der Falklandinseln, die auch für Südgeorgien zuständig war, eine Lizenzgebühr für die Fangerlaubnis zu bezahlen. Der britische Magistrat als Repräsentant der Obrigkeit ließ sich sogar einen Amtssitz nahe der Fangstation in Grytviken errichten.

Trotz des argentinischen Kapitals und der britischen Verwaltung war es allerdings eine fast ausschließlich norwegische Gemeinde, die in Grytviken zusammenkam. Fast ausschließlich männlich war sie obendrein, obwohl es fast von Anfang an auch Frauen dort gab. Schon in der zweiten Fangsaison ab 1905 kam Larsens Ehefrau Andrine mit nach Grytviken, und das Paar brachte seine sieben Kinder mit, von der über 20-jährigen Elvina bis zum einjährigen Torbjørn. Begleitet wurden sie von Ellen Johansen, dem Kindermädchen.

Später brachten auch andere leitende Angestellte zeitweise ihre Frauen und Kinder mit nach Grytviken. Für die gemeinen Walfangmatrosen und Fabrikarbeiter kam das aber nicht in Betracht. Sie und ihre Familien nahmen einen Jahresrhythmus auf, der das Leben in der Vestfold auf Jahrzehnte prägen sollte: Wie Zugvögel kehrten die Männer im Frühling nach Norwegen zurück, und wenn es Herbst wurde, brachen sie wieder nach Süden auf.

Nach einigen Jahren gab es dann auch Arzt und Polizei in Grytviken; 1912 kam ein norwegischer Pfarrer. Im Jahr darauf wurde eine kleine hölzerne Kirche fertig, die Larsen fast ganz auf seine eigenen Kosten errichten ließ. Bei der Einweihung blickte Pastor Kristen Løken auf eine große Versammlung »junger Männer und Männer im besten Alter, und nur den einen oder anderen, der ein wenig weiter vorgerückt in seinen Jahren war – alle wettergegerbt und abgehärtet, viele mit deutlichen Spuren ihrer harten Arbeit«. Die gewöhnlichen Gottesdienste waren dann eher schwach besucht. Der Walfängerpfarrer musste zugeben, dass »das christliche Leben [in Grytviken] leider nicht unbedingt stark pulsiert«.[123]

Larsen und die späteren Leiter der Fangstation standen in einem ununterbrochenen Kampf gegen den Suff. Für die Arbeiter galt zwar totales Alkoholverbot, aber die ständig einlaufenden Schiffe erschwerten dessen Durchsetzung. Von 1909 bis 1914 erhielten die Arbeiter daher ihren Lohn zum Verbrauch vor Ort in einer Firmenwährung namens *grytviksmynten* ausbezahlt, die außerhalb Grytvikens wertlos war und damit auch nicht mehr zum Bezahlen heimlich auf Schiffen im Hafen erstandener Spirituosen taugte. *Apepenger* nannten die Arbeiter diese Gutscheine, Affengeld.

Schließlich fand auch die anwachsende Arbeiterbewegung Widerhall auf Südgeorgien. Am 20. März 1913 wurde auf der Fangstation die Gewerkschaft Grytviken Arbeiderforening gegründet. Carl

Anton Larsen tat, was er konnte, um die Arbeitervereinigung zu unterdrücken. Er verlangte von jedem, der in Grytviken an Land ging, die schriftliche Verpflichtung, sich nicht zu organisieren. Er versuchte die Rädelsführer nach Hause zu schicken. Die meisten blieben noch bis zum Schluss der Saison, erhielten danach aber keine Vertragsverlängerung mehr, und die Gewerkschaft scheint dann allmählich eingegangen zu sein.

Larsen war zumindest als Schiffskapitän kein besonders harter Chef, sondern bemühte sich, einem väterlichen Ideal nachzueifern: heiter, großzügig und um seine Männer besorgt, streng wurde er nur, wenn es notwendig war. In Grytviken engagierte er sich für die sozialen Belange der Arbeiter und gründete zu einer Zeit, als die staatliche Wohlfahrt noch in den Anfängen steckte, einen Rentenfonds für seine Beschäftigten. Die letzten Jahre über verzweifelte er am Geiz der Eigner wie an der Aufsässigkeit der Arbeiter, gab schließlich auf und fuhr 1914 nach Hause.

Während Larsens Zeit als Chef in Grytviken war der Buckelwal die wichtigste Jagdbeute vor Südgeorgien. Der antarktische Buckelwal schwamm dichter an die Küste heran als andere Walarten und war fett, zahlreich und verhältnismäßig leicht zu erlegen. Die Walfänger von Grytviken spezialisierten sich so sehr auf den Buckelwal, dass sie manchmal Blau- oder Finnwale, die ihnen unterkamen, nicht schossen, weil die Fangleinen der Harpunen zu schwach waren oder weil sie einen langwierigen Kampf mit dem Beutetier vermeiden wollten.[124] Als Larsen nach Hause fuhr, war die Zeit der Buckelwale allerdings vorbei. Denn die Buckelwale der Südhalbkugel wurden nicht nur auf ihren Sommerweidegründen in der Antarktis gejagt, sondern auch in ihren Winterquartieren an den Küsten Afrikas, Australiens und Südamerikas, wo es inzwischen ebenfalls Fangstationen gab. Im Spitzenjahr 1911 wurden auf der Südhalbkugel über 11 000 Buckelwale erlegt. Das Ergebnis kann man sich denken: Bei Ausbruch des Ersten Weltkriegs war im Südpolarmeer eine neue Epoche angebrochen. Jetzt war der Blauwal die Hauptjagdbeute. 1916 wurden beispielsweise in den Meeren des Südens 4400 Blauwale und nur noch 744 Buckelwale getötet.

Larsen selbst gab nie öffentlich zu, dass er an der Ausrottung des Buckelwalbestands vor Südgeorgien beteiligt gewesen war. Er gestand zwar, dass der Buckelwal vielleicht verwundbarer als der Blauwal oder Finnwal sei, weil er so nahe ans Land heranschwimme. Aber die zurückgegangenen Fangzahlen der letzten Jahre könnten auch ganz andere Ursachen als einen Bestandseinbruch haben, behauptete er gemeinsam mit einem norwegischen Walfängerkollegen 1918 vor einer britischen Untersuchungskommission in London.[125] Eine bessere Ausrüstung erleichtere zum Beispiel den Fang von Blauwal und Finnwal und mache ihn lohnender, sodass die Harpunenschützen bevorzugt diese Arten wählten. »Ich bin also absolut überzeugt, dass keine Gefahr droht«, schloss Larsen. Die britischen Behörden sahen das anders und stellten den Buckelwal vor Südgeorgien und in sämtlichen Territorialgewässern, die von den Falklandinseln aus verwaltet wurden, unter Schutz.

Larsen wies die Befürchtung zurück, dass ganze Arten aus der Finnwalfamilie durch den Fang völlig ausgerottet werden könnten: »Das halte ich für unmöglich«.[126]

In den folgenden Jahrzehnten wurden fast nur noch Blauwale und Finnwale nach Grytviken geschleppt, und zwar mehrere hundert jedes Jahr. Der Betrieb wurde bis in die 1960er-Jahre fortgesetzt. Die Männer aus Norwegen – und einer langen Reihe anderer Länder – gründeten ein Orchester und einen Sportverein, tätowierten einander, spielten Fußball, übten Skisprung, gingen auf die Jagd und bauten sich ein Kino. Einige verbrachten ein langes Arbeitsleben auf Südgeorgien, viel zahlreicher aber waren diejenigen, die nur für eine Saison oder auch drei anheuerten, wegen des Abenteuers und um ein bisschen Geld zurückzulegen. Und einige wenige sind hier begraben, so fern von zu Hause.

Bis heute kommen norwegische Walfangveteranen und ihre Nachkommen auf die Insel, auf der Carl Anton Larsen den Walfang auf der Südhalbkugel begründete. Sie kommen mit Kreuzfahrtschiffen aus Südamerika, zusammen mit anderen Touristen, um sich die alten Gebäude, die Gräber und die Industrieanlagen anzuschauen, die schon längst wieder von den Pinguinen zurückerobert sind, von den See-Elefanten und Pelzrobben. Die Kirche in Grytviken ist noch intakt, ebenso sind es viele Häuser. Am Strand liegen riesige, weißgebleichte Walknochen verstreut, während Trantanks, Maschinenteile und Schiffe langsam vor sich hin rosten und einen Kontrast zum grünen Tussockgras und den schneebedeckten Bergen bilden.

Aufbruch

Ende August 1905 hielt sich Carl Anton Larsen in Sandefjord auf. Ein Reporter traf den vielbeschäftigten Fangstationsverwalter auf der Straße und bat ihn um Auskunft über seine Erfahrungen aus der ersten Fangsaison in Grytviken. »Well, es läuft gar nicht so schlecht«, erwiderte der Kapitän. Er war hier, um das zweite Fangboot der Pesca abzuholen – »und so wursteln wir uns halt weiter so durch«.[127] In der Stadt und im Land, dem Larsen seine Stippvisite abstattete, gärte es inzwischen. Große Dinge taten sich. Norwegen war dabei, sich aus der Personalunion mit Schweden zu lösen, und in Sandefjord saß Christen Christensen, Larsens ehemaliger Chef, und plante, ihm im Südpolarmeer Konkurrenz zu machen.

Christensens und Larsens Heimatort hatte sich seit der Jahrhundertwende verändert. Die Holzgebäude in der Sandefjorder Innenstadt gingen 1900 bei einem Großbrand zugrunde und wurden in Stein wieder aufgebaut. Sonst blieb vieles beim Alten. Die Gäste des exklusiven Kurbads, des einstigen Hauptgewerbes von Sandefjord, konnten bei Kuren mit schwefelduftendem Moorschlamm, Seewasser und der lokalen Spezialität, der Haarqualle, den gewohnten Anblick der Segelschiffe im Hafenbecken genießen.

Wenn die Kurgäste aber den Blick ein wenig weiter hinaus auf den Fjord schweifen ließen, sahen sie Sandefjords Zukunft. Da draußen waren die Arbeiter der Framnæs Mekaniske Værksted A/S gerade dabei, ein Schiff für den Walfang klarzumachen.[128] Sandefjord hatte von Tønsberg den Platz als wichtigstes Zentrum des Walfanggewerbes übernommen.

Im Jahr 1905 ging es auf der Werft eher ruhig zu. Das Gewerbe steckte in einer Flaute, und es gab kaum Aufträge für Framnæs. Nur zwei neue Fangschiffe wurden ausgeliefert, und in Sandefjord, das ständig von Walgerüchten schwirrte, blieb natürlich nicht unbemerkt, dass beide Bestellungen von Außenposten auf der Südhalbkugel kamen.

Anfang Juli meldete eine knappe Notiz im *Sandefjords Blad*, das Fangschiff *Almirante Montt* sei ausgelaufen. Sein Ziel war eine Fangstation in der Magellanstraße am Südende Chiles. Kapitän war Adolf

Amandus Andresen, ein Auswanderer aus Sandefjord, der die Initiative ergriffen hatte, den neuzeitlichen Walfang in seine Wahlheimat Chile zu bringen und der in der Magellanstraße bereits eine große Anzahl Wale für eine chilenische Firma getötet hatte.[129] Das andere Fangschiff, das die Framnæs-Werft in diesem Jahr verließ, war dasjenige, das Carl Anton Larsen später im Sommer abholte.

Mit der Loslösung Norwegens von Schweden im Jahr 1905 bekam Norwegen ein eigenes Außenministerium und einen eigenen diplomatischen Dienst. Eine der ersten Aufgaben, denen sich die norwegische Außenpolitik gegenübersah, waren Verhandlungen mit Großbritannien über die Walfangrechte in der Antarktis.

Im Herbst 1905 schickte nämlich die norwegische A/S Ørnen, deren Disponent und größter Anteilseigner Christen Christensen war, eine Walfangexpedition in die Antarktis. Zuvor hatte die Firma vor Spitzbergen Wale gejagt, und die dort angewandten Methoden und gewonnenen Erfahrungen wollte sie jetzt im neuen Jagdgebiet im Süden anwenden. A/S Ørnen hatte den Walfang vor Spitzbergen 1903 mit einem Schiff als Basis angefangen, das als schwimmende Trankocherei eingerichtet war, ein primitives Fabrikschiff also. Die Konkurrenz zog rasch nach, es war wie ein Goldrausch. Spitzbergen wurde das erste Gebiet, in dem schwimmende Kochereien die herrschende Betriebsform des Walfangs waren. Diese schwimmenden Kochereien wurden zu einer neuen Spezialität der Framnæs-Werft, deren ehemaliger Alleineigner Christensen jetzt Vorstandsvorsitzender war. Der Reeder kaufte gute, gebrauchte Dampfer oder Segler an und ließ sie durch Framnæs zu Kochereischiffen umbauen. Als Miteigner der Werft machte Christensen so seinen Profit sowohl durch eigene Fangunternehmen wie durch den Bau von Fabrikschiffen für die Konkurrenz.

Die frühen Fabrikschiffe waren in der Praxis noch auf einen guten Hafen angewiesen, der sie vor Wellengang schützte und Zugang zu Süßwasser bot, um aus den von den Fangschiffen angeschleppten Walkadavern Tran zu kochen. Im Sommer 1905 wurde es auf Spitzbergen bereits eng. Christen Christensen erhielt einen Brief vom Leiter der Walfangexpedition, die A/S Ørnen dorthin entsandt hatte, in dem es hieß, dass die Wale jetzt wenig und scheu geworden seien, die Fangschiffe aber umso zahlreicher. Die Expeditionsleitung an Bord des Fabrikschiffs *Admiralen* war allgemein für eine »Südmeerexpedition«, vielleicht auf die

Südshetlands.[130] Ende August fand eine Generalversammlung der A/S Ørnen in Sandefjord statt. Auf Vorschlag Christensens wurde beschlossen, die *Admiralen* mit zwei Fangschiffen nach Süden zu schicken.[131]

Die neue Methode mit schwimmenden Kochereien sollte ganz unten im Südpolarmeer erprobt werden, und zum ersten Mal sollte ein Unternehmen in norwegischem Besitz den neuzeitlichen Walfang auf der Südhalbkugel betreiben. Das waren große Neuigkeiten für das kleine Land, das sein Schicksal jetzt auch außenpolitisch in die eigene Hand nehmen wollte.

Am 21. November liefen das Fabrikschiff *Admiralen* und zwei Fangschiffe nach Süden aus. Mitte Dezember erreichte die Expedition Port Stanley, den Verwaltungssitz der britischen Falklandinseln und der ihnen unterstellten Gebiete.

Auf den Falklandinseln suchte Expeditionsleiter Alex Lange um die Genehmigung an, in britischen Gewässern Walfang betreiben zu dürfen. Dieses Gesuch war der Anfang langwieriger und intensiver Verhandlungen zwischen norwegischen Walfangfirmen und den britischen Kolonialbehörden. Der britische Gouverneur der Falklandinseln, William Allardyce, erteilte den Norwegern die Erlaubnis, gegen eine bescheidene Gebühr vor den bewohnten Falklandinseln Fang zu treiben. Südgeorgien dagegen war ausgeschlossen. Nach britischer Auffassung hatte die argentinische Pesca sich durch die Errichtung der Fangstation Grytviken auf ungesetzliche Weise Rechte auf britischem Territorium herausgenommen. Die Verhandlungen mit der Pesca um eine Ausgleichsabgabe mussten zunächst abgeschlossen werden, bevor die Gesuche anderer Firmen berücksichtigt werden konnten. Aber die Norweger könnten sich, wenn sie wollten, gerne zu den Südshetlandinseln begeben, tief im Süden bei der Antarktischen Halbinsel. Die Briten hatten es nie für wichtig erachtet, Souveränitätsansprüche auf diese kleinen vergletscherten Eilande anzumelden. Das Interesse der Walfänger sollte das schnell ändern.

Alex Lange erreichte die Südshetlands mit seiner Mannschaft Ende Januar 1906. Es war »ein kalter und winterlicher Sommer«, schrieb der Kapitän in sein Tagebuch.[132] Die *Admiralen* ging in einer geschützten Bucht vor Anker, und die Fangschiffe erlegten zahlreiche Blauwale direkt vor der Küste, aber die Expedition kam zu spät im Jahr, um noch gute Ergebnisse einzufahren. Schon wurde es Herbst, Eis und schlechtes Wetter zwangen nach wenigen Wochen zur Heimfahrt.

Allerdings war, als die *Admiralen* ihren Fangbetrieb einstellte, daheim in der Vestfold bereits ein Konkurrent dabei, sich zu etablieren. Die neue Firma nannte sich Sandefjord Hvalfangerselskab und wollte in der folgenden Saison ihr eigenes Fabrikschiff in die Antarktis schicken. Disponent und Miteigentümer Peder Bogen bat das neu geschaffene norwegische Außenministerium um Hilfe in den Verhandlungen mit den Briten, aber dort hatten beim Kontakt mit Großbritannien, dem mächtigsten Staat der Welt, andere Fragen als der Walfang höchste Priorität. Denn zuerst ging es einmal darum, die Selbstständigkeit Norwegens abzusichern. Im Frühling 1906 wurde der Polarforscher Fridtjof Nansen als offizieller norwegischer Gesandter nach London geschickt. Heute würde man ihn als Botschafter bezeichnen. Nansen versuchte der Sandefjords Hvalfangerselskab zu helfen und erhielt im Mai eine Antwort auf seine Anfrage betreffend die britischen Gebietsansprüche in der Antarktis. Die britischen Behörden erklärten jetzt, sie sähen den gesamten Südshetland-Archipel als ihr Gebiet an, dazu Südgeorgien und einige weitere Territorien, die alle der Verwaltung auf den Falklandinseln unterstünden.

Einige Monate zuvor hatte noch nicht einmal der Gouverneur der Falklands selbst geahnt, dass die Südshetlands Teil der Kolonie waren, die er verwaltete. Die Briten hatten schnell den Wert von Landbesitz im walreichen Scotiameer erkannt. Der Grund war das Interesse sowohl norwegischer wie südamerikanischer Walfangfirmen. Die Abkommen, die damals mit ausländischen Unternehmen geschlossen wurden, halfen in der Praxis den Briten, ihren Souveränitätsanspruch über diese Inseln nach dem Völkerrecht zu etablieren. Auch die Anfragen der norwegischen Behörden unterstützten diesen Anspruch.

Vorläufig machte sich in Norwegen deshalb niemand besondere Sorgen. Wenige Menschen, wenn überhaupt welche, konnten sich vorstellen, welchen Umfang der Walfang im Südpolarmeer einmal annehmen würde. Nansen schrieb zum Beispiel, »unsere Interessen in diesen fernen Landstrichen können wohl niemals sehr bedeutend werden«[133].

Den ganzen Sommer 1906 über wartete die Sandefjord Hvalfangerselskab weiter auf die Fangerlaubnis aus London. Im August fuhr Disponent Peder Bogen selbst dorthin, um zu verhandeln. Schließlich erhielt er die Genehmigung, mit dem Fang zu beginnen, und zwar mithilfe Nansens und dessen Stellvertreters, wobei es vielleicht nicht schadete, dass die Firma ihre schwimmende Trankocherei *Fridtjof Nansen* getauft hatte. Aber die Fangexpedition endete in einer Tragödie. Im November 1906 lief das kostspielige Fabrikschiff dicht vor Südgeorgien auf eine unkartierte Untiefe. Das Schiff brach in sechs oder sieben Teile und sank binnen Minuten. Die Seeleute gingen mit der Notsituation so gut um, wie man erwarten konnte, schloss die Seegerichtsverhandlung. Aber längst nicht alle an Bord waren Seeleute. »Was die Arbeiter angeht, so hatten sie nicht ganz so viel Glück.«[134] Neun der 58 Männer auf der *Fridtjof Nansen* ertranken. Die übrigen wurden von den Fangschiffen aufgenommen und nach Grytviken gebracht. Im folgenden Herbst versuchte es die Firma erneut, diesmal mit einem noch größeren Fabrikschiff, der *Fridtjof Nansen II*.

Jetzt wollten auf einmal viele ihre schwimmenden Trankochereien nach Südgeorgien und auf die Südshetlands schicken. Es war zwar teuer, Mannschaften, Ausrüstung und Vorräte bis ins Südpolarmeer zu verfrachten, aber dort gab es auch sehr viel mehr Wale als im Norden. Die Fangergebnisse pro Boot waren also besser. Im Vergleich zum damaligen Niemandsland Spitzbergen gab es einen zweiten wichtigen Unterschied: Südgeorgien und die Südshetlands standen unter der Herrschaft eines Staates. Die britischen Kolonialbehörden versuchten den Walbestand aufrechtzuerhalten, indem sie den Ansturm der Fabrikschiffe begrenzten. Die Zahl der Fanggenehmigungen wurde drastisch reduziert. Gouverneur Allardyce machte klar, dass nur eine begrenzte Anzahl Lizenzen ausgegeben würde und dass jede Firma sich auf ein Fabrikschiff und zwei Fangschiffe beschränken müsse.

Der Zuwachs war dennoch ungeheuer. In der Saison 1908/09 waren in den britischen Antarktisbesitzungen 16 Fangschiffe in Betrieb. Sie schleppten etwa 3000 Buckelwale und 500 Blau- und Finnwale zu acht schwimmenden Trankochereien und zur Fangstation der Pesca in Grytviken.[135]

Einige der schwimmenden Kochereien lagen in geeigneten Fjordarmen an der zerklüfteten Küste Südgeorgiens vor Anker, andere in der Admiralty Bay, einer geschützten Bucht der größten Südshetlandinsel, während wieder andere den Weg zur kleinen Deception Island gefunden hatten, die zur selben Inselgruppe gehörte. Die Walfänger sprachen meist Norwegisch, und viele ihrer Fahrzeuge führten auch die Flagge des unabhängigen Norwegens.

Insel der Illusionen

Deception Island könnte man für einen missglückten Schmalzkringel halten, fast zwei Meilen im Durchmesser und mehrere hundert Meter hoch. In Wirklichkeit stellt die ringförmige Insel den Kraterrand eines Vulkans dar, in dem noch Leben ist. Wo der Boden frei von Schnee und Eis ist, steigen Rauch und Dampf aus Felsspalten.

Deception kann im Englischen Betrug, Lüge oder Illusion bedeuten. Im Französischen und Spanischen steht es für Enttäuschung. Der Grund für diesen deprimierenden Namen war unbekannt, aber manche meinten, er beziehe sich auf die gut versteckte Einfahrt. Rund um die Außenküste von Deception donnerten die eiskalten Wogen gegen steile Klippenwände, und nur an einer Stelle führte eine schmale Rinne, kaum zu erkennen, in das Kraterbecken, wo Schiffe einen geschützten Hafen fanden. Die alten Seekarten waren hier nicht unbedingt zuverlässig, weil sowohl Gelände wie Meeresboden sich durch Lavaergüsse und Aschenausbrüche ständig veränderten.

Am 22. Dezember 1908 lief ein Dreimaster mit dem munteren Namen *Pourquoi-Pas?* (»Warum nicht?«) Deception Island an. An Bord waren französische Seeleute und Forscher unter der Leitung des Arztes und Polarforschers Jean-Baptiste Charcot. Sie wollten den Walfängern Kohle abkaufen. Charcot wusste also sehr gut, dass sich hier Norweger niedergelassen hatten, aber die irrige Vorstellung von der Antarktis als menschenleerer Eiswüste hielt sich hartnäckig, und der Anblick, der sich den Franzosen beim Anlaufen Deception Islands bot, kam ihnen seltsam, fast beunruhigend vor: Nicht nur ein, sondern gleich zwei kleine Dampfer tuckerten durch die schmale Rinne. Der eine war gerade am Auslaufen, der andere auf der Heimfahrt mit einem aufgepumpten Walkadaver im Schlepp. Die erlegten Wale mit Luft aufzublasen, um sie am Sinken zu hindern, war eine der vielen kleinen Erfindungen, die den Walfang seit Foyns Zeiten effektiver gemacht hatten. Eines der norwegischen Schiffe erbot sich, die *Pourquoi-Pas?* sicher in den Hafen zu lotsen.

Gleich hinter dem Høle, dem »Loch«, wie die Norweger die enge Durchfahrt nannten[136], lag auf der Innenseite die Walfängerbucht. In diesem Bereich des Kraterbeckens fanden sich die besten Ankerplätze. Vier Fabrikschiffe lagen hier vertäut: zwei Dreimaster und zwei große Dampfer, zusammen mit zahlreichen kleineren Fangschiffen. Es war wie ein kleines norwegisches Industriegebiet, dachte sich Charcot, immer noch verblüfft darüber, wie sehr sich die Antarktis verändert hatte. Drei der Fabrikschiffe hatten norwegische Eigner, während das größte und am besten ausgerüstete, die *Gobernador Bories*, zwar einer chilenischen Firma gehörte, aber auf der norwegischen Framnæs-Werft umgebaut worden war und ebenfalls eine hauptsächlich norwegische Besatzung hatte. Ny Sandefjord nannten viele der Norweger die Basis in der Walfängerbucht.[137] Über 200 Seeleute und Arbeiter hielten sich hier auf.[138]

Walkadaver lagen an den Schiffen vertäut. Manche trieben mit aufgeblasenem Kehlsack wie gigantische gefurchte Bojen, andere wurden gerade längsseits der Schiffe abgespeckt. Die Flenser standen auf den Kadavern selbst oder in Ruderbooten und sägten, während die Winschen der Fabrikschiffe halfen, die Speckblöcke abzulösen und sie an Bord zu ziehen, wo sie zerhackt und zu Tran gekocht wurden.[139]

Eingeweide und andere Abfälle trieben im Hafenbecken. Charcot fand den Gestank unerträglich. Aber trotz der unweigerlich fetttriefenden Schiffsdecks hatte die *Gobernador Bories*, wie sich zeigte, eine glänzend saubere und luxuriös eingerichtete Offiziersmesse. Hier traf Charcot den Fangleiter Adolf Amandus Andresen und seinen sprechenden Papagei. Der Norwegen-Chilene hatte als Erster Deception Island zur Basis seiner Fangexpedition gemacht, im selben Südsommer, als die *Fridtjof Nansen* sank. In der dritten Fangsaison auf Deception Island, als die Franzosen zu Besuch kamen, leistete Andresen außerdem seine Frau Gesellschaft. Marie Betsy Rasmussen zog Blumen in den Kajütenfenstern der *Gobernador Bories* und machte mit ihrer Freundlichkeit und Umsicht großen Eindruck auf Charcot. Sie war wohl die erste Frau in der Antarktis, wenn man von Südgeorgien absieht, das viel weiter nördlich liegt.

Ein Jahr später, in der Vorweihnachtszeit 1909, kam Charcot zurück nach Deception Island, abermals, um Kohle zu kaufen. Diesmal lud ihn Adolf Amandus Andresen ein, mit hinaus auf die Jagd zu fahren. Charcot fiel sofort der Gegensatz zwischen den fettverschmierten, blutgetränkten Fabrikschiffen und dem sauberen Fangschiff auf – hier kam ja kein Wal an Bord.

Die Norweger zeigten großen Jagdeifer. Der französische Gast verstand sie gut. Jeder Mann an Bord erhielt einen Gewinnanteil, der die Familie zu Hause versorgte. Aber insgeheim war Charcot doch jedes Mal erleichtert, wenn ein großer Wal entkam. Er bewunderte die Wale und hatte Mitgefühl mit ihnen. Charcot sah zwei Blauwale zusammen und stellte sich vor, dass sie ihr Zusammensein genossen, bis die Granatharpune den einen tötete. Er sah vor sich, wie sie gemeinsam durch die graugrünen Wassermassen und zwischen den abenteuerlichen Unterwasserformationen der Eisberge hindurch geschwommen waren. Ein paar Wochen später erhielt der Zweifel des Franzosen am Walfang buchstäblich neue Nahrung, als einer der Kapitäne ihm ein großes Stück Walfilet gab. Es schmeckte gut und erinnerte ihn an Kalbfleisch.

Im Lauf dieser Fangsaison 1909/10 wurden zum ersten Mal mehr Wale auf der Südhalbkugel als auf der Nordhalbkugel erlegt. Die Gewässer um Südgeorgien und die Südshetlands waren zum wichtigsten Waljagdgebiet der Welt geworden. Augenzeugen des Walfangs im Südpolarmeer fielen oft die vielen Walkadaver und Kadaverteile um die Trankochereien auf. Jean-Baptiste Charcot hatte zum Beispiel Probleme mit Walgedärm, das ihm in der Walfängerbucht in die Ankerketten geriet. Mit den Jahren häuften sich um den Hafen von Deception Island viele tausend Walkadaver an.

Ein Harpunier, der auf seine Jahre in Grytviken 1907 und später zurückschaute, sah das so: »Man muss schon zugeben, dass man damals Raubfang betrieben hat. Nur der Rücken- und Flankenspeck wurde verwendet, der Rest ging ins Meer.«[140] Es kam sogar vor, dass sich zu viele vertäute Buckelwale vor der Station häuften. Sie blieben liegen und verrotteten.

Indem nur die Speckschicht verwertet wurde, warf man mit dem Rest des Kadavers auch viel Tran weg, den man aus ihm herauskochen hätte können, und die nach dem Auskochen noch übrigen Fleisch- und Knochenrückstände hätten zu Guano, also einem Dünger, zermahlen werden können. Die Verschwendung im Südpolarmeer sorgte für Empörung. Einer derjenigen, die darauf reagierten, war der norwegische Ingenieur und Margarinehersteller Jens Andreas Mørch. In einem Leserbrief an die Zeitschrift *Scientific American* sprach er sich dafür aus, die britischen Behörden sollten von den Fangfirmen verlangen, den gesamten Walkadaver zu verwerten, so wie in den Fangstationen auf der Nordhalbkugel.[141]

Ab Herbst 1909 machte auch der Gouverneur die gründliche Verwertung der erlegten Wale zur Bedingung für die Erteilung neuer Jagdlizenzen. Die erste Firma, von der das gefordert wurde, war die schottische Salvesen-Gesellschaft. Ihre Landstation in Leith Harbour auf Südgeorgien, begründet im September 1909, war der erste Betrieb mit britischen Eignern im Südpolarmeer.[142]

Die Inhaber älterer Lizenzen missachteten die neuen Bedingungen zunächst, aber auch norwegische Reeder erkannten bald, dass mit den Resten der Walkadaver bares Geld zu verdienen war, und nach 1909 tauchten die ersten schwimmenden Kadaverkochereien in Grytviken auf. Bald waren diese Fabrikschiffe sehr zahlreich, auch auf den Südshetlands. Die abgespeckten Walkadaver wurden den Fangstationen oder gewöhnlichen schwimmenden Trankochereien billig abgekauft. Kadaverkocherei bedeutete, den Tran aus Fleisch und Knochen auszukochen und die Reste zu Düngemehl zu zermahlen. Im Dezember 1912 wurde auf Deception Island eine Landstation eröffnet, betrieben von Hvalfangerselskapet Hektor A/S aus Tønsberg, die die von den Fabrikschiffen in der Walfängerbucht zurückgelassenen Walkadaver verarbeitete.[143]

Der Buckelwal dominierte anfangs als Beute im Walfang auf der südlichen Halbkugel, aber im Lauf der ersten zehn Jahre, nachdem Carl Anton Larsen in Grytviken angefangen hatte, wurden daneben auch mehr als 13 000 Blauwale erlegt. Das entspricht wohl der Anzahl der Blauwale, die insgesamt bis dahin auf der Nordhalbkugel getötet worden waren (etwa 7000 Tiere wurden von 1900 bis 1914 registriert, wozu noch eine unbekannte Anzahl getöteter Blauwale vor der Finnmark und um Island aus dem 19. Jahrhundert kommt). Im Norden ging der Blauwalfang schon zurück, als 1914 der Erste Weltkrieg ausbrach, aber in der Antarktis kam er gerade erst richtig in Gang.

Noch gab es Mengen von Blauwalen im Südpolarmeer. Die Nachfrage nach Waltran erwies sich als unersättlich.

Das Experiment des Apothekers

Am 12. Januar 1912 betrat ein Mann mit einem Klumpen Fett in den Händen die Schwanenapotheke in Larvik und fragte, ob der Apotheker wohl errate, welche Art Fett er hier anzubieten habe. Helge Thomassen Offerdahl, der Apotheker, roch an dem Klumpen und probierte ihn. Gut sah er nicht aus. Der Geschmack erinnerte an ranzigen Tran. Offerdahl gab das Raten bald auf und fragte den Besucher, was für eine Seltenheit er denn da mitgebracht habe. Es war gehärteter Waltran, mit einer neuen, patentierten Methode in festes Fett verwandelt. Der Zweck seines Besuchs in Larvik, südlich von Sandefjord, und in der Schwanenapotheke war es, Interesse an der Gründung einer Fetthärtungsfabrik zu wecken.

Apotheker Offerdahl hatte die Voraussetzungen, um zu verstehen, wie vielversprechend dieses Projekt war. Er hatte Lebensmittelchemie studiert und, nachdem er in die Vestfold gezogen war, selbst ein bisschen im Walfang investiert.

Fetthärtung wurde bereits seit einigen Jahren diskutiert. Das erste Patent dazu wurde 1902 im Deutschen Reich erteilt, und nun, zehn Jahre danach, war die Technik reif für die Anwendung im industriellen Maßstab. Das konnte von entscheidender Bedeutung für den Walfang und für alle Tieröl- und Fettstoffhändler werden. Die Seifen- und Margarinehersteller waren auf diesem Markt die wichtigsten Käufer. Billige Pflanzenöle aus den europäischen Kolonien in den Tropen deckten einen Großteil des Bedarfs, aber Margarine, die möglichst nahe an echte Butter herankam, erforderte einen relativ hohen Anteil an festen Fetten. Das galt auch für feste Seifenstücke, die als feinste Seifen galten. Feste Fette waren daher am stärksten gefragt, und sie stammten oft von Tieren: Talg vom Rind und Schmalz vom Schwein.

Der Walfang ergab anfänglich keine festen Fette. Der Speck des Wals, die dicke Fettschicht im Unterhautgewebe, die ihn davor bewahrte, im Polarmeer zu erfrieren, und die auf den langen Wanderungen als Energievorrat diente, war zwar sehr fest und mit starken Fasern durchwoben. Dieses Fasernetz bewirkte, dass der Speck seine Form behielt, und erschwerte es entsprechend, ihn wie andere tierische Fette zu schmelzen. Das Fett selbst hatte einen ziemlich niedrigen Schmelzpunkt. Wenn der Speck fertig ausgekocht und von Faserproteinen und anderer Schlacke gereinigt war, blieb in den Kesseln der Walfänger ein helles, flüssiges Öl übrig. Das konnte man zum Beispiel mit Lauge verrühren, um einen billigen flüssigen Fußbodenreiniger zu erhalten. Der Einsatz für höherwertige Produkte war durch die Konsistenz begrenzt, und außerdem wurde Walöl rasch ranzig und bekam einen unangenehmen, tranigen Geschmack und Geruch. Was man hinzufügen musste, um aus Waltran einen neutralen, festen Fettstoff zu machen, war Wasserstoff. Wenn man die ungesättigten Fettsäuren im Tran mit zusätzlichen Wasserstoffatomen sättigte, ging das Fett in eine Form über, die bei Zimmertemperatur fest und auch haltbarer war. Auch der Geruch und Geschmack ließen sich im Prinzip eliminieren.

Auch wenn der Trangeschmack in der Probe, die Offerdahl angeboten wurde, noch vorhanden war, weckte sie sein Interesse. Schon am Tag nach dem überraschenden Besuch nahm der Apotheker an einer Konferenz zum Thema im Grand Hotel von Kristiania teil und wurde Mitglied einer kleinen Arbeitsgruppe. Die Walfänger der Vestfold stellten rasch die notwendigen zwei Millionen Kronen Bürgschaft und boten den deutschen Patenteignern eine Zusammenarbeit an.

Die Aktiengesellschaft De Nordiske Fabriker, abgekürzt De-No-Fa (später Denofa), wurde im Frühling 1912 gegründet. Die Fetthärtungsfabrik in Fredrikstad, auf der anderen Seite der Oslofjordmündung, von der Vestfold aus gesehen, eröffnete ein Jahr später, und ab Herbst 1913 war der britische Industriegigant Lever Brothers als Miteigner dabei. Offerdahl war Vorstandsmitglied. Er kämpfte dafür, dass die De-No-Fa sich auf Speisefette werfen und nicht nur Rohstoffe für die Seifensiederei und andere technische Anwendungen erzeugen solle. Viele waren skeptisch, sowohl im Vorstand wie unter den Anteilseignern.

Die Fachleute diskutierten damals noch, ob der menschliche Körper gehärtete Fette, deren Schmelzpunkt über der Körpertemperatur lag, überhaupt verdauen könne. Während in Fredrikstad das De-No-Fa-Werk gebaut wurde, ließ Offerdahl in Deutschland Tierversuche durchführen. Die Tiere kamen mit der Walfetternährung hervorragend klar. Schwieriger war es, geduldige menschliche Versuchskaninchen zu finden. Zwei Mal erlebten Offerdahl und Professor Frantz Müller von der Landwirtschaftlichen Hochschule Berlin, dass sich die Versuchsteilnehmer nach einigen Tagen aus Protest gegen die strenge Diät und das widerliche Walfett davonmachten.

Da meldete sich Offerdahl freiwillig zum Selbstversuch. Er schob Professor Müllers entsetzte Einsprüche beiseite, und damit wurde der fast 60 Jahre alte Apotheker zum ersten Menschen der Welt, der täglich gehärtetes Walfett verspeiste. In den zwei Monaten der Versuchsreihe bereitete er sein Essen nach der genauen Zutatenliste des Professors selbst zu. Alles wurde gewogen. Sämtlicher Urin und alle Exkremente wurden zur Laboruntersuchung gegeben. Offerdahl führte einen großen Teil der Analysen selbst durch, und die Untersuchung der Exkremente zeigte, dass das Walfett im Darmkanal des Apothekers mindestens so effektiv wie Butter aufgenommen wurde. Offerdahl selbst hatte das Gefühl, es sei kein Problem, täglich Walfett zu sich zu nehmen. An dem Morgen, als der Versuch abgeschlossen werden sollte, fühlte er sich zwar unwohl, aber das wurde der erschöpfenden Forschungsarbeit zugeschrieben, nicht einer Nachwirkung des Walfettgenusses. Später wurde die Walfettdiät dann auch von jüngeren Versuchspersonen in Stockholm und Oslo getestet, und auch sie verdauten das gehärtete Fett ohne Probleme.

Offerdahl drängte auf eine rasche Untersuchung eines weiteren Einwands gegen das gehärtete Fett: seinen Gehalt an Nickel, einem Schwermetall. Damit die Fettsäuren im Waltran nämlich mit dem zugesetzten Wasserstoff reagierten, wurde Nickel als Katalysator eingesetzt. Die Ingenieure der De-No-Fa brauchten noch Zeit, bis sie eine Methode entwickelt hatten, mit der man die Nickelrückstände aus dem Produkt völlig entfernen konnte.

Wieder stellte Offerdahl sich als Versuchskaninchen zur Verfügung. Einen Monat lang nahm er täglich ein halbes Gramm Nickelpulver, vermischt mit Walfett, zu sich.[144] Dieses halbe Gramm war das Mehrhundertfache an Nickel, das sich in einem ganzen Kilo gehärteten Walfetts fand. Nach eigenen Aussagen wurde Offerdahl von der Nickeldiät aber weder krank noch übel. Im Lauf des Jahres 1914 schoss der Export des De-No-Fa-Speisefetts Margarit in den Himmel.[145]

Von der Jahrhundertwende bis 1914 verzwanzigfachte sich die Weltproduktion an Waltran bis auf über 800 000 Fass jährlich, also 800 000 der traditionellen Holzfässer aus Eichendauben und Eisenreifen. Die Holzfässer, wie sie von Böttchern und Fassbindern handwerklich gefertigt wurden, waren im Walfang längst von größeren Metallfässern und teilweise von fest montierten Trantanks abgelöst worden, aber die Maßeinheit blieb. Die 800 000 Fass Tran, die in der letzten Fangsaison vor dem Weltkrieg produziert wurden, entsprachen 127 Millionen Liter. Das reichte für viele, viele Packungen Margarine und Seifenstücke.

Die Waltranerzeugung blieb zwar im Vergleich mit der an Pflanzenölen und Haustierfetten immer gering, aber das Produkt hatte Bedeutung auf dem Fettmarkt, weil es günstig und in großen Mengen verfügbar war, und weil fast die gesamte Produktion auf den Weltmarkt gelangte.

Der Erste Weltkrieg versetzte dem Walfang einen Dämpfer, aber in der Zwischenkriegszeit wuchs die Walfettproduktion weiter, und auch die Härtungstechnik wurde verbessert. Der Waltran ließ sich jetzt so härten, dass sein Schmelzpunkt dem der Butter entsprach, und stand damit als Hauptzutat einer wohlschmeckenden Margarine zur Verfügung.

Der Erfolg der Härtungstechnik stellte dem Walfanggewerbe ganz neue Märkte für das Erzeugnis seiner Kochereien zur Verfügung, ohne dass sich der schlechte Ruf des Waltrans bei den meisten Menschen nennenswert verbesserte. Weder Margarine- noch Seifenhersteller warben damit, dass ihre Produkte Walfett enthielten. Jahrzehnte hindurch sollten sich die Verbraucher Europas, fast alle ohne es zu wissen, mit den Resten der schwindenden Walbestände des Südpolarmeers ernähren und waschen.

Unwissenschaftlich und barbarisch

»Das ist ein verdammtes Blutbad!« Dieser Ausbruch stand in einem Brief an die französische Regierung, einer Beschwerde gegen den Walfang, die der Zoologieprofessor Abel Gruvel und der Polarforscher Jean-Baptiste Charcot im Frühling 1913 einreichten. Es gebe zu viele Walfänger, und sie verschwendeten die Ressourcen, hieß es in dem Brief; sie töteten magere Jungtiere und verwerteten nur Teile der geschlachteten Beute. Unwissenschaftlich sei das und barbarisch.

Charcot hatte nach dem Besuch auf Deception Island in der Antarktis keine Ruhe mehr gefunden. Gruvel hatte Afrika bereist und war sehr besorgt darüber, dass der Walfang neuerdings auch vor der Küste Französisch-Äquatorialafrikas (Gabun und Kongo) und anderer afrikanischer Kolonien eingesetzt hatte. Setze sich diese Entwicklung ungehindert fort, würden rasch »all die großen Meerestiere, welche jetzt noch so zahlreich vor unseren Küsten in Westafrika und Madagaskar sind, überall verschwunden sein«.[146]

Ein internationales Abkommen sei erforderlich, um die Wale zu schützen, meinten Gruvel und Charcot, und Frankreich solle die Initiative dazu ergreifen. In der Zwischenzeit müsse der Walfang in den französischen Kolonien strengeren Regeln unterworfen werden. Eine gewisse Einschränkung wurde im Jahr darauf tatsächlich angeordnet; unter anderem wurde die Tötung von Walkühen, die ein Kalb bei sich hatten, vor Französisch-Äquatorialafrika verboten.

Gruvel und Charcot waren nicht die Einzigen, die sich gegen den Walfang aussprachen. Ähnliche Botschaften kamen in den Jahren vor dem Ersten Weltkrieg aus einer Reihe Länder, darunter den USA, der Schweiz und dem Deutschen Reich.[147] Hintergrund war das Anwachsen des neuzeitlichen Walfangs zu einem weltumspannenden Wirtschaftszweig. Norwegische Walfänger strömten an neue Küsten in Afrika, Südamerika und Australien. Während einige sich in der Antarktis die Finger abfroren, schwitzten andere am Äquator. Vor der westaustralischen Wüstenküste kämpften sie mit dem Süßwassermangel, um die reichen Buckelwalbestände ausnutzen zu können. Ein norwegischer Expeditionsleiter, der die Magellanstraße in Südchile durchfuhr, behauptete, die Überreste vermisster Walfängerkollegen gefunden zu haben, und zwar in »Indianer-Kajaks, in denen sich norwegische Seestiefel, gefüllt mit Menschenfleisch, befanden«[148]. Walfänger, die sich trotzdem bis an die chilenische Pazifikküste trauten, fanden dort zahlreiche Blauwale vor.

Die Suche nach neuen Fanggebieten wurde von einem weiteren goldrauschartigen Boom getrieben, den die guten Ergebnisse einiger Pioniere auf der Südhalbkugel ausgelöst hatten. Walfangaktien waren begehrt wie nie zuvor. Damit konnten sowohl tüchtige wie weniger tüchtige Unternehmer eine Fangfirma aufziehen. Während einzelne reich wurden, scheiterten viele andere.

Außer im Südpolarmeer – wo die Briten wieder die Konzessionen zurückhielten – fanden sich einige der reichsten Fanggebiete vor Afrika. Johan Bryde, Reeder aus Sandefjord, setzte im Juni 1908 mithilfe zweier norwegischer Auswanderer in der südafrikanischen Provinz Natal den neuzeitlichen Walfang vor diesem Kontinent in Gang. Die Fangstation wurde in Durban errichtet, die Arbeitskräfte waren teilweise Zulus, die wahrscheinlich mithilfe eines Netzwerks norwegischer Missionare und Einwanderer in Natal und Zululand angeworben worden waren. Zulus wurden zur selben Zeit auch für Fangversuche von der unbewohnten französischen Kerguelen-Inselgruppe im Süden des Indischen Ozeans aus rekrutiert. Später arbeiteten Zulus in einer Reihe von Fangstationen, von der namibischen Walfischbucht bis nach Grytviken und anderen Stationen auf Südgeorgien.

In Durban an der südafrikanischen Ostküste wurde der Walfang über die Jahre zu einer wichtigen Branche im Besitz örtlicher und britischer Eigner. Anfangs wurden hauptsächlich Buckelwale gefangen. Einige von ihnen hatten bereits Narben von Harpunenschüssen. Die Fänger meinten, das heiße vielleicht, sie seien aus Südgeorgien heraufgezogen, wo ja der Walfang von Grytviken aus bereits einige Jahre zuvor begonnen hatte. Noch wusste man sehr wenig über die Wanderwege der Wale auf der südlichen Halbkugel, doch die Annahme, dass viele von ihnen im Südwinter aus dem Polarmeer hinauf an die afrikanische Küste zogen, lag nahe.

Bereits 1909 begann Bryde auch von Saldhana Bay nahe Kapstadt aus mit dem Fang, ein wenig nordwestlich der Südspitze des Kontinents. Genau dort gab es aber nur wenige Buckelwale, während Wale anderer Arten zahlreich vorkamen. Im Juli 1912 beispielsweise sammelten sich Blauwale zu Hunderten im Meer vor der Station, vielleicht wegen ungewöhnlich dichter Krillschwärme. Vom September desselben Jahres gibt es ein gut dokumentiertes Beispiel dafür, dass Johan Brydes Arbeiter in Saldhana Bay genau das taten, weswegen Gruvel und Charcot die Walfänger anklagten: Sie töteten Jungwale, in diesem Fall eine Mutter mit ihrem neugeborenen Kalb.

Die Blauwalmutter, die am 13. September harpuniert wurde, war 28 Meter lang und hatte, um ihr Junges säugen zu können, einen Energievorrat in Form einer 20 bis 30 Zentimeter dicken Speckschicht aufgebaut. Die große Walkuh machte kaum einen Versuch, zu entkommen. »Sie hatte gerade erst entbunden und lag erschöpft und regungslos an der Oberfläche, als das Fangschiff kam und ihr eine Harpune in den Rücken jagte«, schilderte der norwegische Zoologe Ørjan Olsen, der als Besucher dabei war. Das Jungtier war sieben Meter lang und völlig hilflos. Es wurde ebenfalls getötet und an Land geschleppt. »Die Nabelschnur war noch verbunden, und der Schwanz zusammengerollt«, berichtete der Zoologe. »Die vorderen Barten waren noch nicht durchgebrochen, die hinteren aber schon etwa zehn Zentimeter lang. Die Bauchseite war an den Kehlfurchen reinweiß, weiter hinten mit großen hellgrauen Flecken.«[149]

Ziel der Forschungsreise des Zoologen Olsen war eigentlich das Studium einer anderen Walart, die sich zahlreich vor Südafrika fand, aber fast völlig unbekannt war, selbst bei erfahrenen Walfängern. Johan Bryde bezahlte ihm die Fahrt, und deshalb wurde die neue Walart Brydewal genannt. Olsen untersuchte zwölf Exemplare auf den Fangstationen in Durban und Saldhana und veröffentlichte darauf eine gründliche Beschreibung. Bis heute ist unklar, ob die Brydewale eine oder mehrere Arten umfassen und ob die wissenschaftliche Bezeichnung *Balaenoptera brydei* oder *Balaenoptera edeni* lautet. In vielen Sprachen ist jedenfalls der Name Brydewal gebräuchlich; es handelt sich um eine Gruppe mittelgroßer Blauwale.

Im Jahr 1913, als Olsen seine Beschreibung des Brydewals publizierte und Gruvel und Charcot die französische Regierung aufforderten, dem Raubfang entgegenzutreten, näherte sich der Walfang vor Afrika seinem Höhepunkt. In jenem Jahr wurden vor Mosambik an der Südostküste, an beiden Küsten Südafrikas und weiter vor der Küste Südwestafrikas Wale gejagt, bis hinauf zum Äquator, mit der Genehmigung einer Reihe europäischer Kolonialmächte. Insgesamt 90 Fangschiffe harpunierten Wale, die anschließend von 28 verschiedenen Kochereien verarbeitet wurden, sowohl zu Schiff wie an Land. Insgesamt 18 norwegische Firmen waren aktiv, dazu noch acht aus anderen Ländern.

Die Liste der Firmen war also lang – »vielleicht ein wenig zu lang«, schrieb Sigurd Risting in der Monatszeitschrift *Norsk Hvalfangst-Tidende.* Zwar gab es vor Afrikas Küsten reiche Walbestände, aber Risting war besorgt. »Es wird sich nun zeigen, ob die Bestände nicht allzu rasch zurückgegangen sind, in einem Ausmaß, dass es notwendig werden kann, sich aus dem Geschäft zurückzuziehen.«[150] Die Warnung war berechtigt. Die Bestände des Buckelwals, des wichtigsten Beutetiers der meisten Fangstationen, brachen ein. Viele Firmen mussten bereits den Betrieb einstellen, bevor der Erste Weltkrieg ausbrach und den Walfang zunächst verhinderte.

Aber selbst wenn sich die *Norsk Hvalfangst-Tidende* besorgt über die Ausbeutung und den Schwund der Ressourcengrundlage zeigte, wies der Autor des Artikels die Befürchtung Charcots und Gruvels, die Wale könnten endgültig ausgerottet werden, zurück: »… ›ausgerottet‹ im rein wissenschaftlichen Sinn werden sie nicht werden. Das ist eine Unmöglichkeit …« Selbst die Glattwale mit ihren begehrten Barten hätten als Art auch Jahrhunderte der Bejagung überlebt. Im Vergleich zu ihnen seien die Buckelwale, Blauwale und anderen Arten der Finnwalfamilie kostspieliger zu fangen und brächten pro Exemplar weniger Ausbeute, rechnete die *Norsk Hvalfangst-Tidende* vor. Würden die Finnwalarten selten, lohne sich ihr Fang gar nicht mehr. Die überlebenden Exemplare würden damit »in der Praxis unter Naturschutz gestellt«, ohne dass es irgendwelcher Regeln oder Verbote bedürfe.[151]

Diese Argumentation wurde oft vorgebracht und klang plausibel, hatte aber einen schwachen Punkt: Die Walfänger bejagten ja mehr als eine Walart. Mit den Jahren sollte sich erweisen, dass der Fang auch dann noch gut fortgesetzt werden konnte, wenn bereits eine der bejagten Arten selten geworden war.

Der Erste Weltkrieg unterbrach den Walfang vor Afrika größtenteils. Als er wieder in Gang kam, war Schluss mit den reichen Buckelwaljahren. Jetzt wurden andere Arten für die meisten Fangstationen wichtiger. Eine davon war der Blauwal, der an der Ost- und Westküste Südafrikas gejagt wurde, dazu im Atlantik vor Namibia und Angola. Insgesamt wurden im Lauf des 20. Jahrhunderts fast 8000 Blauwale von Saldhana Bay aus vor der südafrikanischen Westküste und noch einmal rund 3500 vor Namibia und Angola erlegt. Diese Tiere gehörten sehr wahrscheinlich zur antarktischen Unterart des Blauwals und verbrachten den Südsommer in der Antarktis. Manche überwinterten auch dort – nach Südgeorgien wurden das ganze Jahr hindurch Walkadaver geschleppt. Ein guter Teil aber zog im Winter in die wärmeren Gewässer um Afrika hinauf. Hier wurden auch viele Walkälber geboren.

Auf der anderen Seite Südafrikas, an der Ostküste im Indischen Ozean vor Durban, wurden im Lauf der Jahre mehr als 3000 Blauwale getötet. Anfangs kamen die großen antarktischen Blauwale auch hierher, aber gegen Ende der Walfangära, als der antarktische Blauwal schon fast ausgerottet war, gab es vor Durban nur noch Exemplare einer anderen Blauwalunterart, des sogenannten Zwergblauwals.

Weil sich der neuzeitliche Walfang über die gesamten Weltmeere ausbreitete, war es kein Wunder, dass auch der Gedanke an ein internationales Abkommen zu seiner Regulierung aufkam. Es war allerdings schwierig, solche Abkommen mit sehr vielen Teilnehmerstaaten zustande zu bringen. Auch wenn die Initiative nicht ganz unterging, würden die Verhandlungen viel Zeit brauchen. Ein dringenderes Problem für die 1912 gegründete Norske Hvalfangerforening, den Branchenverband, war daher die Walfangpolitik der einzelnen Kolonialmächte, und hier wiederum war die Kolonialverwaltung der britischen Falklandinseln am wichtigsten, der auch die besten Fanggebiete, Südgeorgien und die Südshetlands, unterstanden.

Die Befürchtung, dass die Briten die antarktischen Konzessionen einziehen würden, veranlasste die Norske Hvalfangerforening zur Zusammenarbeit mit einem fähigen, aber auch anspruchsvollen Partner, der die Walfangpolitik der folgenden Jahre prägen sollte: dem Zoologen Johan Hjort.

Hansdampf in allen Gassen

Fischereidirektor Johan Hjort trug einen Bart, schaute stolz drein und hatte mit erst 45 Jahren auch schon viel erreicht, worauf er stolz sein konnte. Die Behörde, der er vorstand, die Fischereidirektion in Bergen, hatte er selbst von Anfang an mit aufgebaut. Sein Buch *Atlanterhavet fra overflaten til havdypets mørke* (»Der Atlantik von der Oberfläche bis in die Dunkelheit der Tiefsee«) war sowohl im In- wie im Ausland gut aufgenommen worden. Es bot interessante Entdeckungen über das Leben in den Meerestiefen, die mit dem Forschungsschiff *Michael Sars* gemacht worden waren. Jetzt waren Hjort und seine Mitarbeiter mit dem großen Werk *Vekslingerne i de store fiskerier* (»Veränderungen in der Großfischerei«) fertig. Es legte eine neue theoretische Grundlage für die Meeresforschung, die sehr einflussreich werden sollte.

Anfang April 1914 erreichte ihn ein Brief aus Sandefjord. Reeder Hans Krogh-Hansen, Vorstandsmitglied der Norske Hvalfangerforening, bat ihn um ein Gespräch. Ein britisches Komitee forderte neue Regeln für den Walfang in der Antarktis, und Krogh-Hansen hoffte, Hjort könne nach London reisen und vor dem Komitee »als Sprecher der Walfänger« auftreten. Voraussetzung sei, dass Hjorts eigene Auffassungen mit denen der Walfänger übereinstimmten – »was man vermutet«[152].

Der Fischereidirektor wartete nicht, bis er eine Reise übers Fjell nach Oslo organisiert hatte, um sich mit den Walfängern zu treffen, sondern griff zum Telefonhörer, um zu erklären, dass er gerne für sie nach London fahren wolle.[153]

Hjort hatte dieses Vorhaben mit seinen Vorgesetzten im Sozial- und Industrieministerium abgeklärt, die per Eiltelegramm zustimmten. Die Reisekosten könnten, »wie von Ihnen angedeutet, den Walfängern in Rechnung gestellt werden«.[154] Die Vermischung wirtschaftlicher und politischer Funktionen wurde offensichtlich hingenommen.

Die Norske Hvalfangerforening beauftragte ihren neu gewonnenen Sprecher damit, Informationen über die Arbeit des britischen Komitees zu sammeln. »Es ist wohl zu einem großen Teil Neid der Grund, dass man jetzt draußen in der Welt so bange davor ist, die Norweger könnten den Wal vom Erdball vertilgen«, schrieb Krogh-Hansen in einem Brief an Hjort.[155] Manche glaubten gewiss, es sei ebenso leicht, Wale auszurotten wie zum Beispiel Elefanten, gab er ihm mit. Wer aber praktische Erfahrung habe, wisse, wie schwierig der Wal zu fangen sei.

Am 7. Mai 1914 trat Hjort vor das Komitee, einen Regierungsausschuss in London, und ließ sich von den Mitgliedern befragen, die das Kolonialministerium und mehrere andere betroffene Ministerien vertraten. Hjorts Zeugenaussage war wichtig. Er war als herausragender Meeresforscher bekannt und hatte bessere Einsicht in die Erfahrungen mit dem Walfang auf der Nordhalbkugel als irgendein britischer Experte. Das Protokoll der Anhörung erwähnt nicht, dass Hjort als Sprecher der Walfangindustrie aussagte, sondern nennt ihn ganz einfach »Dr. Johan Hjort (Director of Fisheries at Bergen, Norway)«.[156]

Hjort hielt ein Buch hoch, damit die britischen Ausschussmitglieder es sehen konnten, schlug es auf einer Seite mit einer Kurve auf, die er selbst gezeichnet hatte und die die Anzahl der seit Ende des 19. Jahrhunderts vor der Finnmarkküste gefangenen Wale pro Jahr bezeichnete. Der Graph verlief gezackt und unregelmäßig. »Im Jahr 1885 ist er angestiegen, so«, sagte Hjort und zeigte auf die Kurve, »im Jahr darauf sank er wieder, so, und stieg danach wieder an.« Es gab große Schwankungen von Jahr zu Jahr. Hjort konnte jetzt auf eine seiner wichtigsten Theorien aus der Fischereiforschung zurückgreifen, nämlich dass die Fangzahlen durch natürliche Ursachen schwanken. Bisher habe man oft einen kurzfristigen Niedergang als allgemeinen Trend interpretiert und ihn der Überfischung zugeschrieben.

»Wenn man sich die Zahlen nur über einige wenige Jahre ansähe, wenn man zum Beispiel hier anfinge« – Hjort zeigte wieder auf die Walfangkurve der Finnmarkküste – »und dann nur aus diesen Jahren hier seine Schlüsse zöge, käme man ganz offensichtlich zu falschen Schlüssen.« Bei Betrachtung einiger weniger Jahre schienen die Fangzahlen einem bestimmten Trend zu folgen, der, sah man sich die Entwicklung über längere Zeit an, in Wirklichkeit ein ganz anderer sei. Was den Walfang im Südpolarmeer angehe, fuhr Hjort fort, so sei dieser erst so wenige Jahre im Gange, dass man unmöglich jetzt schon sicher sein könne, ob es wirklich einen Bestandsrückgang bei Buckelwalen, Blauwalen und Finnwalen gebe.

Sollte sich erweisen, dass die Walbestände in den Gewässern um Südgeorgien und die Südshetlands durch die starke Bejagung wirklich litten, so sei es ein Trost, dass das Südpolarmeer so groß sei. Sicher fänden sich noch viele Wale rund um die ganze Antarktis, meinte Hjort. Die Möglichkeit, Buckelwal, Blauwal oder Finnwal in der ganzen Antarktis auszurotten – oder nahezu auszurotten, wie den Grönlandwal auf der Nordhalbkugel –, bestünde nur, wenn man den Walfang auf das gesamte Südpolarmeer ausdehnte.

Ernest Rowald Darnley, den das Kolonialministerium in den Ausschuss entsandt hatte, machte diese Möglichkeit deutlich nervös: »Sollte man Ihrer Meinung nach den Walfang auf hoher See regulieren?«, wollte er wissen. »Steht etwa zu befürchten, dass der Walfang in gewissem Ausmaß auch ohne Häfen in der Nähe betrieben werden kann?«

Hjort bezweifelte das. »Das ist gewiss nicht unmöglich, aber es wäre extrem teuer und gefährlich.«

Sollte die Entwicklung mit den Jahren diesen Weg nehmen, könne man immer noch überlegen, einen abgelegenen Teil des Südpolarmeers zum Walschutzgebiet zu erklären, schlug Hjort vor – wie den Yellowstone-Nationalpark in den USA für den Bison. Auf kürzere Sicht sei er überzeugt, dass einzelne, bescheidene Schutzmaßnahmen, etwa das Verbot der Jagd auf stillende Walmütter, ausreichten. Auch den Schutz des Grönlandwals auf der Nordhalbkugel unterstütze er.

Gleichzeitig warnte der Fischereidirektor – oder Sprecher der Walfangindustrie – energisch vor gesetzlichen Einschränkungen, die den bestehenden Walfang vor Südgeorgien und den Südshetlands unrentabel machen würden. Fangergebnisse und Tranpreise schwankten. Expeditionen ins Südpolarmeer seien daher riskant, unterstrich Hjort. Er riet zum Beispiel davon ab, die Fangsaison gesetzlich auf eine bestimmte Zeit des Jahres zu beschränken. Dagegen sprach er sich, nicht überraschend, für verstärkte Erforschung der Wale und ihrer Wanderungen aus.

Einige Tage nach der Anhörung im Ausschuss schrieb Krogh-Hansen an Hjort und dankte ihm für seinen Einsatz: »Die Absicht scheint ja nun erreicht zu sein.« Krogh-Hansen hoffte, es werde nun »ein Gesetz [geben], das den weiteren Fang ohne weitere Probleme vonseiten der britischen Behörden ermöglicht.«[157]

Hjort hatte mit dem britischen Ausschuss vereinbart, dass er nachträglich einen gründlicheren, schriftlichen Bericht zu den Kenntnissen über die Walvorkommen auf der Südhalbkugel einreichen werde. Der fertige Bericht enthielt auch eine Karte des Südpolarmeers, auf der Hjort alte und neuere Walbeobachtungen eingetragen hatte.[158] Er schloss aus diesen Beobachtungen, dass es noch viele Wale in den von den Walfangstützpunkten entfernten Gewässern gebe. Die Zukunft sollte zeigen, dass Hjort zwar recht damit hatte, dass es noch große Bestände an Blauwalen und anderen Arten in vom Fang nicht betroffenen Gebieten des Südpolarmeers gab, dass diese aber bei Weitem nicht so gleichmäßig verteilt waren, wie er es sich vorstellte.

Johan Hjorts optimistische Zeugenaussage bezeichnete den Beginn eines langwierigen wissenschaftlichen Zweikampfs mit einem anderen einflussreichen Zoologen, Sidney Harmer vom Naturhistorischen Museum in London. Harmer setzte sich für neue Walschutzmaßnahmen ein. Seine ständigen Eingaben an die Behörden waren ein wichtiger Grund für die Einberufung des Kabinettsausschusses gewesen. Harmer befürchtete, der Walfang vor Südgeorgien und den Südshetlandinseln werde die festen Wanderwege der Wale unterbrechen und damit möglicherweise einen starken Einbruch in den Beständen verursachen. Er tat sein Bestes, um dieser Ansicht vor dem Ausschuss Gewicht zu verleihen. Harmer war es ein wichtiges Anliegen, Hjorts Einfluss zu begrenzen und die optimistischen Annahmen des Norwegers zu widerlegen.

Die beiden Männer sprachen im Museum miteinander, nachdem Hjort vor dem Ausschuss ausgesagt hatte. Trotz ihrer wissenschaftlichen Differenzen erbat sich Harmer Hilfe von Hjort bei der Beschaffung von Informationen über den Walbestand. Der Fischereidirektor versprach, sich für ihn um Berichte über die Fangzahlen der einzelnen norwegischen Walfangfirmen zu bemühen, und die beiden besprachen eine mögliche gemeinsame Forschungsexpedition ins Südpolarmeer. Während des Sommers setzten sie den Austausch in einem Briefwechsel fort, und Hjort versuchte sowohl aus Harmer wie aus anderen Briten Informationen über die Arbeit des Kabinettsausschusses und die Aussichten der Regulierung herauszuholen. Harmer gegenüber deutete er an, ein Beitrag der Walfangfirmen zur Walforschung setze voraus, dass diese zumindest noch einige Jahre lang ungestört Wale fangen dürften.

Man kann das mit Wohlwollen so interpretieren, dass Hjort nur das Offensichtliche aussprach: Die Walfänger konnten natürlich nur über Fangzahlen berichten, solange sie im Südpolarmeer bleiben und dort Wale jagen durften. Man kann den Brief aber auch als Verhandlungsangebot lesen: Die norwegischen Walfangfirmen boten den Briten an, Informationen zu beschaffen, falls diese ihnen im Gegenzug nicht neue Hindernisse in den Weg legten. Das Treffen und der Briefwechsel legten in Harmer den Grund für eine lang anhaltende Skepsis gegenüber Hjort.

Im Frühsommer 1914 wurde den Walfängern und Hjort klar, dass der Kontakt zu Sidney Harmer noch wichtiger war, als sie gedacht hatten. Hans Krogh-Hansen erkannte, dass der Kolonialminister selbst, Lord Harcourt, sich für die Artenvielfalt und den Schutz bedrohter Arten interessierte. Besonders eingenommen war der Minister vom British Museum, in dessen naturgeschichtlicher Abteilung Harmer arbeitete. »Es trifft sich daher sehr gut, dass die Herren im British Museum einräumen, man wisse vorläufig noch zu wenig über die Wale im Süden und könne noch keine Regulierungsmaßnahmen treffen, bevor man mehr Erkenntnisse über die Verhältnisse gewonnen habe«, schrieb Krogh-Hansen an Hjort.[159]

Hjort wiederum arbeitete mittlerweile eifrig an seinem schriftlichen Bericht für den Ausschuss. Die Walfangfirmen halfen ihm dabei, Daten zu sammeln. Er verteilte außerdem den neuen Fragebogen der Briten an die Firmen, damit sie darauf die Fangzahlen der kommenden Saison registrierten, wie er es Sidney Harmer versprochen hatte, und gab ihnen Harmers Bitte um Gewebeproben von getöteten Walen weiter. Hjort betonte, es sei »sehr wünschenswert, solchen Ansuchen entgegenzukommen«[160]. Hjort und die Walfänger begannen mit Planungen für eine norwegische Südpolarmeerexpedition, gerne in Zusammenarbeit mit den Briten, um Erkenntnisse über den Walbestand zu sammeln.

Gleichzeitig wurde beschlossen, Hjort jährlich 6000 Kronen von der Norske Hvalfangerforening für seine Arbeit in der Walfangforschung zukommen zu lassen.[161] Das war ebenso viel wie sein Jahresgehalt als Fischereidirektor, und Hjort hatte einige Verhandlungsrunden mit seinen Auftraggebern über die Höhe und die Ausbezahlung.[162] 1914 und 1915 erhielt er die volle Summe, 1916 etwas weniger. Diese Bezahlung durch die Interessengemeinschaft der Walfänger erfolgte größtenteils, während er weiterhin die Fischereidirektion leitete.

Der Ausbruch des Ersten Weltkriegs beendete die Expeditionspläne und bis auf Weiteres auch die Diskussion um den Walschutz. Für die kriegführenden Mächte hatte der Waltran strategische Bedeutung. Aus Waltran und anderen Fetten ließ sich Glycerol (heute als Glycerin bekannt) gewinnen, das zur Herstellung von Dynamit gebraucht wurde. Die Deutschen waren außerdem von Fettimporten zur Ernährung ihrer Bevölkerung abhängig. Sie brauchten den Waltran und bezahlten gut. Die britischen Behörden missbilligten allerdings, dass mögliche Sprengstoffzutaten, die in britischen Gewässern gewonnen wurden, an den Feind geliefert wurden. Vorfälle, bei denen Trantanker entgegen entsprechenden Vereinbarungen Deutschland anliefen, führten dazu, dass die Briten ständig strenger kontrollierten und drohten, den norwegischen Firmen die Fanggenehmigungen zu entziehen. Als Fischereidirektor war Johan Hjort in den ersten Kriegsjahren hauptsächlich mit Verhandlungen über Fischexporte nach Großbritannien befasst. Gleichzeitig versuchte er den Walfängern in ihrem Bemühen um Verkaufsgenehmigungen von den Briten und um erneuerte Lizenzen für das Südpolarmeer beizustehen.[163]

Hjorts meeresbiologisches Fachwissen hatte in den Kriegsjahren weniger Bedeutung für die Walfänger. Die Briten waren damit beschäftigt, ihre Feinde niederzukämpfen. Sie opferten ihre Panzer nicht dem Walschutz, sondern lockerten im Gegenteil die Fangbeschränkungen im Südpolarmeer, um sich genug Waltran für die Schmierung der Kriegswirtschaft zu sichern. Die Forderung nach einer vollständigen Ausnutzung der Walkadaver wurde suspendiert, ebenso wie die Begrenzung der Anzahl für Fangschiffe. Das Ergebnis war, wie es der Harpunier Christen R. Granøe genannt hat, der »schlimmste Raubfang in meiner Zeit«[164]. Unter anderem wurden Wale geschossen und auf dem offenen Meer zurückgelassen, außer wenn sie groß genug waren, um später wieder aufgespürt werden zu können. Wieder begannen sich die Walknochen um die Fangstationen anzuhäufen. Jetzt waren es zum großen Teil Blauwalkadaver, die hier lagen und verrotteten.

Isländische Zeichnung eines Blauwals aus dem 17. Jahrhundert.
Seite aus einem Manuskript Jón Guðmundssons.

Foto: Georg Ossian Sars, The National Library of Norway

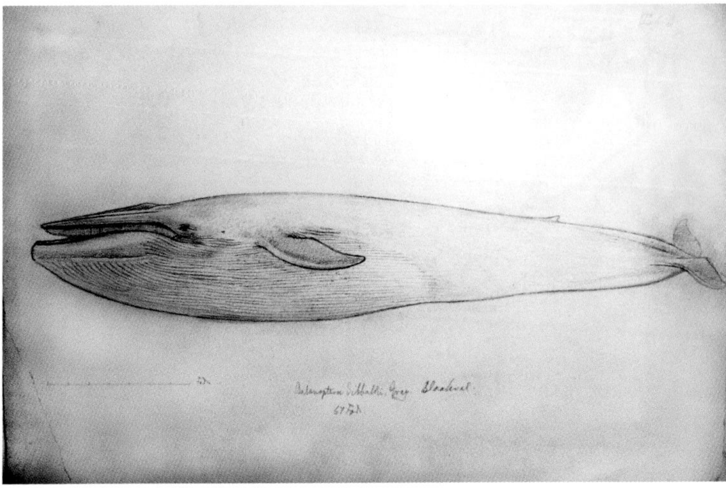

Eine Blauwalskizze Georg Ossian Sars aus den 1870er-Jahren

Zeichnung: Jón Baldur Hlíðberg

Moderne Zeichnung eines Blauwals (Finnwalfamilie)

Zeichnung: Jón Baldur Hlíðberg

Nordkaper (Glattwalfamilie)

Zeichnung: Jón Baldur Hlíðberg

Buckelwal (Finnwalfamilie)

Svend Foyn (1809–1894)

Georg Ossian Sars (1837–1927)

Hammerfest, Norwegen 1902

Walfänger mit großem Finnwal in Skaarö, Norwegen um 1890/1900

Foto: Norwegian Maritime Museum

Modell der *Spes & Fides* Svend Foyns, des ersten als Walfangschiff gebauten Dampfers

Foto: The Whaling Museum

Harpunier, Harpunenkanone und Fangleine am Bug des Fangschiffs

Foto: Andreas Tjernshaugen

Der Talknafjord auf Island. Blick über die Landzunge mit den Überresten der Fangstation, auf der Graf Keyserling unter falschem Namen arbeitete.

Foto: Wikimedia.com

Carl Anton Larsen (1860–1924)

Foto: Carl Dornberger / The Whaling Museum

Flensen eines längsseits am Schiff vertäuten Walkadavers auf Deception Island. Gemälde Carl Dornbergers (entstanden zwischen 1926 und 1928).

Foto: Theodor Andersson, The Whaling Museum

Zerlegen eines Blauwalkadavers. Die Unterseite des Kopfs ist abgetrennt. Der Arbeiter sitzt in den zwei Bartenreihen, die vom Oberkiefer herabhängen. Außen sieht man die Unterkieferknochen, die größten Knochen des Tierreichs. Grytviken, Südgeorgien, 1926–1932

Foto: Theodor Andersson, The Whaling Museum

Waleingeweide und Arbeiter mit Flensmesser
Grytviken, Südgeorgien, 1926–1932

Foto: Bård Bredesen/Naturarkivet

Grytviken, Südgeorgien, 2014

73. Aus der harten Schule des Walers: völlig vereistes Boot
Zu Seite 191

Foto: Ludwig Kohl-Larsen

Vereistes Walfangschiff inmitten aufgeblasener Blauwalkadaver. Rossmeer, 1924. Aufgenommen während der ersten Expedition Carl Anton Larsens mit der Sir James Clark Ross.

Foto: Institute of Marine Research

Johan Hjort (1869–1948)

Foto: Dimitri Koloboff / The Whaling Museum

Anders Jahre (1891–1982)

Foto: Slottsfjell Museum

Heckrampe der schwimmenden Trankocherei *Lancing*

Foto: Norway's Resistance Museum

Birger Bergersen (1891–1977)

Foto: The Whaling Museum

Das schwimmende Fabrikschiff *Kosmos IV* wurde als *Walter Rau* 1937 in Deutschland gebaut, nach dem Krieg als Reparationsleistung an Norwegen ausgeliefert und war in der Fangsaison 1967/78 das einzige norwegische Fangschiff in der Anta6ktis.

Foto: Wikimedia.com

Krillkrebs

Foto: François Gohier, via Biosphoto

Wenn der Blauwal Krill und Seewasser schluckt, wölbt sich die Unterseite des Kopfs und Rumpfs wie ein gigantischer Beutel.
Luftaufnahme, Golf von Kalifornien (Mexiko)

Foto: Barcroft Media/Getty Images

Blauwalmutter mit Kalb. Luftaufnahme, südlich vor Sri Lanka.

Foto: NOAA

Der Blauwal hat wie die anderen Bartenwale zwei Blaslöcher, die unseren Nasenlöchern entsprechen.

Foto: Andreas Tjernshaugen

Blas eines Blauwals. Azoren.

Foto: Andreas Tjernshaugen

Rückenflosse und Schwanzpartie. Das Fleckenmuster ist bei jedem Exemplar verschieden und dient als Identifikationsmerkmal. Azoren.

Foto: Andreas Tjernshaugen

Ein Blauwal hebt beim Abtauchen die Schwanzflosse. Azoren.

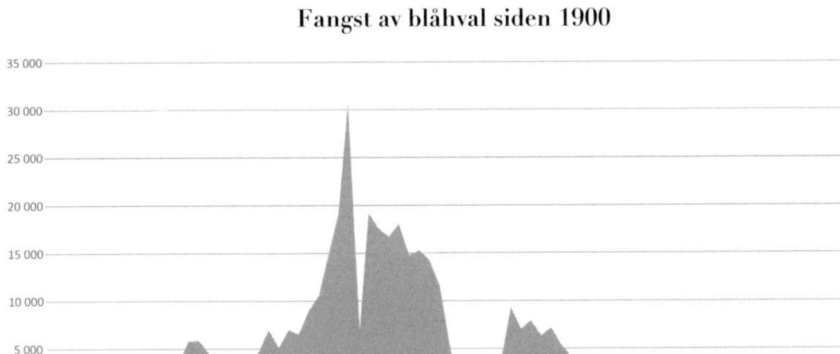

Blauwal: Fangzahlen ab 1900. Anzahl der jährlich getöteten Blauwale. Die Statistik enthält auch die von der UdSSR entgegen den Vorschriften der IWC heimlich gefangenen Exemplare. (Nach Rocha et al. 2014.)

Johan Hjort verschwand, nachdem er sich 1917 aus dem Amt als Fischereidirektor zurückgezogen hatte, für einige Jahre aus der Walfangpolitik. Ausgelöst wurde seine Kündigung durch einen Streit mit der Regierung über Fischereiverhandlungen in London. Henry G. Maurice, sein Freund und Verhandlungspartner auf der britischen Seite, deutete später den Streit als Ergebnis von Hjorts Neigung, unter Protest von der Bühne zu stürmen wie ein kapriziöser Filmstar: »Er reichte seine Kündigung als norwegischer Fischereidirektor einmal zu oft ein. Es kam der Tag, da die Behörde ihn nicht mehr bat, es sich noch einmal zu überlegen, und die Kündigung annahm.«[165]

Ab 1921 war Hjort Zoologieprofessor an der Universität Kristiania. Rasch wurden Wale und Walfang wieder ein wichtiges Arbeitsfeld für ihn. Ende Januar 1923[166] besprach er sich mit seinem Schwager, Außenminister Johan Ludwig Mowinckel.[167] Sowohl aus der Botschaft in London wie durch norwegische Zeitungen kamen wieder Nachrichten über die erwachte Besorgnis wegen des Walfangs. Sidney Harmer ging zu einem öffentlichen Frontalangriff gegen das, wie er sagte, »sinnlose Abschlachten«[168] der Wale im Südpolarmeer über. Würden nicht »sofortige und drastische« Maßnahmen ergriffen, um den Walfang einzuschränken, teilten die Bartenwale demnächst das Schicksal des Großen Alken und der Dronte (die wir heute eher als Dodo kennen), ausgestorbener Tierarten also«. Gleichzeitig planten die Briten eine groß angelegte Forschungsexpedition ins Südpolarmeer, für die sich Harmer schon lange eingesetzt hatte. Unter dem Namen Discovery-Expedition sollte ein mehrjähriges Forschungsprogramm durchgeführt werden, finanziert durch eine neue Steuer auf Waltran. Die norwegischen Fangfirmen, die diese Steuer ebenfalls bezahlen mussten, fürchteten, dass die wirkliche Absicht des gesamten Unterfangens sei, den Walfängern nachzuspionieren und die norwegischen Unternehmen zugunsten ihrer britischen Konkurrenten zu verdrängen. Dieses Misstrauen wurde durch den Bericht des Kabinettsausschusses verstärkt, vor dem Hjort seinerzeit ausgesagt hatte. Außer einer wissenschaftlichen Untersuchung der Notwendigkeit, die Wale zu schützen, empfahl der Ausschuss Maßnahmen, den Anteil der Briten am Fang zu erhöhen.[169] Die neuen Regulierungsdrohungen aus London gaben dem Walexperten Hjort neue Möglichkeiten, und er wusste die Lage auszunutzen. Auf einmal waren die Walbestände wieder ein heißes Thema. Sowohl Behörden wie Walfänger baten ihn um Hilfe.

Hjort wurde zum Leiter eines neuen staatlichen Expertengremiums namens Hvalkomitee ernannt, das vom Handelsministerium auf Bitten der Norske Hvalfangerforening eingerichtet wurde. Das Gremium wurde von der Regierung im Februar 1924 bestätigt. Unter anderem gehörten ihm die Fangschiffreeder Hans Krogh-Hansen und Johan Rasmussen (Vorsitzender der Hvalfangerforening und persönlicher Freund Hjorts) an. Ungefähr zur selben Zeit reiste Hjort nach Großbritannien, um eine Zusammenarbeit mit der Discovery-Expedition anzubahnen. Die Koordinierung der norwegischen und britischen Forschungsvorhaben sollte die Hauptaufgabe des Hvalkomitees sein.

Zu Hause konnte Hjort jetzt große Pläne schmieden. Das Geld der Walfangbranche saß wieder locker.

Die Norske Hvalfangerforening stiftete Hjort abermals ein jährliches Gehalt für seine Arbeit in der Walforschung und dazu Forschungsgelder, damit er die Dinge in Bewegung bringen konnte.[170] Von norwegischer Seite wird der Zweck dieser Bewilligung vor allem gewesen sein, das Wohlwollen der Briten zu sichern. Hjort ergriff die Initiative für eine neue kommerzielle Walfangfirma und für technische Verbesserungen, um die Kochereien effektiver zu machen. Die Fangfirma sollte in norwegischen Gewässern operieren, wo der Walfang gerade wieder aufgenommen wurde. Zu Neujahr 1924 beschloss das Parlament, der Storting, dass wieder Walfangkonzessionen für die gesamte Küste vergeben werden sollten. Dahinter steckte die Absicht, die Sache der norwegischen Walfänger gegenüber den britischen Kolonialbehörden zu stärken. Bereits im Oktober 1923 hatte Hjort an das Handelsministerium geschrieben, um ein Gesuch um Genehmigung für den Betrieb einer Fangstation an der Møreküste anzukündigen. Die Genehmigung wurde erteilt. Die Norske Hvalfangerforening hatte sich eigens brieflich beim Handelsministerium für das Gesuch eingesetzt.

Die Fangstation wurde in Nyhamna auf der Insel Gossen, Gemeinde Aukra, errichtet. Der Walfangbetrieb wurde im Februar 1925 aufgenommen. Die Lage in einem norwegischen Dorf sorgte für ganz andere Verhältnisse als auf einem öden Vorposten in der Antarktis. Die Tochter eines Arbeiters erzählte später, sie sei gerne zur Walfangstation in Nyhamna hinausgegangen, wenn sie sich mit weißen Strümpfen und Lackschuhen ausstaffiert hatte. »So sprangen wir dann auf der Flensplattform herum, ›klatsch, klatsch, klatsch‹, bis wir ganz mit Blut bespritzt waren! Meine Mutter war nicht gerade froh darüber. Sie hatte ja keine Waschmaschine.«[171] Die Fangstation beschäftigte zum großen Teil Männer aus der Umgebung, und das war vielleicht der Grund, dass sich gegen den Walfang hier kein großer Widerstand regte.

Von Anfang an wurde die Fangstation auch zur Basis der Meeresforschungsfahrten für Hjorts Gruppe an der Universität Oslo, zuerst 1924 mit der *Michael Sars* und später mit dem kleineren Motorschiff *Morild*. Neben der Fangstation wurde außerdem eine technische Versuchsstation errichtet. Die Einheimischen nannten das zweistöckige Gebäude »Hjort'n« (»Hjort seins« im westnorwegischen Dialekt). Unter Johan Hjorts Aufsicht wurden hier neue Methoden für die Raffinierung des Waltrans getestet. Am vielversprechendsten schien der Versuch, zermahlenen Walspeck in einem Vakuumbehälter auszukochen.

Iver Eikrem, der in der Gegend aufgewachsen war, erinnerte sich später an Hjort'n als an ein Haus voller Förderbänder und schwerer Maschinen, die nicht funktionierten. »Ich war ja oft drin im Hjort'n, aber ich hab nie gesehn, dass da was produziert worden wär. Ich glaub, das war ein Fiasko. Da hat der Hjort dann wohl aufgehört mit Experimentieren.«[172]

Die Fangstation war 13 Jahre hindurch in Betrieb, mit einem Eigentümerwechsel zwischendrin. Die Beute bestand hauptsächlich aus Finn- und Seiwalen; auch einige wenige Blauwale wurden nach Nyhamna geschleppt. Aber die Fangzahlen hier an der norwegischen Küste waren verschwindend gering im Vergleich mit denen im Südpolarmeer. Dort unten testeten die Walfänger während der 1920er-Jahre neue, potenziell revolutionäre Fangmethoden. Erwiesen sie sich als praktikabel, rückte die hypothetische Möglichkeit, die Johan Hjort einmal den besorgten britischen Ausschussmitgliedern gegenüber erwähnt hatte, in den Bereich des Möglichen: Walfang auf offener See, im gesamten Südpolarmeer rund um die Antarktis.

Teil 3

Auf hoher See

Der Tod im Rossmeer

32 Jahre, nachdem er die allererste norwegische Antarktisexpedition auf dem Segler *Jason* geleitet hatte, und neun Jahre, nachdem er den Posten als Verwalter in Grytviken aufgegeben hatte, war Carl Anton Larsen wieder zurück in der Antarktis. Er stand im Ausguck. Selbst von dort oben war aber in allen Richtungen nichts anderes als eisbedecktes Meer zu sehen. Die einzige Abwechslung waren einige Stellen mit festgefrorenem Packeis.

Die *DS Sir James Clark Ross*, in deren Krähennest Larsen stand, war das größte Fabrikschiff, das bis jetzt im Walfang eingesetzt worden war. Der kürzlich umgebaute Fahrgastdampfer war 147 Meter lang und hatte eine Zuladung von über 12 000 Tonnen; im Kielwasser des Mutterschiffs folgten fünf Fangschiffe wie ein Schwarm Entenküken.

Larsen trotzte dem kalten Wind hoch oben im Ausguck stundenlang, eine Zigarre im Mund. Der Durchbruch durch den Treibeisgürtel war eine kritische Phase der Expedition. Er war gewarnt worden, das sei Wahnsinn, aber zur Erleichterung des Eismeerveteranen brach das Fabrikschiff sich effektiv Bahn. Allerdings zitterte unter dem Anprall der Eisschollen der gesamte Schiffsrumpf.[173]

Es war 1923. Auch wenn Carl Anton Larsen immer noch »gewandt wie ein junger Mann« ins Krähennest kletterte, wie ein Augenzeuge bestätigte[174], war er doch inzwischen 63 Jahre alt. Noch einmal leitete er eine Pionierexpedition. Ziel war das Rossmeer, eine breite Bucht des antarktischen Kontinents, aus der die Entdecker – von James Clark Ross selbst bis zu Roald Amundsen – berichtet hatten, es gebe dort Wale in Mengen. Das Rossmeer war mehr als doppelt so groß wie die Nordsee, und der neuzeitliche Walfang hatte sich hier noch nicht versucht.

Und es bot kaum natürliche Häfen. Die Expedition sollte daher beweisen, dass das möglich war, wovon in der Walfangbranche jetzt viel geredet wurde: Wale ganz unabhängig von Landstützpunkten auf hoher See zu erlegen und weiterzuverarbeiten, den *pelagischen Fang*, wie er später genannt wurde. Die Idee an sich war nicht neu.

Die alten Walfangsegler, die auf Pottwal- und Glattwaljagd ausfuhren, hatten sich vom Land ferngehalten. Als die ersten schwimmenden Kochereien im neuzeitlichen Walfang aufkamen, stand dahinter dasselbe ehrgeizige Ziel. Aber der Süßwasserverbrauch der Dampfkessel und die Schwierigkeit, Blauwale und andere Kadaver bei hohem Wellengang im Meer abzuspecken, verhinderten den Hochsee-Fang lange. In den 1920er-Jahren hielten viele die Zeit für gekommen.

»Die Kocherei wird für das Flensen und Trankochen auf hoher See ausgestattet sein«, war den Investoren im Aktienprospekt versprochen worden.[175] An Bord der *Sir James Clark Ross* standen mächtige, kohlenbefeuerte Evaporatoren als Entsalzungsanlage, die Meerwasser in Süßwasser zum Trankochen verwandelten. Dadurch entfiel ein Grund für einen Landstützpunkt. Das Schiff war außerdem mit einer Telegrafenstation ausgerüstet, um so gut wie möglich Kontakt mit Reeder Rasmussen zu Hause in Sandefjord zu halten.

Larsen spürte den Erwartungsdruck, der auf ihm lastete. Er war angespannt und wortkarg. Wenn sie genug Tran produzieren wollten, um die Ausgaben zu decken, mussten sie bald loslegen. »Die Zeit läuft uns davon, während wir uns mühsam durch das Packeis arbeiten«, vertraute er am Dienstag, den 18. Dezember 1923, seinem Tagebuch an.

Zwei Tage darauf hatten sie das Eis hinter sich. Nur einmal hatten sie festgesteckt und fürchten müssen, das Schiff zu verlieren. Die Weihnachtsfeier fand trotzdem in niedergeschlagener Stimmung statt. Eines der Fangschiffe hatte im offenen Rossmeer den Kontakt mit den anderen verloren, und Carl Anton Larsen machte den Kapitän verantwortlich, der die Anweisung, sich dicht am Fabrikschiff zu halten, missachtet hatte. In der Heiligabendnacht blieb er lange auf und schrieb Tagebuch. Das Fangschiff war inzwischen über zwei Tage abgängig: »… ich bete zu Gott, dass wir sie finden, damit ihnen nicht wegen der Dummheit eines Mannes, der keine Befehle befolgen wollte, etwas zustößt.«

Erst am dritten Tag nach Weihnachten fand das verlorene Fangschiff wieder zurück. In der Zwischenzeit hatten die Walfänger ein Depot mit Proviantvorräten angelegt und mit Funkverbindungen zwischen dem Fabrikschiff und den ausgesandten Fangschiffen zu experimentieren begonnen. Eine wichtige Erkenntnis dieser Expedition war, dass auch die Fangschiffe moderne Peil- und Funktechnik brauchten.

Als der Walfang dann endlich in Gang kam, zeigte sich, dass der Aktienprospekt zu viel versprochen hatte. Selbst bei leichter Brise gingen die Wellen zu hoch, als dass man die Walkadaver, die längsseits vertäut waren, hätte flensen können. »Ich sehe jetzt«, schrieb Larsen nach drei Wochen im Rossmeer, »dass man, um im offenen Meer Walfang zu betreiben, andere Möglichkeiten zum Flensen finden muss.«[176] Da lagen bereits sechs große Blauwalkadaver nutzlos am Schiffsrumpf vertäut, die Bäuche aufgebläht wie groteske gestreifte Ballons.

Die Lösung für das Abspeckproblem war in diesem Fall, den Schutz der hohen Eismauer im Süden des Rossmeers zu suchen, der Abbruchkante des Ross-Schelfeises, das damals als Rossbarriere bekannt war. Das Schelfeis ist ein riesiger Gletscher, der auf dem Meer schwimmt, eine Fortsetzung des antarktischen Inlandeises. Das Fabrikschiff *Sir James Clark Ross* ging im Discovery Inlet vor Anker, einer Bucht, die sich ins Eis hinein erstreckte und deren hohe Eiswände Schutz vor Wind und Treibeis gewährten. Hier konnten die Flenser an guten Tagen drei Blauwalkadaver gleichzeitig abspecken. Andere Arbeiter zogen die abgespeckten Kadaver an Bord und zersägten sie, weitere füllten und betreuten die Kessel. Die Expedition führte einige der neuen Hartmann-Apparate mit, eine deutsche Erfindung, die den Waltran rascher kochte und weniger Platz, Arbeitsaufwand und Brennstoff erforderte als konventionelle Kessel. Larsen entschloss sich, auf der nächsten Fahrt ganz auf Hartmann-Apparate umzusteigen.

Die Kälte hier im Eis war eine Plage. »Es ist eine Hundearbeit, bei diesem beißend kalten Wetter zu flensen«, notierte Larsen an einem Tag, an dem der Wind vom Eis her blies und das Thermometer –15 Grad zeigte.[177] Es kam vor, dass die Temperatur bis auf –30 Grad zurückging. Hände und Finger erstarrten, es gab Erfrierungen. Außerdem gefror der Speck, wenn er aus dem Wasser herausragte, und wurde knochenhart. Flenser und Decksarbeiter mussten die Messer gegen Äxte austauschen, und die Arbeit mit dem gefrorenen Speck dauerte doppelt so lange.

Hatte man Pech mit Wetter und Windrichtung, kam dazu selbst hier im geschützten Discovery Inlet noch heftiger Wellengang, der das Abspecken behinderte. Dann häuften sich die Walkadaver längs des Schiffes. Einmal lagen 30 tote Blauwale da und warteten. Die Verwesungsgase ließen die geblähten Bäuche ständig weiter anschwellen. Die enormen Profite, die hier langsam verfaulten, trieben Larsen zur Verzweiflung. Er fürchtete ein Fiasko.

Die Flenser standen in kleinen Booten oder auf dem Walkadaver selbst, während die Winschen, mit denen die Speckblöcke, waren sie einmal losgeschnitten, hochgezogen wurden, an Bord des Schiffes montiert waren. Der Wellengang führte zu gefährlichen Situationen. Taue und Stahlkabel konnten plötzlich straffgezogen werden und brechen, wenn eine große Welle kam. Einmal gab es fast ein Unglück, als die schwere Halterung einer Flaschenzug-Rolle, ein sogenannter Taljenblock, der zum Hochziehen des Specks diente, sich losriss und auf Deck stürzte. Dort, wo er auftraf, hatte Carl Anton Larsen selbst noch einige Sekunden zuvor gestanden. Der Block durchschlug die Planken und verschwand unter Deck. Einer aus der Mannschaft schaute hervor und meinte zu Larsen, er wäre ja fast erschlagen worden. »Ja, sagte ich, und lächelte ihn an. Ich dachte auch gerade, das wäre ein schneller Tod gewesen; ein Werk des Augenblicks, das eine Ewigkeit währt.«[178]

Unten im Wasser bekam einer der Flenser den Speckstreifen über den Nacken geschlagen, trug aber »keinen sonderlichen Schaden« davon, wie Larsen notierte.

Der Expeditionsleiter verhandelte immer wieder mit den Flensern und den anderen Arbeitskräften, um sie trotz der schwierigen Bedingungen zur Weiterarbeit zu bewegen und Überstunden zu machen, wenn gutes Wetter war. Oft weigerten sie sich. Larsen versuchte sie mit Lohnaufschlägen, Kognak und Zigarren umzustimmen. Er appellierte an ihr Verantwortungsgefühl und den Gemeinschaftsgeist, er drohte mit Gerichten und Strafen und füllte Seite um Seite in seinem Tagebuch mit Klagen über die Pflichtvergessenheit, Faulheit und Eigensucht der Untergebenen. Zu Larsens Verdruss wurden die Arbeiter oft von ihren Vorgesetzten unterstützt. Die Arbeit musste ganz einfach warten. Oft kam es dadurch vor, dass getötete Wale ganz oder teilweise aufgegeben werden mussten. Aber als die Fangsaison vorbei war, zeigte sich, dass die Firma trotz allem mit dem Verkauf des aus 211 Blauwalen und 10 Finnwalen im Rossmeer gekochten Trans einen kleinen Nettogewinn machen konnte.

Im Folgejahr war das Ergebnis schon wesentlich besser. Wieder lief die Expedition unter Carl Anton Larsens Kommando aus Sandefjord aus, und diesmal erreichte sie das Rossmeer früher. Die ganze Saison hindurch hatten sie viel Jagdglück und erlegten 427 Wale. Das Abflensen ging bei gutem Wetter im Treibeis leichter, weil die Eisschollen die Wellen dämpften.

Aber Larsen selbst konnte sich über den Erfolg nicht mehr freuen. Die letzten Worte in seinem Tagebuch sind eine schwache Bleistiftzeile über einer leeren Seite: »Montag, den 8. Dezember 1924«. Danach folgen unbeschriebene Bögen. Larsen hatte schon eine Zeit lang unter Herzkrämpfen gelitten. An diesem Morgen, kurz nach der Ankunft der Expedition im Rossmeer, starb er mit 64 Jahren. Der Leichnam wurde einbalsamiert. Im Frühling 1925 lief die *DS Sir James Clark Ross* mit gefüllten Trantanks und den sterblichen Überresten Carl Anton Larsens in Sandefjord ein, die Flagge auf Halbmast.

Das Begräbnis fand an einem strahlenden Maitag statt. Johan Rasmussen hielt in der Kirche von Sandefjord eine Gedenkrede. Carl Anton Larsens Leben sei eine Abenteuergeschichte gewesen, sagte der Reeder, eine Abenteuergeschichte, die Wirklichkeit geworden sei.[179]

Während Larsen beigesetzt wurde, nahm in den Framnæs Mekaniske Værksted im Süden vor der Stadt ein technischer Durchbruch Gestalt an. Die *DS Lancing*, ebenso groß wie die *Sir James Clark Ross*, wurde zum Fabrikschiff für den Walfang auf offener See umgebaut. Die *Lancing* hatte eine ganz neue Einrichtung: eine Heckrampe. Über den Schiffsschrauben führte eine schiefe Ebene von der Wasseroberfläche zum Deck hinauf. Hier sollten die Walkadaver mit einer Winsch hinaufgezogen werden, um sie danach an Deck gefahrlos abflensen zu können.

Am Tag vor der Beerdigung hatte das *Sandefjords Blad* ein Bild des Hecks der *Lancing* mit der ungewöhnlichen Rampe gebracht. »Die Kocherei nähert sich jetzt rasch der Fertigstellung«, hieß es dazu.[180]

Seeräuber

Henrik G. Melsom, der früher für Graf Keyserling und die Japaner Wale harpuniert hatte, war bereits vor dem Ersten Weltkrieg nach Hause in die Vestfold zurückgezogen. Er wohnte jetzt auf Nøtterøy vor Tønsberg. Zusammen mit seinem Vetter Magnus E. Melsom in Larvik betrieb er die Reederei Melsom & Melsom, und im Frühling 1925 erlebten die Melsom-Vettern eine Begebenheit von historischer Bedeutung für den Walfang mit: die Jungfernfahrt der *Lancing*, des Fabrikschiffs mit der bahnbrechenden Heckrampe. Die beiden Vettern bildeten gemeinsam den Vorstand der A/S Globus, der Eignerfirma der *Lancing*, und waren durch ihre Reederei Melsom & Melsom auch für den laufenden Betrieb verantwortlich.

Eigentlich hatte Henrik, jetzt Mitte fünfzig, aufgehört, als Harpunier zu arbeiten. Diesmal aber genügte es nicht, die Dinge vom Kontor aus zu verfolgen. Die Heckrampe der *Lancing* war eine neue, ungetestete Einrichtung; niemand konnte sagen, ob sie funktionieren würde, und nervöse Aktionäre hatten verlangt, dass Henrik G. Melsom selbst an der Fahrt teilnahm.[181] So kam es dann auch. Der Reeder fuhr noch einmal auf Walfang hinaus.[182]

Bei der Vorbereitung der Jungfernfahrt half Melsom & Melsom ein junger Jurist namens Anders Jahre, der selbst einige Aktien der A/S Globus besaß. Der energische Anwalt aus Sandefjord, der gerne pokerte und sich teuer kleidete, war bereits seit einigen Jahren in der Walfangbranche involviert. Noch war er kein Großinvestor, aber er war dabei, zu verwirklichen, was er sich vorgenommen hatte: selbst reich zu werden, indem er anderen half, reich zu werden. Er war geschickt darin, andere zu überreden, das zu tun, was er wollte, sei es zu Intrigen bei Aktionärsversammlungen oder zu Investitionen in neue Projekte.

Die *Lancing*-Expedition brauchte zweifellos juristischen Beistand. Laut Plan sollten die ersten Fangversuche in internationalen Gewässern einige Kilometer vor Französisch-Äquatorialafrika stattfinden. Es galt, nicht in Schwierigkeiten mit den Kolonialbehörden zu kommen.

Jahre fragte den in Paris ansässigen Schiffsmakler Einar Hytten, der sich in Sandefjord aufhielt, über die Ausdehnung der französischen Hoheitsgewässer vor der Kolonie aus. Die Stimmung war wohl ein wenig angespannt. Einar Hytten war an der französisch-norwegischen Aktiengesellschaft A/S Congo beteiligt, die das Exklusivrecht für den Buckelwalfang vor Französisch-Äquatorialafrika hatte, und natürlich wenig erfreut, dass sich Konkurrenz in diesem Fanggebiet regte. Die Fangstation der A/S Congo lag im heutigen Gabun.

Jahre fand Hyttens Antwort nach eigener Aussage höchst unergiebig. Anfang Juni 1925 schrieb er daher ans Außenministerium, das wiederum Auskunft von den französischen Behörden einholte. Die Hoheitsgewässer dehnten sich hier, wie damals meistens, drei Seemeilen (rund fünfeinhalb Kilometer) vor der Küste aus, hieß es in der Antwort. Die Besatzung der *Lancing* und ihrer Fangschiffe wurde angewiesen, sich außerhalb dieser Zone zu halten.

Die Möglichkeit, in internationalen Gewässern Walfang zu betreiben, war ein wichtiges Motiv, auf den pelagischen Fang zu setzen. Auf hoher See brauchte man keine Fanggenehmigung. Hier schrieb einem niemand vor, wie viele Wale man töten und wie viele Fangschiffe man einsetzen durfte. Man musste sich nicht mit launischen Behörden herumschlagen, die Verhandlungen verschleppten oder Abgaben erhöhten.

Ende Juni lief die *Lancing* aus Sandefjord aus. Henrik G. Melsom leitete die Expedition. Mit an Bord war der Walfangveteran und Forschungsreisende Petter Sørlle, der das Patent für die auf der *Lancing* montierte Heckrampe hielt. Es hatte bereits zahlreiche Lösungsversuche für das Problem gegeben, erlegte Wale an Deck zu hieven.

Der allererste Versuch vor Französisch-Äquatorialafrika, einen getöteten Wal die Rampe hochzuhieven, soll ein Fiasko gewesen sein.[183] Dieser Vorfall wurde nicht nach Hause berichtet. Aber am 14. Juli 1925 gelang es der Mannschaft, einen prächtigen Buckelwal an Deck zu holen. Laut einem Augenzeugen folgten Hunderte gespannte Zuschauer dem Spektakel, als die Winsch begann, das im Kadaver befestigte Stahlkabel aufzuwickeln.[184] Der Walkadaver rutschte die Schräge nach oben und lag bald riesig groß an Deck, wo die Flenser und Lemmer (so nannten sich diejenigen, die den abgespeckten Kadaver zerlegten) mit frisch geschärften Messern bereitstanden. Der geglückte Versuch wurde von allen an Bord mit einem Schnaps gefeiert.

»Der Wal ließ sich leicht hochziehen«, telegrafierte Henrik G. Melsom nach Hause.[185]

Die *Lancing* blieb noch einige Wochen in den warmen Tropengewässern vor Gabun liegen. Ihre fünf Fangschiffe jagten Buckelwale und schleppten die getöteten zum Fabrikschiff. Am Samstag, den 26. Juli, verfolgte das Fangschiff *Norrøna* zwei Tiere, als die Mannschaft ein unbekanntes anderes Fangschiff bemerkte, das sich rasch näherte. Es hielt mit voller Fahrt genau auf sie zu, passierte die *Norrøna*, ging dann mit einer raschen Wendung längsseits und setzte die französische Flagge.

Das fremde Fangschiff identifizierte sich als Fahrzeug des Konkurrenten A/S Congo. An Bord waren außer mehreren norwegischen Firmenvertretern, darunter dem Verwalter, einem Mann namens Jacobsen, auch französische Zollbeamte und ein Kommando aus vier bewaffneten afrikanischen Soldaten. Die Beamten kamen mit den Soldaten an Bord der *Norrøna*; als Dolmetscher diente der norwegische Sekretär der A/S Congo. Der Mannschaft wurde mitgeteilt, dass die *Norrøna* unter Arrest stehe und ihnen sofort in den Hafen Port-Gentil zu folgen habe.

Der Kapitän versuchte noch, mit Flaggensignalen zu melden, dass sein Schiff aufgebracht wurde, aber niemand an Bord der *Lancing* sah die Signalflaggen. Erst zwei Tage darauf, am Montag, erfuhren Henrik G. Melsom und die anderen, was geschehen war. Die Mannschaft des Fangschiffs blieb bis Mittwochnachmittag an Bord unter Arrest, vier Tage lang; angeblich wurde ihr Versorgung mit Nahrung und Wasser verweigert, obwohl das Fangschiff selbst nichts an Bord hatte.

Seeräuberei nannte Henrik G. Melsom diesen Vorfall. Das Fangschiff der *Lancing* wurde nämlich in internationalen Gewässern aufgebracht. Nachdem das norwegische Außenministerium bei den französischen Behörden Protest eingelegt hatte, wurde es freigegeben. Zu Hause äußerte sich Anders Jahre gegenüber dem *Sandefjords Blad* drohend. Die Eigner der *Lancing* würden herausfinden, wer hinter dieser Aktion stecke, und sie zur Verantwortung ziehen. Der Verdacht richtete sich gegen die Konkurrenten von der A/S Congo.

Als die Sache dann in Norwegen vor Gericht kam, verloren die Eigner der *Lancing*. Die Vertreter der A/S Congo beharrten darauf, sie hätten nicht geahnt, wozu die Franzosen ihr Schiff brauchten, als die französischen Zöllner es requirierten. Erst nach dem Auslaufen seien sie über den Auftrag informiert worden und hätten vergeblich protestiert und gewarnt. Ein Teilnehmer der *Lancing*-Expedition hielt dagegen daran fest, dass die Konkurrenten von der A/S Congo die Aktion initiiert hätten. Das habe sich bei einem lokalen Gerichtsverfahren in Port-Gentil herausgestellt, während die *Norrøna* dort festlag, behauptete er.

In Frankreich wurde dagegen die Hochsee-Walfangexpedition Henrik G. Melsoms mit Piraterei verglichen. »Abschaum der Meere« nannte man sie dort.[186] Professor Abel Gruvel, der vor einem schrankenlosen Walfang gewarnt hatte, setzte sich erneut für eine Verschärfung der Regeln ein. Er schlug vor, die übliche Breite der Hoheitsgewässer von drei Seemeilen in Bezug auf den Walfang auszudehnen, und wies erneut auf die Notwendigkeit eines internationalen Abkommens zur Walfangregulierung hin.

In den internationalen Gewässern, dicht vor Gabun, aber deutlich außerhalb der Territorialgewässer, konnten Melsom und die anderen mit der *Lancing*-Expedition unverdrossen weiter Wale töten. Sie machten den ganzen August hindurch weiter und erlegten insgesamt 294 Buckelwale. Die meisten davon wurden an Deck gezogen. Die wirkliche Bewährungsprobe für Winsch und Heckrampe blieb auch nicht aus: ein ausgewachsener Blauwal. Die Blauwale aus der Antarktis zogen nicht bis vor Gabun, aber am 1. September fuhr die *Lancing* weiter nach Süden und bis ins Südpolarmeer. In den internationalen Gewässern nahe den Süd-Orkneys, die ebenfalls zu Großbritannien gehörten, musste die Winsch mit Blauwalen fertigwerden, die das Doppelte eines Buckelwals wogen.

Auch das funktionierte. Es gibt allerdings viele Berichte über Anfangsschwierigkeiten mit der Heckrampe.[187] Ein Veteran der *Lancing* behauptete später, dass er dabei gewesen sei, als Wale längsseits des Schiffs vertäut geflenst worden seien, weil man nicht gewagt habe, die Rampe zu benutzen.[188] Das Kabel zum Hochziehen an der Schwanzflosse zu befestigen, war schwierig. Mitunter brach die Maschine zusammen, wenn der Wal hochgezogen wurde. Henrik G.

Melsoms Bericht über die Pionierexpedition mit der *Lancing* stellt das Einholen der Wale dagegen als problemlos dar: »Der größte Blauwal ließ sich mit Leichtigkeit hochziehen.« Melsom musste die Aktionäre zu Hause beruhigen und wollte außerdem Investoren für neue Projekte gewinnen.

Nachdem die *Lancing* im Eismeer vor den Süd-Orkneys 268 Wale verschiedener Arten erlegt hatte, warf sie im Februar 1926 in internationalen Gewässern vor Südgeorgien Anker. Hier erhob die britische Kolonialbehörde Einspruch gegen das Eindringen in den Bereich der britischen Walfangfirma Salvesen, die in denselben Gewässern operierte. Anfang März musste die *Lancing* in Südgeorgien notlanden, nachdem sich eine Kette und ein Stahlkabel in den Schiffsschrauben verfangen hatten.[189] Zwei Fangschiffe schleppten das gelähmte Mutterschiff in den Jason Harbour, wo es wieder instand gesetzt wurde. Auch zwei Inspekteure der britischen Verwaltung auf Südgeorgien trafen dort ein, mitten in der Nacht.

Der stellvertretende Verwalter der Insel, Alfred George Nelson Jones, wurde von einem Ingenieur Carlsen begleitet, der sonst für die von Grytviken aus operierende Pesca arbeitete. Alle Fangausrüstung auf den beiden Fangschiffen, die mit der *Lancing* zusammen vor Anker lagen, wurde bei Ankunft der Inspekteure versteckt, die Harpunenkanonen wurden abgedeckt, aber auf der Flensplattform des Fabrikschiffs lag ein Blauwal, und an jedem der beiden Fangschiffe waren zwei weitere Walkadaver vertäut.

Der Bericht der Inspekteure führte zu einem Beschlagnahmungsbefehl gegen die beiden Fangschiffe, die Walkadaver an Land geschleppt hatten, und Henrik G. Melsom als verantwortlicher Leiter wurde wegen Missachtung der Fangvorschriften in der Kolonie vor Gericht geladen. Aber bevor der Verwalter ein freies Boot fand, das die Vorladung zustellen und die beiden Walfangschiffe beschlagnahmen konnte, waren die Schrauben der *Lancing* repariert, und das Fabrikschiff stach mit beiden Fangschiffen wieder in See.

Es sieht nicht so aus, als sei die Anklage gegen Melsom und die Expedition weiterverfolgt worden. Dass sie praktisch mit der Polizei auf den Fersen aus Südgeorgien entwischt waren, wurde ebenfalls nicht groß herumerzählt. Der Vorfall war wohl allen Beteiligten peinlich. Er wurde in einer vertraulichen Meldung der Verwaltung auf Südgeorgien an die Kolonialbehörde in Port Stanley auf den Falklandinseln zusammengefasst, in der gleichzeitig vorgeschlagen wurde, wie man mit dem neuen, konzessionsfreien Walfang fertigwerden könne: durch eine Ausweitung der Hoheitsgewässer auf 50 Seemeilen.

Die *Lancing* beendete die Jagdsaison mit Fangversuchen vor Patagonien und Argentinien. Als ob es noch eines weiteren Beweises bedurfte, wie umstritten die Expedition war, wurden sowohl das Fabrikschiff als auch alle Fangschiffe von den argentinischen Behörden beschlagnahmt. Wieder erhielt die Reederei Unterstützung vom norwegischen Außenministerium, und die Schiffe wurden einige Tage darauf freigegeben. Es habe sich nur um ein Missverständnis gehandelt, sagte Henrik G. Melsom dem *Tønsbergs Blad* nach der Heimkehr.

Die Reise hatte insgesamt nur 4600 Tonnen Tran eingebracht. Das Ergebnis hätte besser sein können, räumte Melsom ein, aber man habe ja unterwegs auch mit einer Menge Schwierigkeiten fertigwerden müssen. Es habe daher nicht viel zu bedeuten. Dagegen hatten Melsom und seine Kompagnons längst entschieden, weiter auf die Heckrampe zu setzen.

Zusammen mit der Rampe und weiteren technischen Neuerungen war es eine einzelne Entdeckung, die die Walfänger vom Land unabhängig machte: Das Treibeis schützte vor Wellengang. Wie die Pioniere im Rossmeer feststellten, konnte man sogar traditionelle Kochereien ohne Heckrampe einsetzen und die Walkadaver am Schiff vertäut flensen, wenn man es nur wagte, sein Fabrikschiff tief ins Eis mitzunehmen. Wo es Eis gab, hielten sich außerdem auch die Wale gerne auf. Wenn der Südsommer einsetzte und Sonne und Wellengang das Meereis aufbrachen, kamen die antarktischen Blauwale hierher, um sich vom Krill zu ernähren, der zwischen den Eisschollen schwärmte. Wenn sie keine genügend große eisfreie Stelle zum Auftauchen fanden, hoben die Blauwale das Eis einfach mit dem Kopf an, um blasen zu können.[190]

In der Fangsaison 1925/26, während Henrik G. Melsom mit der *Lancing* auf Jungfernfahrt war, führte der junge Harpunier Lars Andersen, genannt Lars »Faen«, mehrere kühne Pionierfahrten ins Eis durch, weit östlich der traditionellen Stützpunkte auf den Südshetlands. Andersen war als guter Harpunier bekannt. Sein Spitzname

»Faen« (der etwa »Teufel« bedeutet) war ehrenvoll gemeint und wurde gerne mit einer Anekdote erklärt, wie er einmal bei einem Unfall über Bord gegangen sei, kurz nachdem er einen Wal harpuniert hatte. Als die Mannschaft den Harpunier retten wollte, habe dieser, im Wasser treibend, heraufgerufen: »Zum Teufel mit mir, Jungs, holt euch den Wal!« In einer Version der Geschichte soll Andersen von der herumschlagenden Harpunenkanone ins Wasser geschleudert worden sein, weil er vergessen hatte, nach dem Schuss den Zapfen, auf dem sie »wie ein Wetterhahn« rotierte, festzustellen[191]; in einer anderen, die verdächtig an eine wohlbekannte Anekdote über Svend Foyn erinnert, schlang sich ein Törn der Harpunenleine um Andersens Fuß und riss ihn mit über Bord.

Jedenfalls war Lars Andersen für die Fangsaison 1925/26 als Harpunier und Verwalter (also Expeditionsleiter) bei einer Tochterfirma des britischen Seifen- und Margarinegiganten Lever Brothers angestellt. Er hatte eine Genehmigung für den Walfang von den Südshetlands aus mit einem vor Anker liegenden Kochereischiff. Für die Zusatzaufgabe als Expeditionsleiter lockten die Briten den gesuchten Harpunier mit sehr guter Bezahlung und stellten ihm außerdem ein nagelneues Fangschiff für die Saison zur Verfügung. Es hieß *Southern Spray*, und im Bug stand eine technische Neuerung: eine Hinterlader-Harpunenkanone. Standardisierte Patronen in eine Luke hinten am Rohr einzulegen, war nicht nur schneller, sondern auch sicherer als die traditionelle Methode, die erforderte, Schießpulverpakete an Bord mitzuführen und die Kanone über die Mündung zu laden.

Der Fang vor den Südshetlands lief trotzdem träge. Expeditionsleiter Andersen ließ das Kochereischiff Anker lichten und den Fangschiffen auf einer Fahrt am Eisrand entlang ins Weddellmeer folgen. Hier gab es genug Wale, aber dem Fabrikschiff fehlte die Spezialausrüstung für den Hochsee-Fang, und es musste etwa alle zwei Wochen zurückfahren, um Süßwasser nachzutanken. Trotzdem lohnte sich die Fahrt. Weitere Walfänger probierten danach ebenfalls den sogenannten Eisfang aus, aber Lars »Faen« Andersen blieb eine lebende Legende unter den Walfängern und sicherte sich in den Folgejahren neue Aufträge mit abenteuerlichen Gewinnen.

Die Heckrampe und die Versuche mit dem Eisfang wiesen in dieselbe Richtung: weg vom Land. In der Walfangbranche war eine Revolution im Gang.

Hohe See

Das Aufkommen des Hochsee-Fangs bedeutete für die antarktischen Blauwale nichts Gutes. Zuvor hatten Johan Hjort und andere Experten diejenigen, die eine Ausrottung befürchteten, damit beruhigt, dass die Wale ja nur in bestimmten Gebieten gejagt wurden. Jetzt waren sie nirgends mehr sicher.

Dennoch engagierte sich Hjort in den Jahren des Durchbruchs des Hochsee-Fangs vor allem für die Bewahrung der bedrohten Walfangfirmen. In enger Zusammenarbeit mit seinem Freund Johan Rasmussen, dem Vorsitzenden der Norske Hvalfangerforening, nahm Hjort den Kampf für eine Erneuerung der Fangkonzessionen für die etablierten norwegischen Firmen in den britischen Antarktisbesitzungen auf.

Im April 1926 legten Rasmussen und Hjort ihre Sorge um die Zukunft des Walfangs dem neuen norwegischen Ministerpräsidenten und Außenminister, Ivar Lykke von den Konservativen, bei einem persönlichen Gespräch dar.[192] Hjort nahm als Vorsitzender des Hvalkomitees daran teil, Rasmussen repräsentierte die Walfänger, oder, genauer gesagt, die meisten Walfänger. Die Branche war tief gespalten. Zu Hause in der Vestfold war die Stimmung giftig geworden, Streitigkeiten zwischen Walfangreedern und Aktionären in Firmen mit und ohne Konzession führten zu wilden Gerüchten, Geheimnisverrat, Aktionärsaufständen und anonymen Beschuldigungen.[193] Später hießen die beiden Parteien in diesem Konflikt die »Konzessionierten« und die »Pelagiker«. Die Norske Hvalfangerforening war in der Praxis das Sprachrohr der Konzessionierten, also des etablierten Teils der Branche.

Viele dieser Konflikte hatten mit zwei konkurrierenden Planungen für die Ausbeutung des Blauwalbestands im Rossmeer zu tun. Eine wurde von der Reederei Melsom & Melsom vertreten. Zusammen mit Anders Jahre und den übrigen, die hinter der *Lancing* standen, hatte er eine neue Firma gegründet und einen Dampfer gekauft, größer als die *Lancing*, um ihn zu einer schwimmenden Kocherei mit Heckrampe umbauen zu lassen. Geplant war, ab der

Saison 1926/27 im Rossmeer auf Hochsee-Fang zu gehen, ohne Konzession.

Die Konkurrenz von der A/S Rosshavet, angeführt von Johan Rasmussen, hatte dagegen eine britische Konzession zum Fang überall im Rossmeer erworben, laut der sie zwei Kochereischiffe einsetzen durfte. Das zweite Fabrikschiff der Firma, das im Frühling und Sommer 1926 in den Fredriksstad mekaniske Verksted umgebaut wurde, war 165 Meter lang und damit vorläufig das größte Fabrikschiff der Welt. Benannt war es nach dem verstorbenen Carl Anton Larsen. Beim Umbau erhielt das Schiff, als einziges in der Geschichte des Walfangs, eine Rampe am Bug, um die toten Wale an Deck zu ziehen. Der Bugschnabel konnte hochgeklappt werden, dann riss die *C. A. Larsen* das Maul auf wie ein Seeungeheuer und schluckte Blauwal auf Blauwal, die anschließend auf Deck abgespeckt und zerteilt wurden, mitten auf hoher See.

Die Uneinigkeit zwischen Rasmussen und den sogenannten Pelagikern bestand also nicht darin, ob man sich vom Land frei machen solle, sondern es ging um die Konzessionen. Und auch wenn um das Rossmeerprojekt viel Lärm gemacht wurde, war Rasmussen zuallererst um die traditionellen Fanggebiete vor Südgeorgien, den Südshetlands und den anderen britischen Besitzungen am Südende des Atlantiks besorgt. Hier spielte sich der Hauptteil des globalen Walfangs ab, und für die etablierten norwegischen Walfangfirmen hing von der bald fälligen Erneuerung ihrer Fangkonzessionen ab, ob der norwegische Walfang führend in der Welt blieb. Rasmussen und die übrigen Konzessionierten fürchteten nun, dass die Briten sich dazu provozieren lassen könnten, die Fanggenehmigungen nicht zu verlängern, wenn andere Norweger vor ihren Hoheitsgewässern auf konzessionslosen Fang gingen. Außerdem könnte dieser unkontrollierte Fangbetrieb die Walbestände dezimieren, die bisher von den britischen Konzessionsvorschriften geschützt wurden.

Beim Gespräch mit dem Ministerpräsidenten im April stand also viel auf dem Spiel. Es galt, sich die Unterstützung der neuen Regierung und ihre Hilfe bei der Erteilung neuer Konzessionen zu sichern. Ivar Lykke von den Konservativen hatte erst wenige Wochen zuvor das Amt des Regierungschefs übernommen, und Hjort und Rasmussen waren nicht sicher, wie sein Standpunkt in der Walfangpolitik war.[194] Sie waren an ein hervorragendes Verhältnis zur Regierung gewöhnt. Der vorige Ministerpräsident und Außenminister, Johan Ludvig Mowinckel von den Liberalen, war ja Hjorts Schwager und Vertrauter und hatte dem Zoologen wichtige Ämter und Aufgaben übertragen.

Zuerst versuchte auch Ministerpräsident Lykke es mit Johan Hjort als Gesandtem. Als Ergebnis des Gesprächs im April fuhr Hjort nach London, wo er gut bekannt war, um dort die Stimmung auszuloten. Die Nachrichten, die er mitbrachte, waren schlecht. Die Briten waren äußerst unzufrieden mit dem unkonzessionierten norwegischen Walfang durch die *Lancing* und andere Hochseefabrikschiffe direkt vor britischen Besitzungen. Sie sahen das als Aufkündigung der guten Zusammenarbeit im antarktischen Walfang, der Walforschung und der Walbestandssicherung, bekam Hjort zu hören. Gleichzeitig gab die unerwünschte norwegische Fangaktivität den britischen Konkurrenten ein weiteres Argument für eine Forderung, die sie schon lange erhoben: Die Konzessionen müssten von norwegischen an britische Firmen übergehen. Vorgetragen wurde dieses Argument vom mächtigen Seifen- und Fettkonzern Lever Brothers. Der Branchenriese fürchtete die norwegischen Walfangreeder sowohl als Konkurrenz in den Fanggebieten wie als beherrschende Waltranaufkäufer, die eine bedenkliche Kontrolle über die Preise ausübten.

Ernest Rowland Darnley vom britischen Kolonialministerium, der Hjort schon 1914 bei der Ausschussanhörung über die Möglichkeit des Hochsee-Fangs befragt hatte, deutete jetzt einen möglichen Kompromiss an. Wenn die norwegischen Behörden den konzessionslosen Fang unterbanden, könnte man im Gegenzug über die Erneuerung der Konzessionen reden. Darnley blieb ein wenig vage, wo der konzessionslose Fang genau verboten werden solle – im ganzen Südpolarmeer oder nur in den Gewässern, in denen auch mit britischen Konzessionen Walfang betrieben wurde. Hjort hatte den Eindruck, darüber könne man verhandeln.[195]

Sowie Johan Rasmussen den Brief Hjorts mit dem Bericht aus London erhielt, schrieb und telegrafierte er zurück. Aus dem Kurort Karlsbad (heute Karlovy Vary in Tschechien), wo Rasmussen ein altes Magenleiden behandeln ließ, warnte er: Hjort müsse vor allem vermeiden, diese umstrittene Sache mit den anderen Mitgliedern der Hvalfangerforening zu besprechen, bevor er, Rasmussen, wieder zurück sei. »Wie sich gezeigt hat, sickert nämlich alles, worüber in unserer Vereinigung verhandelt wird, sofort durch.«[196] Auch innerhalb des Branchenverbands gab es die Spaltung zwischen Konzessionierten und Pelagikern.

Im Lauf des Sommers entschlossen sich die meisten Mitglieder, einem Vorschlag Hjorts und Rasmussens zu folgen.[197] Der sah eine Gesetzesänderung vor, nach der alle norwegischen Walfangfirmen künftig eine Konzession des norwegischen Staates benötigten, wo auch immer in der Welt sie Walfang betreiben wollten. Diese Gesetzesänderung sollte als Grundlage der Verhandlungen mit Großbritannien dienen. Ziel war ein norwegisch-britisches Abkommen, das den Walfang in denjenigen Gewässern regulierte, in denen die Norweger bisher mit britischer Konzession arbeiteten.

Die Pelagiker, angeführt von Anders Jahre, fanden, das vorgeschlagene Gesetz breche mit dem Prinzip der Freiheit der Meere, das besagte, auf hoher See außerhalb der Hoheitsgewässer der Küstenanliegerstaaten könne jeder das Meer frei befahren und seine Reichtümer ausbeuten. Jahre ging zum Gegenangriff über.[198] Er setzte bei Hjorts schwachem Punkt an, seiner Eigenwilligkeit und dem leichtfertigen Jonglieren mit verschiedenen Rollen, und beschuldigte ihn, den Interessen des Landes zu schaden, indem er die Verhandlungen mit den Briten auf eigene Faust führe und wiederholt Versprechungen im Namen der Behörden abgegeben habe. Im November 1926 schrieb ein wütender Hjort an Rasmussen. Er wisse, dass Anders Jahre zu Gesprächen im Außenministerium gewesen sei, und jetzt höre man auf einmal von den Beamten dort dieselben Argumente, die er schon aus Jahres Briefen kenne. Einige Wochen zuvor war Hjort außerdem mitgeteilt worden, die Regierung habe Jahre zum außerplanmäßigen Mitglied des Hvalkomitees ernannt, damit er dort die Pelagiker vertrete. Hjort hatte Angst, das Komitee, das er leitete, gehe nun »in Stücke«.[199]

Der Regierungswechsel 1926 kam Hjort und Rasmussen auch ansonsten ungelegen. Beide teilten mit Mowinckel die außenpolitische Grundüberzeugung, ein enges und freundschaftliches Verhältnis zu Großbritannien sei für Norwegen entscheidend wichtig. Lykke dagegen strebte eine stärkere Selbstbestimmung in der Außenpolitik an. Außerdem hatte er nicht das enge persönliche Verhältnis zu Hjort wie sein Vorgänger. 1927 wies er Hjort und das Hvalkomitee an, sich künftig aus den Verhandlungen mit den britischen Behörden herauszuhalten, weil sich künftig ausschließlich das Außenministerium und die Botschaft in London damit befassen würden.[200]

Hjort war allerdings deswegen noch nicht aus der internationalen Politik verschwunden. 1926 war er zum Leiter eines internationalen Walschutzausschusses innerhalb des International Council for the Exploration of the Sea (ICES) ernannt worden – im Walfangland Norwegen wurde der Begriff »Schutz« allerdings weggelassen, es hieß dort nur *Den internasjonale hvalkomitee* (Internationaler Walausschuss). Im März 1927 traf Johan Hjort mit seiner Frau Constance im neuen Hôtel Montalembert in Paris ein, wo er die erste Tagung des Ausschusses leiten sollte.[201]

»Ich hoffe, dass zumindest deine Frau den Frühling in Paris genießt«, schrieb Rasmussen aus Norwegen, »aber du möglichst auch, falls dir die Arbeit Zeit lässt, ein Mensch zu sein.«[202]

Hjort hatte tatsächlich nicht viel Sinn für den Pariser Frühling. Er schrieb, er habe einen »sehr umfassenden«[203] Vorschlag für ein internationales Walfangabkommen von der französischen Wirtschaft erhalten, werde aber darauf hinarbeiten, dass der Ausschuss alles Derartige an die Regierung weiterleite und sich selbst auf ein rein wissenschaftliches Arbeitsprogramm beschränke. Sein Gegenspieler auf der französischen Seite war Abel Gruvel, der den norwegischen Walfang bereits 1913 kritisiert und später eine zentrale Rolle bei der Ausarbeitung der Walfangpolitik in den französischen Kolonien gespielt hatte.

Die Frage eines internationalen Abkommens zur Regulierung des Walfangs stand auch auf der Tagesordnung des Völkerbunds, der Vorläuferorganisation der Vereinten Nationen in der Zwischenkriegszeit, und zwar aufgrund einer Initiative des argentinischen Völkerrechtlers José León Suárez. Die beiden Länder, die den Walfang beherrschten – Norwegen und Großbritannien –, zögerten noch, sich auf ein solches Abkommen einzulassen. Die Briten fürchteten, die Verhandlungen dazu könnten viele andere Staaten inspirieren, ebenfalls Fangrechte in der Antarktis zu fordern, und die norwegischen Behörden hatten schon genug mit den Verhandlungen mit den Briten zu tun, von denen die Konzessionierten und die Pelagiker jeweils etwas anderes erwarteten.

Gleichzeitig ging im Südpolarmeer eine ungewöhnliche Fangsaison zu Ende. Im Südsommer 1926/27 waren die Bedingungen im Meer und damit die Wanderwege der Wale vom Gewohnten abgewichen, sodass die Walfänger improvisieren mussten, um die Trantanks zu füllen. Viele Expeditionsleiter folgten Lars Andersens Beispiel und wagten sich ins Treibeis. Die britischen Kontrolleure und Verwalter waren besorgt. Sie verloren den Überblick und konnten den Fang nur schwer kontrollieren, wenn die Kochereischiffe sich weit übers Meer verteilten.

Schon vor der Saison 1927/28 war klar, dass sich auch diesmal wieder viele im neuartigen Eisfang versuchen würden, und die Kochereischiffe wurden so ausgerüstet, dass sie möglichst lange ohne Unterstützung vom Land aus operieren konnten. Zu Hause wartete die Walfangbranche gespannt auf die Ergebnisse.

Während dieser antarktischen Fangsaison gab es für Johan Rasmussen eine unangenehme Überraschung. Der Hintergrund war, dass Rasmussen, der ja grundsätzlich für eine Zusammenarbeit mit den Briten war, 1927 in Großbritannien um eine Walfangkonzession für die Bouvet-Insel im Südpolarmeer nachgesucht und damit implizit eine britische Oberhoheit über diese Insel anerkannt hatte. Das norwegische Außenministerium wusste von diesem Gesuch nichts. Jetzt aber, am 1. Dezember 1927, stand eine Gruppe von zwölf Norwegern auf diesem öden Eiland versammelt. Sie sangen die norwegische Nationalhymne, *Ja, vi elsker dette landet,* um den bedeutsamen Akt zu würdigen, der sich wenige Minuten zuvor zugetragen hatte. Kapitän Harald Horntvedt hatte feierlich erklärt:

»Im Beisein von Zeugen nehme ich hiermit diese Insel, genannt Bouvet-Insel, im Namen Seiner Majestät König Haakons des Siebenten, des Königs von Norwegen, in Besitz.«[204]

Wohlbehalten wieder zurück an Bord des kleinen Expeditionsschiffs *Norvegia* setzten die Norweger die Feier mit Omeletts aus frisch gelegten Pinguineiern fort. Die Bouvet-Insel, auf der sie gerade die norwegische Flagge aufgepflanzt hatten, lag wieder einsam und sturmumtost da. Sie ist die südlichste der Vulkaninseln auf dem Mittelatlantischen Rücken. Das nächstgelegene Festland ist die Antarktis, etwas weiter weg liegt Afrika und noch weiter weg Südamerika.

Die Norweger kamen aus Sandefjord. Die *Norvegia*-Expedition wurde vom Walfangreeder Lars Christensen finanziert, dem Sohn des Pioniers Christen Christensen. Wie Rasmussen vertrat auch er den alten, konzessionierten Teil der Walfangbranche. Die Besetzung der Bouvet-Insel sollte Norwegens Position gegenüber Großbritannien im Tauziehen um den antarktischen Walfang stärken. Die Regierung Lykke hatte Christensens *Norvegia*-Expedition in aller Stille die Vollmacht erteilt, Niemandsland im Südpolarmeer zu besetzen, um, so die Hoffnung, neue, sichere Stützpunkte für den norwegischen Walfang zu schaffen.

Zu Neujahr 1928, als das Außenministerium sich noch mit Lars Christensen beriet, ob es schon opportun sei, den neuen Gebietsanspruch Norwegens öffentlich zu machen, lief über die Nachrichtenagentur Reuters eine überraschende Meldung ein: Großbritannien hatte der Firma Johan Rasmussen & Co eine Zehnjahresgenehmigung für den Walfang von der Bouvet-Insel aus erteilt. Am Tag darauf meldete sich der norwegische Botschafter im britischen Foreign Office und gab zu Protokoll, die Insel werde bereits offiziell von Norwegen beansprucht. Die Briten widersetzten sich dem zuerst, aber wie ihr Botschafter in Oslo nach London berichtete, waren die Norweger jetzt »quite lyrical in their patriotic enthusiasm«[205]. Unter den norwegischen Walfängern führte die Angelegenheit zu einer weiteren Spaltung, nämlich zwischen den Gefolgsleuten Rasmussens und Christensens innerhalb der Konzessionierten.

Der Südsommer 1927/28, in dem auch die Bouvet-Insel besetzt wurde, brachte dem Hochsee-Fang den endgültigen Durchbruch, teils mit Einsatz der Heckrampe, teils mit Eisfang durch traditionelle Kochereischiffe. Es wurden in der Antarktis viel mehr Wale als früher getötet. In der Hauptsache waren es Blauwale, über 8000 Tiere. Die Sensation war, dass über zwei Drittel des Fangs auf hoher See erzielt wurden, während es in der Saison zuvor nur ein Fünftel gewesen war. Die Umstellung auf die neuen Fangmethoden verlief verblüffend rasch, aber nicht ohne Verluste an Menschen und Fahrzeugen. Der Eisfang war gefährlich. Das Kochereischiff, das in dieser Saison das beste Ergebnis erzielte, die *Southern Queen* der Lever Brothers, sank am 24. Februar 1928, als eine Eisscholle die Schiffsflanke durchschlug. Immerhin wurde die gesamte Mannschaft gerettet. Im Herbst zuvor war die *Professor Gruvel*, ein Frachter in norwegischem Besitz, auf dieselbe Weise verloren gegangen. Auch hier gab es keine Menschenleben zu beklagen, aber am 23. Januar kenterte Salvesens Fangschiff *Scapa* vor den Süd-Orkneys, nachdem es eine Eisscholle gerammt hatte, und 13 norwegische Walfänger ertranken. Einer war ins Meer gesprungen, um einen Kameraden zu retten. Vier Seeleute wurden noch lebend geborgen, nachdem sie fast 24 Stunden auf einer Eisscholle ausgeharrt hatten.[206]

Im Frühling und Sommer 1928 wurde die Konzessionsfrage schließlich gelöst. Wieder verschaffte sich Johan Hjort eine Hauptrolle, und zwar wieder in einem neuen Fach. Im März 1928 stellte ihn die Regierung als Leiter des Hvalkomitees frei, das bis auf Weiteres suspendiert wurde. Damit hatte Hjort keine offizielle Funktion mehr in der norwegischen Walfangpolitik, und die Norske Hvalfangerforening bat ihn, stattdessen in ihrem Auftrag direkt mit den britischen Behörden zu verhandeln und möglichst eine Verlängerung der Konzessionen im Südpolarmeer zu erreichen. Der norwegische Botschafter hatte in den offiziellen Verhandlungen keine Fortschritte erzielen können.

Am Freitag, den 20. April, gegen ein Uhr saß Hjort in einem Restaurant im Londoner Strand und aß mit Leslie Brian Freeston vom Kolonialministerium zu Mittag. Neun Tage waren seit ihrem ersten Gespräch vergangen. Die Verhandlungen stagnierten. Freestons Chef, Ernest Rowland Darnley, war derjenige, an den man sich wenden musste, wenn man in der britischen Walfangpolitik in der Antarktis etwas bewegen wollte, und der war krank und hatte sich auf seinen Landsitz zurückgezogen. Hjort setzte ein Ausrufezeichen hinter den Eintrag in seinem Tagebuch, Darnley habe kein Telefon.

Endlich, am Freitagmorgen, traf ein Brief Darnleys ein, der Hjort zu sich nach Hause einlud. Nachdem Freeston und Hjort ihren Lunch beendet hatten, überquerten sie die Themse und nahmen den Zug von Waterloo Station in den kleinen ländlichen Ort Claygate. Wohl bei dem Besuch in Claygate zeigte sich, dass ihr Gastgeber skeptisch gegenüber direkten Verhandlungen mit dem Vertreter der Walfänger war und lieber den Weg über die norwegischen Behörden nehmen wollte. Er meinte, die ganze Walfanggeschichte sei doch sehr unübersichtlich geworden, man könne daher die Konzessionen bestenfalls um ein oder zwei Jahre verlängern.

Hjort muss sich bei seiner Antwort weit vorgewagt haben. Er zeigte Darnley einen Brief, der beweisen sollte, dass die Behörden zu Hause mit seiner neuen Mission einverstanden seien. Und Hjort appellierte an Darnleys Stolz: Es sei doch eigentlich *sein* System, für das sich sowohl die Norske Hvalfangerforening als auch Hjort selbst einsetzten.

Der Mann, der jetzt asthmatisch und unentschlossen zu Hause saß, war ein wichtiger Architekt des Konzessionsregimes gewesen, das sich nach dem Ersten Weltkrieg herausgebildet hatte, mit bedeutenden Fangbeschränkungen und Exportabgaben auf Waltran, die das groß angelegte Walforschungsprogramm der Discovery-Expeditionen finanzierten, für das Darnley nach wie vor verantwortlich war. Dies war das System, das die konzessionierten Walfänger gegen die Angriffe der Pelagiker verteidigen wollten, aber sie drängten auf eine Klärung der Lage, sagte Hjort, und auf Gewissheit, dass die Konzessionen noch viele Jahre weitergeführt würden.

Die beiden Briten zogen sich zu einer vertraulichen Besprechung ins Esszimmer zurück und überließen Hjort sich selbst. Erst nach einer halben Stunde kamen sie zurück. Da war sich Darnley darüber klar geworden, dass auch er seinen Vorgesetzten empfehlen wollte, neue Fünfjahreskonzessionen auszugeben.

Bei den Gesprächen mit den britischen Verhandlungspartnern kam oft die Bouvet-Insel zur Sprache. Die Angelegenheit war weiter ungeklärt. »There is a small island …«, deutete Kolonialminister Leo Amery bei einem Vieraugengespräch lächelnd an.

Die Briten entschlossen sich letztlich, Norwegens Souveränität über die Bouvet-Insel anzuerkennen, nachdem sie einige Monate dagegen angekämpft hatten. Die Insel wurde in der Praxis nie genutzt, weder für den Walfang noch anderweitig. Es war zu gefährlich, sie mit einem Schiff anzulaufen, und alles, was die Norweger dort errichteten, ob Gebäude oder Flaggenmasten, wurde früher oder später davongeblasen.

Auch wenn jetzt die alten britischen Walfangkonzessionen also doch erneuert wurden, waren die Auftraggeber der Norske Hvalfangerforening dennoch unzufrieden, als Hjort nach Hause kam.

Die neuen Bedingungen schwächten sie bedeutend gegenüber der Konkurrenz der konzessionsfreien Pelagiker. Erst gegen Ende des Sommers 1928 nahm der Branchenverband das Angebot der Briten an. Gleichzeitig brach ein neues Hochsee-Walfangfieber aus. Die Telegramme mit den Fangergebnissen aus dem Südpolarmeer für die Saison 1927/28 und die Aussicht auf Erfolge ohne Konzession weckten die Investitionslust in der Vestfold wie im Rest Norwegens und in Großbritannien. Sieben komplette neue schwimmende Kochereien wurden 1928 ausgerüstet, gegenüber nur einer im Jahr zuvor. Fünf der Fabrikschiffe hatten eine Heckrampe. Noch größere Pläne wurden für die folgende Saison gemacht, aber es gab auch viele Stimmen, die vor einem Überengagement warnten.

Die vielen Wale, die für all diese Kochereien getötet würden – die ja so viele Fangschiffe einsetzen durften, wie sie wollten –, würden einen gewaltigen Einschnitt in die Bestände der Antarktis verursachen, erklärte Walfangerbe Lars Christensen gegenüber dem *Sandefjords Blad*.[207] »Im Interesse der Branche bleibt zu hoffen, dass die Vernunft sich noch durchsetzt, und zwar bald«, schrieb Sigurd Risting, Sekretär der Norske Hvalfangerforening.[208]

Die Pelagiker wehrten solche Sorgen als Ausdruck kaum verhehlten Eigeninteresses ab. Der Jurist Arnold Ræstad, selbst Vorstandsmitglied in einer der ersten Walfangfirmen für konzessionslosen pelagischen Fang, schrieb in seinem Buch *Hvalfangsten på det frie hav* (»Der Walfang auf dem freien Meer«): »Hier sehen sich also einerseits die konzessionierten Gesellschaften einer unerwarteten Konkurrenz ausgesetzt und andererseits die Kolonialmächte vor die Aussicht eines bedeutenden Einnahmeverlusts gestellt. Was ist natürlicher, als dass diese interessierten Kreise sich selbst einreden, die neuen Konkurrenten, die ›Eindringlinge‹, würden die Wale ausrotten?«[209]

Ob man nun die Zukunft des Walfangs düster oder strahlend sah – allen war jetzt klar, dass sie auf hoher See lag. Die Umstellung ging in einer Geschwindigkeit vor sich, die die meisten überraschte. Im Frühling 1929 sah selbst Darnley im Kolonialministerium ein, dass das britische Konzessionssystem seine Rolle ausgespielt hatte. »Unsere Lizenzen haben jetzt wenig Wert für die Beteiligten«, schrieb er resigniert.[210] Die Firmen hätten sich nachdrücklich von den britisch kontrollierten Landstützpunkten frei gemacht, und er wundere sich, dass sie immer noch – und wie lange noch – bereit waren, die Gebühren dafür zu zahlen.

Zu Hause in Norwegen richteten Walfänger und Behörden sich so gut wie möglich auf die neue Lage ein. Die Norske Hvalfangerforening wurde am 11. Mai 1929 formell aufgelöst und als Hvalfangerforeningen – The Association of Whaling Companies – neu gegründet. Der neue Branchenverband wollte sowohl die alten wie die neuen, pelagischen Firmen zusammenbringen und dabei so viele ausländische Unternehmen wie möglich mit einbeziehen. Ein wichtiges Motiv war, die Verkäufer von Waltran zu vereinigen, um sie gegenüber den Käufern zu stärken.

Gleichzeitig wurde im Storting ein neues Walfanggesetz debattiert. Der Gesetzesvorschlag war drei Jahre zuvor auf Initiative Rasmussens und Hjorts über die Norske Hvalfangerforening zustande gekommen, um den pelagischen Fang zu regulieren.

Die Regierung Mowinckel, die wieder an die Macht zurückgekehrt war, stellte in diesem Gesetzesvorschlag fest, Norwegen habe ein größeres Interesse als andere Länder, den Walbestand zu bewahren, nicht nur, um »die Ausrottung einer einzigartigen Tierart zu verhindern«, sondern auch, um den Walfang für die Zukunft zu sichern.[211] Der Vorschlag einer Konzessionspflicht für Walfang in internationalen Gewässern wurde trotzdem abgewiesen. Die Regierung wies auf die Gefahr hin, dass Firmen aus anderen Staaten, mit denen Norwegen kein Abkommen hatte, den Hochsee-Fang übernehmen würden, wenn er den Norwegern verboten würde.

Die wichtigsten Schutzbestimmungen im neuen Gesetz waren ein Vorschlag, den die Pelagiker, darunter auch Anders Jahre, selbst eingebracht hatten, vielleicht um zu beweisen, dass auch sie die Walbestände bewahren wollten. Die erste war ein Totalverbot der Jagd auf Glattwale. Die waren selten, und seitdem walbeinversteifte Korsetts aus der Mode waren, nicht mehr besonders wertvoll, erklärte Henrik G. Melsom in einer nichtöffentlichen Sitzung des außenpolitischen Ausschusses im Storting.[212] Ebenfalls weltweit verboten werden sollte die Jagd auf Jungwale und stillende Walmütter. Drittens wollte die Regierung den Walfang in tropischen und subtropischen Gewässern behördlich verbieten lassen. Die Jagd auf Wale in ihren wärmeren Winterquartieren, wo sie ihre Jungen warfen und oft mager oder sogar ein wenig abgezehrt waren, wurde von vielen in der Branche kritisiert.

Und wer stand am 14. Juni 1929 am Rednerpult im Stortingssaal und hielt die Hauptrede zum Walfanggesetz? Niemand anderer als Johan Hjort. Er warb mit warmen Worten für den Vorschlag der Regierung. Er wolle, dass alle wüssten, »die Walfänger selbst haben dieses Gesetz gefordert«.

In einem Punkt nahm Hjort dennoch Abstand vom Gesetzesvorschlag. Die Regierung gebrauchte den Ausdruck »das freie Meer« für die offene See außerhalb der Hoheitsgewässer. Freie Schifffahrt sei ja gut und schön, aber die traditionelle völkerrechtliche Auffassung der Freiheit der Meere sei keine ausreichende Grundlage für eine Diskussion über die Bewahrung der Fisch- und Walbestände, wenn sie mit Trawlern und Fabrikschiffen ausgebeutet würden, meinte Hjort. Seine Erfahrungen aus der internationalen Fischereizusammenarbeit sagten ihm, das Meer müsse vielmehr als Gemeineigentum betrachtet werden. Seine Reichtümer seien nicht herrenlos, sondern gehörten allen Nationen zusammen.

Synchronschwimmen

Die Jungtiere des antarktischen Blauwals werden im Großen und Ganzen während des Südwinters gezeugt. Das konnte der wissbegierige Sekretär der Hvalfangerforening, Sigurd Risting, 1929 feststellen. Er hatte statistische Daten zur Körperlänge von über eintausend Blauwalföten gesammelt, die in Fangstationen und auf Fabrikschiffen aus den Bäuchen der getöteten Mütter geschnitten worden waren, und analysiert, wie ihr Wachstum während der Saison verlief. Risting veranschlagte die Dauer einer Blauwalschwangerschaft mit einem Jahr. Heute setzt man ab der Paarungszeit im Spätherbst zehn bis zwölf Monate an.

Gewöhnlich ist von den Geschlechtsorganen der Blauwale äußerlich nur ein Längsspalt zu sehen, sowohl bei den Bullen wie bei den Kühen. Wenn erlegte Wale an einem Schiff vertäut geflenst wurden, hatte dieser Spalt noch seinen Nutzen. Die Neulinge an Bord, die oft die Aufgabe bekamen, die Flensfähre, von der aus die Flenser arbeiteten, an Ort und Stelle zu halten, konnten ihren Bootshaken in der Spalte besser verhaken als im unnachgiebigen Walspeck, erzählte ein alter Walfänger. Das sei wohl der Grund, meinte er, warum die Flensfährjungen oft *fitteskipper* (»Fotzenschiffer«) genannt würden. [213]

Bei toten Bullen trat mitunter der Penis – bei erwachsenen Blauwalen über zwei Meter lang – aus der Spalte aus. Bei Lebzeiten allerdings hatte der Walbulle die Bewegungen seines Geschlechtsorgans überraschend gut unter Kontrolle, da es mit Muskeln tief im Inneren des Körpers an den zurückgebildeten Beckenknochen befestigt war, die von den an Land lebenden Vorfahren des Wals geblieben waren. Diese rudimentären Knochen hatten keine andere bekannte Funktion mehr als die Verankerung der Geschlechtsorgane.

Die Walfänger erzählten, sie hätten während der Fangsaison im Südpolarmeer – also außerhalb der normalen Zeugungszeit der Jungtiere – mitunter Blauwale beobachtet, die sich an der Wasseroberfläche paarten.[214] Noch kein Biologe hat jemals die Möglichkeit gehabt, die Paarung des größten Tiers der Welt selbst zu beobachten, weder auf der Nord- noch auf der Südhalbkugel.

Dagegen haben die Biologen in neuerer Zeit oft nordatlantische Blauwale beobachtet, die paarweise zusammen schwimmen. Sie tauchen gemeinsam zum Blasen auf und tauchen in dieselbe Richtung wieder ab. Die Forscher können viele Einzeltiere an den Fleckenmustern auf dem Rücken unterscheiden und haben bei einer ganzen Reihe davon das Geschlecht mit kleinen Gewebeproben aus der Haut und dem Speck bestimmen können. Deshalb wissen sie, dass manchmal zwar zwei Tiere desselben Geschlechts Synchronschwimmen üben, aber dass Paare, die mehr als einmal zusammen auftauchen, fast immer ein Bulle und eine Kuh sind. Die Kuh führt dabei und gibt die Richtung vor, der Bulle folgt ihr. Das Synchronschwimmen wird im Spätsommer häufiger, wenn sich die Paarungszeit nähert.

Nähert sich ein anderer Bulle einem solchen Paar, gibt es etwas zu sehen. Die Tiere beginnen gerne ein Wettschwimmen, direkt unter der Wasseroberfläche, wobei alle drei so viel Fahrt aufnehmen, dass sie mitunter in die Luft schießen wie Raketen. Während sie so um die Wette schwimmen, stoßen sie kräftige, abgehackte Laute aus. Die Forschung hält das Wettschwimmen für einen Brunstkampf der Bullen, die damit ihre Stärke demonstrieren, während die Kühe interessiert zuschauen und auch selbst mitmachen.

Die eigentliche Paarungszeit bricht an, wenn die Blauwale ihre Sommerweiden verlassen haben, und weil Blauwale im Winter seltener beobachtet werden, wissen wir wenig darüber, was dann weiter geschieht. Der Grund für den Bullen, der Kuh zu folgen und mit ihr Synchronschwimmen zu üben, ist wohl, dass er sich damit die Möglichkeit zur Paarung später im Herbst und im Winter sichert, sei es, weil er Eindruck auf die Kuh gemacht hat oder weil er andere Männchen verjagt.

Während das Paarungsverhalten der Blauwale also weitgehend unbeobachtet bleibt, ist das bei den Glattwalen ganz anders. Sowohl Grönlandwale wie Nordkaper und die Verwandten der Letzteren auf der Südhalbkugel und im Nordpazifik werden oft in großen Gruppen beobachtet, die aus einer Kuh, die mit dem Bauch in der Luft an der Oberfläche liegt, und manchmal über zwanzig Bullen bestehen, die sich um sie drängen. Die Bullen, die ihr am nächsten sind, schwenken oft den großen, beweglichen Penis und versuchen ihn in die Geschlechtsöffnung der Kuh einzuführen. Es ist schon vorgekommen, dass zwei Bullen gleichzeitig dabei erfolgreich waren. Möglicherweise geht die Initiative zu diesen Versammlungen von den Kühen aus, indem sie die Bullen herbeirufen.

Das freizügige Liebesleben der Glattwale spiegelt sich in der Anatomie des Bullen wider. Seine Hoden können zusammen fast eine Tonne wiegen.[215] Im Vergleich der verschiedenen Tierarten sieht man, dass bei solchen, deren Weibchen sich mit mehreren Männchen paaren, die Männchen die größten Hoden haben, ganz einfach, um die Chance zu maximieren, dass die eigenen Samenzellen den Sieg über die Konkurrenz davontragen.

Die schwersten Blauwalhoden, die beim Zerteilen der Kadaver in den Fangstationen und auf den Fabrikschiffen der Südhalbkugel gefunden wurden, wogen dagegen zusammen nicht mehr als 70 Kilogramm. Das ist ein guter Anhaltspunkt dafür, dass Blauwalkühe den Partner längst nicht so häufig wechseln wie Glattwalkühe. Ob sie selbst das so wollen oder ob der begleitende Blauwalbulle die Rivalen auf Abstand hält, weiß man nicht sicher.

Nach der Paarungszeit wird der Blauwalbulle wieder zum Junggesellen. Er beteiligt sich nicht an der Aufzucht des Kalbs, das ein knappes Jahr nach der Zeugung geboren wird. Das Jungtier wird von der Mutter wohl ein halbes Jahr gesäugt, folgt ihr und lernt von ihr. Danach macht es sich selbstständig. Geschlechtsreif wird das Jungtier erst mit acht bis zehn Jahren, falls es so lange überlebt. Ganz gefahrlos ist das Meer auch für die Jungen des größten Tiers der Welt nicht. In einigen Gewässern tragen viele Blauwale Narben der Zähne von Orcas.

Während der Glattwalbulle enorme Mengen an Spermien produziert, um die Rivalen im Körper der Kuh zu überrunden, ist der Weg des Blauwalbullen zur Vaterschaft vermutlich ein langwieriger Einsatz, um der Kuh zu imponieren. Seine einsame Wanderung durch die Weltmeere begleitet er mit sehnsüchtigem Gesang, der sich vermutlich an potenzielle Partnerinnen richtet. Der Gesang zeigt seinen Standort an, demonstriert, dass er die Energie und die Fähigkeit zum Singen hat, und gibt an, welchem Blauwalstamm er angehört, damit die Kuh einen ihrer Vorliebe entsprechenden Bullen wählen kann. Trifft er auf eine Kuh, die ihn nicht kategorisch abweist, folgt anscheinend eine langwierige Werbung in Form von Synchronschwimmen, Wettschwimmen und vielleicht anderen Balzritualen, die wir nicht kennen, bevor er die Chance bekommt, zum Vater eines Kalbs zu werden, das er nie zu Gesicht bekommen wird.

In Sandefjord wurde dem Blauwalmännchen ein Denkmal errichtet, wenn auch abgelegen in einem Winkel des Walfangmuseums. Es ist ein Walpenis, der dem Anschein nach vom Blauwal stammt. Genauer gesagt ist es die Haut, die dort steht, abgezogen, getrocknet und auf ein glänzend lackiertes Dreibein mit einer einzigen Glühbirne montiert. Der lange, schmale Kegel ist ungefähr mannshoch. Die Haut ist steif und durchscheinend und ändert ihre Farbe von Grau zu Gold, wenn Licht hindurchschimmert. Irgendjemand hat diese Trophäe wohl aus dem Südpolarmeer mit nach Hause gebracht und sich daraus eine Stehlampe gemacht oder machen lassen. Bevor sie ins Museum kam, hat diese Stehlampe vielleicht das Heim eines Walfängers erleuchtet.[216]

Boom

»Sandefjords ganzer Stolz«, wurde es in *Aftenposten* genannt.[217] Das Fabrikschiff mit dem unbescheidenen Namen *Kosmos*, das Anfang August 1929 den Hafen der Kleinstadt überragte, war nicht nur das größte Walfangschiff aller Zeiten. Die 169 Meter lange und 23 Meter breite schwimmende Trankocherei war auch der größte Tanker und damit der größte Frachter der Welt.

Anders Jahre, jetzt Disponent der Kosmos AG, präsentierte das Weltwunder den angereisten Journalisten der Osloer Presse selbst. Für ihn stellte die *Kosmos* einen kleinen Triumph über Konkurrenten und Kritiker dar. Jahre war fleißig gewesen in den letzten Jahren und stand inzwischen an der Spitze eines ganzen Bündels von Walfangfirmen, deren Leitung und Eigentümer sich überlappten.

Ein kleines Flugzeug umkreiste das Fabrikschiff, während Anders Jahre seine Führung machte.[218] Der berühmte Abenteurer Leif Lier hatte bereits einige Jahre zuvor bei einem Testflug vor der norwegischen Küste aus der Luft Ausschau nach Walen gehalten. Jetzt sollte er den Walfängern im Südpolarmeer helfen, ihre Beute zu finden. Für diese Aufgabe hatte Lier sich eine zweisitzige de Havilland Moth beschafft, goldbraun, einmotorig und mit Schwimmern statt der Räder, um auf See starten und landen zu können. Für Starts und Landungen in Eis und Schnee konnten die Schwimmer durch Kufen ersetzt werden.

Ein Flugzeug ins Südpolarmeer mitzunehmen, war spektakulär. Nur der *Arbeiderbladet*-Reporter wollte sich nicht blenden lassen: Auf dem weiträumigen Flensdeck des Fabrikschiffs geparkt, wirke Liers Flugzeug wie eine Laus auf einem Handrücken, fand er.[219]

Waren fast alle schwimmenden Kochereien bisher umgebaute Passagierdampfer oder Frachter gewesen, so war die *Kosmos* von einer Belfaster Werft eigens für den Walfang gebaut worden. Jahre hatte das Schiff an Neujahr 1928 bestellt, noch vor Gründung der zugehörigen Aktiengesellschaft. Die Konstruktion ging auf Christian Fredrik Christensen zurück, den Ingenieur, der auch die Arbeit an der Heckrampe der *Lancing* geleitet hatte. Unter der Wasserlinie war die *Kosmos* ein Tanker; der gesamte Schiffsboden ließ sich mit Waltran oder Schiffsdieselöl füllen, getrennt durch Schotten. Über den Tanks lag ein Fabrikdeck, das die gesamte Kochereiausrüstung in einer großen Halle versammelte. Oben an Deck war der meiste Platz für das Flensen und Zerteilen der Walkadaver reserviert, und am Achterende hatte die *Kosmos* natürlich eine Heckrampe.

Die sieben neu gebauten Fangschiffe, die alle *Kos* hießen und durch römische Zahlen I bis VII unterschieden wurden, kamen aus Nordostengland. Smiths' Dock & Co. in Middlesbrough hatte Akers mekaniske Verksted als führender Lieferant von Walfangschiffen abgelöst. Die Konstruktion dieser Fahrzeuge hatte sich seit Foyns Tagen sehr geändert. Ihr Einsatz zur U-Boot-Jagd im Ersten Weltkrieg hatte dazu beigetragen, ihre technische Entwicklung zu beschleunigen, und eine der Verbesserungen, die in den 1920er-Jahren aufgekommen waren, bestand in der Jagdbrücke, einer schrägen Gangway von der Kommandobrücke hinunter zur Harpune im Bug, die dem Harpunier während der Jagd größere Bewegungsfreiheit gab. Die sieben *Kos*-Boote waren jeweils 37 Meter lang, 12 Meter länger als Foyns *Spes & Fides*, und wie das Mutterschiff *Kosmos* wurden auch die *Kos*-Boote von ölbefeuerten Dampfmaschinen mit einer Kraft angetrieben, die der selige Foyn sich nicht hätte träumen lassen.

Die *Kosmos*-Expedition war aufsehenerregend, aber dass sich die Presse der Hauptstadt in Sandefjord versammelte, lag auch daran, dass die gesamte Walfangflotte so rasch wuchs. Insgesamt 13 neue schwimmende Kochereien kamen in der laufenden Saison dazu, und mehr Fangschiffe und Seeleute denn je zuvor. Selbst wenn Anders Jahre der »Mann des Tages« war, wie mehrere Zeitungen schrieben, garnierte das liberale *Dagbladet* seine Reportage aus Sandefjord mit einem Interview mit dem legendären Lars »Faen« Andersen, der für eine andere Firma ausfuhr. Sein sonnengebräuntes Äußeres war »ein wenig jungenhafter als das anderer Harpuniere, aber mit derselben strahlendblauen Sicherheit in den Augen«.[220] Andersen war der bestbezahlte Walschütze der Welt. Der Journalist des *Dagbladet* wollte erfahren haben, dass er mit jeder Fahrt in die Antarktis mindestens 130 000 Kronen verdiene.

Die »bürgerliche Presse« erzähle nur Märchen darüber, wie reich man als Walfänger werde, behauptete das sozialistische *Arbei-*

derbladet.[221] Die große Mehrzahl könne lange auf die schwindelerregenden Summen warten, wie sie die besten Harpuniere erhielten. Ein 16- bis 18-jähriger Anfänger verdiente laut der Zeitung weniger als 1000 Kronen in der Saison, ein ausgelernter Seemann könne mit bestenfalls 4000 rechnen, und das für viel härtere Arbeit als aus der Heimat gewohnt, während Facharbeiter wie die Flenser vielleicht 5000 bis 6000 bekamen, wenn man Heuer und Profitanteil zusammenrechne.

Der Journalist des *Arbeiderbladet* warnte davor, dass die Branche inzwischen von Spekulanten übernommen worden sei und noch in den Händen »ausländischer Seifenfabrikanten« enden werde. Die Seifenfabrikanten, auf die das *Arbeiderbladet* zielte, waren natürlich Lever Brothers. Durch die norwegische Fetthärtungsfirma De-No-Fa besaß Lever auch Anteile an der A/S Kosmos und war anfangs über De-No-Fa-Direktor Fredrik Blom in deren Vorstand vertreten. Lever Brothers arbeitete so eng mit den anderen Firmen zusammen, die Waltran ankauften, dass die Walfangfirmen in der Praxis nur einem einzigen Abnehmer für ihr Produkt gegenüberstanden. Einige Wochen nach Auslaufen der *Kosmos* wurde noch gemeldet, dass Lever Brothers mit der niederländischen Margarine Unie fusioniert habe. Der neue Konzern Unilever wurde ein noch mächtigerer Gegenspieler für die Waltrananbieter.

Selbst die konservative *Aftenposten* hatte eine kritische Frage an Jahre: »Wenn Sie jetzt mit solcher Kampfkraft auf die Wale losgehen, haben Sie da keine Angst, dass die Wale bald ausgerottet sind?«

»Darüber weiß niemand etwas Genaues«, erwiderte der 37-jährige Reeder. »Jedenfalls hören wir von 1500 Mann und 6 Fangverwaltern, die zu uns gehören, nichts, das in diese Richtung wiese.«[222]

Der Grund dafür, dass Jahre in diesem Sommer auch Fragen zu einer drohenden Ausrottung der Wale gestellt wurden, waren wahrscheinlich die erzürnten Zeitungsartikel eines Mannes namens Bjarne Aagaard. Er verdammte die *Kosmos* und andere Initiativen Jahres als »eine wahnwitzige Ausweitung« der Fangflotte.[223] Das Ergebnis könne nur eine Ausrottung der Wale und das Ende des Fanggewerbes sein. Schon Ende November 1928 hatte Aagaard gefordert, die Regierung solle eingreifen. Das vom Storting kürzlich verabschiedete Walfanggesetz hielt er für vollständig zahnlos.[224]

»Wie die Haie und Killerwale des Meeres baden wir in Blut«, schrieb Aagaard, »und zerstören in wenigen Jahren für uns selbst und andere eine Branche, die im Laufe von Menschenaltern aufgebaut worden ist und Tausenden unserer Landsleute jährlich regelmäßigen Verdienst eingebracht hat. Jetzt schleichen einige schlaue Leute auf Gummisohlen herum und spekulieren mit dem totalen Aussterben eines ganzen Gewerbes, mit dem einzigen Ziel, sich selbst zu bereichern.«[225]

Aagaard selbst war einmal erfolgreicher Geschäftsmann gewesen. In der Wirtschaftskrise zu Beginn der 1920er-Jahre, die der Spekulationsblase mit Schiffsaktien an der Osloer Börse zu Ende des Ersten Weltkriegs folgte, verlor er sowohl sein Vermögen als auch seine Stellung als Geschäftsführer für die Eignerfirma der Mineralwassermarke Farris, die er selbst gegründet hatte. Jetzt verfolgte er literarische Interessen. Mithilfe seines Freundes und Wohltäters, des Walfangreeders Lars Christensen, arbeitete er an einem groß angelegten Buch über Walfang- und Entdeckungsfahrten in die Antarktis. Die Lektüre über den Walfang früherer Zeiten brachte ihn auf das Thema, für das er sich seitdem engagierte: den Schutz der Robben- und Walbestände in der Antarktis, damit sie auch künftig bejagt werden könnten.

Aagaard hatte nie im Walfang gearbeitet oder investiert, aber er stand dem Fangfirmenerben Lars Christensen nahe, der oft Geld für gute Zwecke spendete, ob für das Walfangmuseum in Sandefjord, das 1927 eröffnet wurde, oder eben für Aagaards Buchprojekt. Es waren die neuen Männer im Walfang, die Aagaard angriff – »Gründer« nannte er sie verächtlich, oder »Jobber«, wie damals die Spekulanten hießen. Diese neuen Spekulanten wüssten sehr gut, was sie anrichteten, meinte Aagaard. »Mit dem abgefeimtesten Zynismus nutzen sie die Unwissenheit der Menschen und die Trägheit der Presse aus.«[226] Man spürte Bitterkeit in Aagaards Artikeln, die wohl auch aus seinem eigenen sozialen Absturz herrührte.[227] Seine verbalen Ausfälle waren mitunter so heftig, dass es den Beteiligten leichtfiel, die dahinterstehenden Sorgen lächerlich zu machen.

»Kümmern Sie sich nicht darum, was Bjarne Aagaard schreibt«, sagte Jahre kurz vor dem Auslaufen der *Kosmos* zu *Norges Handels- og Sjøfartstidende*, »wir sehen keinen Grund, auf seine Überdrehtheiten einzugehen.«[228]

Die *Kosmos* und ihre sieben Fangschiffe stachen am 10. August von Sandefjord aus mit 310 Mann an Bord in See. Auf einer Werft in Falmouth in Cornwall wurde noch der letzte Feinschliff an den Schiffen erledigt, danach überquerten sie den Atlantik und legten auf der niederländischen Karibikinsel Curaçao einen Tankstopp ein. Die *Kosmos* übernahm hier 21 200 Tonnen Dieselöl und füllte ihre Tanks bis zum Rand. Dann ging die Fahrt weiter durch den Panamakanal und quer über den Pazifik. Ein Walfangveteran schrieb nach Hause: »Heute, wo ich an Bord des 22 500-Tonners *Kosmos* in meiner gemütlichen Kajüte sitze, mit einem elektrischen Ventilator auf dem Tisch, mit dem wir uns in der tropischen Hitze, die hier herrscht, die Köpfe kühlen, und mit Eiswasser aus dem elektrischen Eisschrank, um unseren Durst zu löschen, ist das wie ein Märchen, wenn ich daran zurückdenke, wie es war, als ich mit der *Nimrod* in den Norden gesegelt bin, um vor Spitzbergen Wale zu jagen.«[229]

Nach einem Zwischenstopp in der neuseeländischen Hauptstadt Wellington erreichte die *Kosmos*-Expedition das Treibeis nördlich des Rossmeers. Hier begann die Jagd auf die Wale. Die *Kosmos*-Expedition drang dabei allerdings nicht ins Rossmeer selbst vor, wie es Carl Anton Larsen sechs Jahre zuvor getan hatte.

Am ersten Fangtag, Sonntag, den 20. Oktober 1929, erlegten vier *Kos*-Boote jeweils einen Blauwal. Seit Beginn des neuzeitlichen Walfangs hatte man immer darauf achten müssen, die Wale nicht zu erschrecken. Dann nahmen sie Fahrt auf und tauchten ab. Deshalb musste man sich bei der Annäherung ruhig verhalten und vorauszuberechnen versuchen, wo der Wal beim nächsten Blas auftauchen würde. Jetzt war die Waljagd dabei, sich zu verändern. Mit den ständig stärkeren Maschinen konnten die Fangschiffe den flüchtenden Walen immer dichter auf den Fersen bleiben, bis sie erschöpft waren und langsamer werden mussten. *Prøysserjag* (»Preußenjagd«) nannten die Fänger diese neue Methode, vielleicht wegen des Rufs der Preußen als fähige Soldaten.[230] Mit der Zeit merkten die Walfänger, dass es seine Vorteile hatte, die Wale aufzuscheuchen, denn wenn sie dann loszogen, mussten sie öfter zum Blasen auftauchen und einen größeren Teil ihres Körpers über Wasser zeigen. Damit waren sie für den Harpunier leichter zu treffen.

Oben im Krähennest stand ein Mann als Ausguck. Bei gutem Wetter sah er das Blaue, wie man sagte, wenn sich das Meer blau färbte, kurz bevor der Wal auftauchte. Der Ausguck dirigierte das Boot. Der Harpunenschütze lief auf der Jagdbrücke hin und her, zwischen der Harpunenkanone und der Kommandobrücke, bis er endlich in Schussweite kam. Die *Kos*-Boote, die der *Kosmos* folgten, jagten in einer Umgebung voller Treibeis. Der Rudergänger musste also auch darauf achten, während der Verfolgung gefährliche Zusammenstöße mit Eisschollen zu vermeiden.

Erfahrene Harpuniere waren gut darin, vorauszuahnen, wo der Wal beim nächsten Mal auftauchen würde, aber die einzelnen Tiere verhielten sich unterschiedlich. Manche hatten bereits schlechte Erfahrungen mit Menschen auf Schiffen gemacht und flüchteten, sowie sie die Walfänger sahen, aber andere Tiere waren naiv und vertrauensvoll. Es kam ab und zu vor, dass ein neugieriger junger Blauwal unter das Fangschiff schwamm, um die Schiffsschraube zu untersuchen.[231]

Die Kocherei und die sieben Fangschiffe standen über Funk miteinander in Verbindung. Sie sendeten verschlüsselt, um zu vermeiden, mit Meldungen über die Standorte von Walen die Konkurrenz anzulocken, die auf derselben Wellenlänge lauschte.

Auf dem 2300 Quadratmeter großen Deck der *Kosmos* konnten drei oder vier Walkadaver gleichzeitig bearbeitet werden. Die Heckrampe führte zur Abspeckplattform hinauf. Sie war natürlich fettig, aber den Umständen entsprechend sauber und ordentlich. Die Winschen zogen dann den abgespeckten Körper weiter bugwärts auf die blutige und stinkende Fleischplattform, wo Arbeiter das Fleisch und die Eingeweide zerschnitten und die enormen Knochen mithilfe lärmender Knochensägen zerteilten. Die Stücke des Walkadavers wurden dann je nach Sorte in verschiedene Öffnungen geschoben, die zu den Trankochkesseln des wohlorganisierten Fabrikdecks hinunterführten. Die Produktionskapazität war enorm. Die Entsalzungsanlage lieferte täglich 200 000 Liter Süßwasser.

In der ersten Woche produzierte die *Kosmos* 6000 Fass Tran, meldete das *Sandefjords Blad* am 28. Oktober. Bei Monatsende waren 111 Blauwale ausgekocht. Im November waren es 273. Ab Dezember erlegten die Fangschiffe außerdem große Mengen Finnwale und Buckelwale.

Zur selben Zeit, als die *Kosmos* die Waljagd aufnahm, kam auch Johan Hjort endlich ins Südpolarmeer. Zusammen mit seinem Mitarbeiter Johan T. Ruud fuhr er an Bord eines anderen eigens gebauten und nagelneuen Fabrikschiffs, der *Vikingen*, durch den Atlantik nach Süden. Die *Vikingen* war etwas kleiner als die *Kosmos*, aber vom selben Ingenieur entworfen. Die *Vikingen*-Expedition hielt sich am Eisrand auf, auf der offenen See zwischen der Bouvet-Insel, Südgeorgien und den Süd-Orkneys. Hier erlegte sie Blauwale in Mengen. Der Jagderfolg dieser Fabrikschiffe in neuen Fanggebieten zeigte, dass Hjort mit der Voraussage, die er 15 Jahre früher vor dem britischen Kabinettsausschuss gemacht hatte, zumindest teilweise recht gehabt hatte: Auf weiten Strecken rund um den antarktischen Kontinent fanden sich zahlreiche Wale.

Die Tour als Passagier auf der *Vikingen* war trotzdem nur ein schwacher Trost für Hjort, der wiederholte Male mit Versuchen gescheitert war, die Finanzierung für eine größere Expedition ins Südpolarmeer zu sichern. Ruud und er forschten, so viel sie konnten. Während die anderen an Bord Blauwalkadaver zerlegten und Tran kochten, warfen die Zoologen an langen Stahlkabeln Planktonnetze aus, um die Planktonblüte zu studieren. Überall fanden sie große Mengen Kieselalgen. Dieses mikroskopisch kleine Phytoplankton bildet die Grundlage der Nahrungskette. Zooplankton hatten sie ebenfalls in den Netzen, dazu einige Krilleier und -larven, aber ausgewachsene Tiere waren selten und landeten nur ausnahmsweise in den Fangsäcken. Dagegen fanden Hjort und Ruud große Mengen Krill in den Mägen aller 300 Wale, die sie im Lauf der Saison untersuchten, außer bei einem Jungtier, in dem sie auf Reste von Muttermilch stießen. Diese Muttermilch bewies, dass die Walfänger zumindest manchmal das Verbot des norwegischen Gesetzes missachteten, säugende Jungtiere und stillende Mütter zu töten.

An Bord der *Vikingen* zeigte sich Johan Hjort beeindruckt vom Arbeitseinsatz und der Motivation der Walfänger. Er beobachtete den oft beschriebenen »Walblues«, die Niedergeschlagenheit, die sich an Bord ausbreitete, wenn keine Wale zu finden waren, und dann die Begeisterung, wenn es Arbeit gab und die Verdienstaussichten sich besserten: »Überstunden, kein Schlaf, den ganzen Tag schuften, Schnee und eisiger Wind – froher Arbeitseifer, Späße und gute Laune, freundliche Gesichter, wohin du gehst, Hilfsbereitschaft, wenn du sie brauchst.«[232] Für Hjort war dies das Gegenstück zum zerstörerischen Klassenkampf der Marxisten. Das Partiesystem, nach dem jeder Teilnehmer der Walfangexpedition, vom Kapitän bis zum Schiffsjungen, einen Anteil am Gewinn erhielt, weise den Weg für den Rest der Gesellschaft, meinte er.[233]

Die Beobachtungen zum Arbeitseifer der Walfänger standen in einem Buch, das zu schreiben Johan Hjort auf der Fahrt ins Südpolarmeer, bei schlechtem Wetter, wenn man keine Planktonnetze auswerfen konnte, und später auf der Heimreise endlich die Zeit fand.

Während Hjort an Bord der *Vikingen* auf der Atlantikseite der Antarktis an seinem Buch arbeitete und die Planktonproben untersuchte, führte Leif Lier auf der anderen Seite des Kontinents, im Eismeer südlich des Pazifiks und Neuseelands, Versuchsflüge von der *Kosmos* aus durch. Das Flugzeug wurde mit zusammengefalteten Flügeln vom Fabrikschiff aus zu Wasser gelassen. Unten wurden die Flügel ausgebreitet, und Lier startete aufs offene Meer hinaus. Sein längster Flug in der Zeit vor Weihnachten dauerte fünf Stunden. Unter ihm erstreckten sich die Wogen und Eisfelder des Meeres.

In der Morgendämmerung des zweiten Weihnachtstags saß Lier in seiner Kabine und schrieb in sein Tagebuch: »Weihnachten herrschte außergewöhnlich schönes Wetter, stiller, warmer Sonnenschein. Heute ist es neblig. Ich hoffe, es klart noch auf, weil ich einen Flug nach Westen bis Balleny Island geplant habe.«[234]

Der Nebel verzog sich wie erhofft und die Sonne stand bereits hoch am Himmel, als die Maschine um sechs Uhr morgens mit dem 25 Jahre alten Schiffsarzt Ingvald Schreiner auf dem Passagiersitz abhob. Auch Schreiner war abenteuerlustig; er hatte für die Expedition angeheuert, um genug Geld für ein eigenes Segelboot zusammensparen zu können. Damit wollte er dann um die Welt segeln.

Die Stunden vergingen. Das Flugzeug kam nicht zurück. In der Nacht zum dritten Weihnachtstag startete die *Kosmos* eine groß angelegte Rettungsaktion. Fangschiffe der Kochereien *C. A. Larsen* und *Southern Princess* halfen bei der Suche, und nach einiger Zeit kamen auch die Mutterschiffe dazu. Die Funksprüche nach Hause waren tagelang voller haltloser Spekulationen, was geschehen sein könnte: Vielleicht waren die beiden notgelandet und hatten sich auf eine Eisscholle oder eine öde Insel gerettet? Ständig kamen neue Vorschläge, wen man um Hilfe bitten könne, um Lier und Schreiner zu retten –

norwegische Piloten in Neuseeland oder den amerikanischen Entdecker Richard E. Byrd –, aber ohne jeden Nutzen. Weder das Flugzeug noch seine Insassen wurden je wiedergefunden.

Wirtschaftlich war die erste Antarktisfahrt der *Kosmos* dagegen ein Erfolg. Aus genau 1000 in dieser ersten Saison erlegten Blauwalen und 822 Walen anderer Arten kochte die *Kosmos* 117 300 Fass Tran. Das entsprach ungefähr 20 000 Tonnen. Disponent Anders Jahre konnte den Aktionären eine Dividende von zwei Prozent auszahlen. Insgesamt wurden in dieser Fangsaison in der Antarktis annähernd 18 000 Blauwale getötet, mehr als je zuvor.

Die Flotte, die in der folgenden Fangsaison 1930/31 ins Südpolarmeer auslief, war mit 41 Kochereien und 200 Fangschiffen noch größer. Die Stärke der Schiffsmaschinen versechsfachte sich, alle Fangschiffe zusammengerechnet, in nur drei Jahren. Niemals, weder davor noch danach, wurden so viele Blauwale getötet. Alleine die *Kosmos* erlegte 1553 Stück auf ihrer zweiten Fahrt. Insgesamt wurden in der Fangsaison 1930/31 in der Antarktis über 29 000 Blauwale erlegt und verarbeitet, wozu noch die unbekannte Anzahl derer kommt, die zwar erlegt wurden, aber dann nicht geborgen werden konnten. Rückblickend weiß man, dass alleine die Beute dieser einen Saison etwa ein Zehntel des Gesamtbestands ausmachte.

Die Rekordproduktion an Waltran – über 600 000 Tonnen – wurde hauptsächlich zu Margarine verarbeitet. Die Härtungstechnik war Ende der 1920er-Jahre verbessert worden, und Waltran konnte jetzt in ein Speisefett verwandelt werden, das auf der Zunge wie Butter zerging.

Abschied und Wiedersehen

Didrik Ternevik hackte Holz. Für den Jungen von der Insel Tjøme vor Tønsberg war ein Traum in Erfüllung gegangen: Er hatte Heuer auf einem Fabrikschiff bekommen, in letzter Minute bevor die Expedition nach Süden auslaufen sollte, und jetzt musste er dafür sorgen, dass seine Mutter und die kleine Schwester es im Winter auch warm hatten. Didrik war seit einigen Wochen der Mann im Haus, weil der Vater bereits ins Eis auf Walfang aufgebrochen war.

Drinnen war die Mutter damit beschäftigt, seine Ausrüstung zusammenzupacken. »Da gab es Oberbekleidung und Unterwäsche, Strümpfe und Socken, Fausthandschuhe und Schals, Seestiefel und Ölzeug, Südwester-Regenhut und Pelzmütze, Arbeitszeug und Sonntagsstaat! Es gab Salbe, falls er sich Blasen holte, und Terpentin, Hustensaft und saubere Leinenbinden, falls er sich schnitt.«[235] Bei dieser Gelegenheit hatte Mutter auch das erste Rasierzeug für Didrik angeschafft.

Ende September ließ sich Didrik mit einem motorisierten Holzboot an Land übersetzen und fuhr mit dem Bus nach Sandefjord weiter. Dort stand er alleine an Bord des Fabrikschiffs und sah zu, wie die anderen sich an Land verabschiedeten. Man drückte einander die Hände. »Die einen sprachen und lächelten, die anderen schauten ernst drein, aber nur selten weinte jemand. Alle versuchten fröhlich zu wirken, um denen, die hinausfuhren, den Abschied nicht noch schwerer zu machen.«[236] Mit Booten wurden die Seeleute dann zur Kocherei hinausgebracht, die ein Stück weiter draußen ankerte.

Ein anderer Junge im Konfirmationsalter, der Kleinbauernsohn Einar Sund, stand ebenfalls an Bord seines Fabrikschiffs und spähte nach Sandefjord hinüber, wohin er zusammen mit Mutter und Schwester auf dem Pferdewagen gefahren war: »Ein Auto nach dem anderen schwenkt auf den Kai ein, voll beladen mit abreisenden Walfängern und den Freunden, Verwandten und Liebsten, die sie begleiten. Es sind hohe, offene Fords und niedrige geschlossene Automobile durcheinander. Alle haben die Schiffskiste, den Seesack oder den Koffer auf dem Gepäckträger am Heck festgezurrt.«[237] Die

Autos waren ein äußeres Zeichen des Wohlstands, den die Einnahmen aus dem Walfang der Vestfold gebracht hatten.

Didrik und Einar sind Romanfiguren, jeder die Hauptperson eines Jugendbuchs aus den 1930er-Jahren, einmal *Speiderguttene som drog på hvalfangst* (etwa »Die Pfadfingerjungs gehen auf Walfang«) von Sverre S. Amundsen und *Gutter på hvalfangst* (etwa »Jungs auf Walfang«) von Jan Østby. Diese beiden hat es also konkret nicht gegeben, aber es verabschiedeten sich damals wirklich Jugendliche um die fünfzehn von ihren Eltern und fuhren mit den erwachsenen Seeleuten hinaus auf Walfang. Ihre Arbeit an Bord wurde natürlich ihrer fehlenden Erfahrung und Muskelkraft angepasst; die jüngsten wurden zum Beispiel als Küchenjungen eingesetzt, halfen beim Kochen und servierten.

Den Jugendlichen fiel der Abschied dabei vielleicht sogar leichter als den Familienvätern unter den Seeleuten. Manche Veteranen erzählten später, dass es ihnen sehr wehtat, hinausfahren zu müssen, nachdem sie eine Familie gegründet hatten, einige grämten sich schon lange vorher, dass sie Frau und Kinder würden zurücklassen müssen. Sowohl unter den Frauen wie unter den Männern gab es einige, die mit diesen Abschieden auf dem Kai nicht fertigwurden. Nicht alle Frauen kamen daher hierher, selbst wenn sie in der Nähe wohnten.

Eine Walfängerfrau erinnerte sich viele Jahre später, dass es zum Abschied an Bord des Fangschiffs, mit dem ihr Mann am gleichen Tag in den Süden fahren sollte, kaum einen Kuss aufs Kinn gegeben habe. »Allen unseren Kummer nahmen wir mit nach Hause!«[238]

Die Fabrik- und Fangschiffe im Südpolarmeer waren – jedenfalls vor dem Zweiten Weltkrieg – eine reine Männerwelt. Eventuelle Seitensprünge mit anderen Frauen mussten also auf Häfen beschränkt bleiben, die unterwegs angelaufen wurden. Zu Hause war das anders. Manche Walfängerfrauen wurden zum Ziel lästiger oder beängstigender Annäherungsversuche von Männern, die an den dunklen Abenden an die Tür klopften. Es gab viele Witze und Klatschgeschichten über Frauen, die bei Abwesenheit des Ehemanns Besuch von Holzhackern bekamen. Sollten aus solchen Besuchen Kinder entspringen, wussten natürlich alle genau, wer der Vater war. Der Jahresrhythmus im Südpolarmeerwalfang spiegelte sich zu Hause in den Geburtenziffern wider. Die Walfänger kehrten meist im Mai zurück, viele Kinder wurden im Lauf des Sommers gezeugt, und die Kreißsäle der Vestfold waren dann im Februar, März und April überfüllt – während viele Väter noch draußen auf See waren.

Kamen sie dann endlich, im späten Frühling oder Frühsommer, nach Hause, herrschte Feierstimmung in den Dörfern der Vestfold. Die Häfen wimmelten vor Menschen. Die Männer von den Fabrik- und Fangschiffen hatten Geld in der Tasche, einige mehr als andere, und schon im Frühling 1927 kaufte sich eine Gruppe Harpuniere in den Niederlanden Flugscheine für die letzte Etappe, um rechtzeitig zum Wochenende nach Hause zu kommen.[239] Die Burschen zogen durch die Dörfer und feierten. Die Geschäfte gingen im Frühsommer gut in den Orten um Sandefjord, und die sonnengebräunten und spendablen Walfänger waren bei den Frauen beliebt.[240]

Familien und Paare wurden nach langer Trennung wieder vereinigt, und die heimgekehrten Väter verteilten Geschenke, die sie unterwegs gekauft oder selbst gebastelt hatten, an die Kinder. Die Kleinsten mussten ihren Vater überhaupt erst kennenlernen. Frauen und Kinder erzählten später von großer Freude beim Wiedersehen, aber auch von rastlosen Männern, die Mühe hatten, sich wieder in die Häuslichkeit einzufügen.

Walfang im Südpolarmeer bedeutete nicht nur harte Arbeit, sondern auch, dass die Männer einen Großteil des Jahres von ihrer Familie getrennt waren, und für einige war das ein sehr hoher Preis. Zum Ausgleich brachte die Arbeit im Walfang verhältnismäßig guten Lohn. In einer Zeit, als Lebensmittel noch einen großen Teil des Haushaltsgelds verschlangen, war es auch nicht ganz ohne Bedeutung, dass die Männer an Bord freie Kost hatten.

In der Spitzensaison 1930/31 bestanden die Mannschaften der Walfangexpeditionen in die Antarktis fast ausschließlich aus Norwegern, ob die Schiffe nun Norwegern oder Ausländern gehörten. Über 10 000 Norweger fuhren nach Süden übers Meer.[241] Weniger als 150 kamen aus anderen Ländern. Männer aus allen Teilen Norwegens kamen zum Walfang, aber die meisten waren aus der Vestfold, wo die Branche wichtig für Arbeitsplätze und Gewinne war, und wo die Krise daher umso schlimmer war, als sie schließlich zuschlug.

Krise

Die Morgensonne wärmte, und Harold K. Salvesen hielt den Überzieher über dem Arm gefaltet, als er von Bord des Passagierschiffs *Blenheim* an Land ging. Ein Pressefotograf knipste. Der gut gekleidete Schotte mit dem norwegisch klingenden Namen lächelte höflich und setzte seinen Weg fort, jetzt mit dem Auto vom Kai in Horten nach Tønsberg, wo er an diesem 10. August 1931 in Kürze, um 12 Uhr mittags, eine Besprechung mit norwegischen Walfangreedern hatte.

Salvesen betrat die Vestfold in einer Krise. Die gesamte norwegische Walfangflotte, sowohl Fabrikschiffe wie Fangschiffe als auch die Trantanker, lagen arbeitslos in den Fjorden, eingemottet für eine Überwinterung zu Hause statt startklar für eine Fangfahrt in den Süden. Im Frühling 1931 hatten die Mitglieder der Hvalfangerforening sich darauf geeinigt, die Schiffe in der Fangsaison 1931/32 zu Hause zu lassen. Es gab kaum Aussichten, den Tran aus einer weiteren Jahresproduktion zu verkaufen, wenn 150 000 Tonnen Tran aus der Rekordsaison 1930/31 noch unverkauft eingelagert waren, nachdem die Wirtschaftskrise im Gefolge des New Yorker Börsenkrachs 1929 die Rohstoffmärkte zusammenbrechen hatte lassen.

Es war im Interesse aller Walfangfirmen, die Preislage für die nächste Saison durch Angebotsverknappung zu verbessern. Auf der anderen Seite hätte es sich für einige doch lohnen können, auszufahren, wenn alle anderen zu Hause blieben. Die norwegischen Walreeder hatten gehofft, die britische Firma Chr. Salvesen & Co. mit ins Boot holen zu können. Harold K. Salvesen, Erbe und Miteigner, erklärte den Journalisten in Tønsberg jetzt allerdings, dass die Firma die Notlage ihrer Konkurrenten zwar nur ungerne ausnutze, aber wohl oder übel ihre drei Fabrikschiffe und die Landstation auf Südgeorgien wie gewöhnlich einsetzen müsse, zum einen, um bereits getätigte Ausgaben bezahlen zu können, zum anderen aus Rücksicht auf die Angestellten und Kunden.[242] Salvesen hatte gute persönliche Voraussetzungen, um die Gemüter in Norwegen zu beruhigen. Er sprach Norwegisch, die Muttersprache seines Großvaters Christian Salvesen, der im 19. Jahrhundert ins schottische Leith gezogen war und dort den Familienbetrieb gegründet hatte. In norwegischen Zeitungen wurde sein Vorname Harold oft zu Harald norwegisiert.

Die norwegischen Reeder waren trotzdem empört. Einer von ihnen nannte den Entschluss des Schotten »grausam, erschreckend – ja, nahezu skandalös«[243]. Die Nachricht habe ihn Ende Juli »wie ein Blitz aus heiterem Himmel« getroffen, behauptete Anders Jahre. Dieser hatte während des Jahres bereits mit Salvesen verhandelt, und der Schotte habe zwar keine Zusage gemacht, aber nach Jahres Meinung kam es in der gegenwärtigen Lage »überhaupt nicht infrage«, auf Fang auszufahren, sodass er sich darauf verlassen habe, Salvesen werde schon noch Vernunft annehmen.[244] Im Übrigen hatten die Norweger bereits erfahren, dass ein anderes britisches Fangschiff, das einer Tochtergesellschaft des Unilever-Konzerns gehörte, des »Fett-Trusts«, der fast ein Monopol für den Tranankauf hatte, wie gewöhnlich nach Süden auslaufen werde. Die Krise war ausgebrochen, weil Unilever keinen Tran mehr ankaufen wollte. Dass der Konzern trotzdem selbst auf Walfang ging, weckte Verbitterung. Auch die argentinische Pesca setzte in der Saison 1931/32 den Walfang auf ihrer Station in Grytviken fort.

Die Aussetzung der Fangsaison kam für die Seeleute zum schlimmsten denkbaren Zeitpunkt, denn auch zu Hause waren harte Zeiten angebrochen. Die Arbeitslosigkeit schoss in die Höhe. Lars Christensen kündigte an, er wolle die ortsansässigen Werften mit der Wartung der eingemotteten Kochereien und Fangschiffe beauftragen.[245] Das gab ein paar Arbeitsplätze. Dennoch stand der Vestfold ein Krisenjahr bevor und den Blauwalen des Südpolarmeers ein friedlicherer Sommer.

Es gab mehrere Gründe, wieder Hoffnung für die Walbestände zu fassen. Während die Tage in der Antarktis länger und in der Vestfold, wo der Großteil der Weltwalfangflotte vertäut lag, kürzer wurden, trafen sich in Genf Abgesandte mehrerer Staaten, um das erste internationale Abkommen zur Begrenzung des Walfangs fertig auszuhandeln.

In den 1920er-Jahren hatten die Behörden sowohl Norwegens wie Großbritanniens abgewunken, wenn Vorschläge zu solchen Abkommen gemacht wurden, weil danach ja fremde Länder Einfluss auf den eigenen Fang in der Antarktis nehmen könnten. Sie versuchten lieber, den Fang in Eigenregie zu regulieren. Das änderte sich mit der schnellen Umstellung auf den Hochsee-Fang, und die Grundlage für das neue Abkommen wurde schon im April 1930 gelegt, als sich in Berlin eine Gruppe Fachleute traf und einen vorsichtigen Entwurf für ein Walschutzabkommen ausarbeitete, der in großen Teilen dem norwegischen Walfanggesetz von 1929 entsprach. Johan Hjort nahm an der Tagung in Berlin ebenso teil wie der Direktor des norwegischen Statistischen Zentralbüros, Gunnar Jahn, sowie Abel Gruvel aus Frankreich und Ernest Rowland Darnley aus Großbritannien.

Anfang September 1931 befand sich Hjort wieder auf einer Expertentagung, diesmal in Genf, um die Kommentare und Vorschläge der Regierungen der einzelnen Teilnehmerstaaten auszuwerten. Wie gewöhnlich gab er den Hansdampf in allen Gassen. Während er unterwegs war, versuchte er immer auch, Käufer für den Tran zu finden, den die norwegischen Firmen noch eingelagert hatten.[246]

Wenige Tage später leitete in Genf der norwegische Außenminister Birger Braadland eine Sitzung des Völkerbunds, die den Expertenvorschlag einer Konvention zur Regulierung des Walfangs einstimmig guthieß.[247] Die norwegische Regierung bekräftigte sofort ihren Willen, einer solchen Konvention beizutreten, sollte sie zustande kommen.[248] Die wichtigste Schutzbestimmung der Konvention war, wie im norwegischen Walfanggesetz, ein weltweites Verbot für den Fang der seltenen Glattwale und ein Verbot der Jagd auf Jungtiere und stillende Muttertiere.

Was immer man von der Zusammenkunft in Genf hielt – unzweifelhaft bewirkte die Wirtschaftskrise und die Aktion der Walfangreeder für höhere Tranpreise mehr für die Erholung des Blauwalbestandes. Während die norwegische Walfangflotte stillstand, wurden in der Antarktis kaum 6500 Blauwale getötet, rund ein Viertel der Anzahl vom Jahr zuvor.

Gleichzeitig wurde intensiv an einem freiwilligen Abkommen zwischen den Fangfirmen gearbeitet, um die Produktion in der kommenden Saison zu begrenzen. Diesmal gelang es den norwegischen Reedern, auch Salvesen zur Teilnahme zu bewegen. Die Schotten schlossen sich im Juni 1932 einer Absprache für die nächste Fangsaison an, die alle großen Fangfirmen – mit Ausnahme Unilevers – getroffen hatten. Vereinbart wurde, pro Mannschaft nur zwei Drittel der Menge an Waltran zu produzieren, die in der Spitzensaison 1931/32 erreicht worden war. Das Hauptmotiv waren bessere Tranpreise. Gleichzeitig dämpfte die Absprache den Druck auf den Walbestand ein wenig. Die Wirkung der Vereinbarung ist mit etwa 2500 getöteten Walen weniger als bei unbeschränktem Fang veranschlagt worden.[249] Die Firmen handelten dabei auf eigene Faust, standen aber doch auch unter Druck, weil die Behörden in Norwegen und Großbritannien zu diesem Zeitpunkt bereits ein zweiseitiges Abkommen zur Begrenzung des Walfangs in der Antarktis erwogen.

Die private Produktionsabsprache der Walfangfirmen führte mehrere wichtige neue Prinzipien ein. Erstens wurde der Hochsee-Fang mit einer Quote reguliert. Es wurden Quoten für die Höchstmenge an Tran festgesetzt, die eine Firma produzieren durfte. Um sicherzustellen, dass der gesamte Walkadaver gut ausgenutzt und der Bestand nicht unnötig belastet wurde, setzten die Firmen außerdem eine Quote für die Zahl erlegter Wale fest. Diese Walquote wurde in »Blauwaleinheiten« berechnet, ein Begriff, der aus der Fangstatistik stammte und hier zum ersten Mal für eine Walfangregulierung eingesetzt wurde. Die Formel lautete: 1 Blauwal = 2 Finnwale = 2,5 Buckelwale. Die Walfänger durften also frei wählen, auf welche Arten sie Jagd machten, aber von den kleineren Arten durften sie mehr Exemplare erlegen.

Die Quoten waren außerdem handelbar, man konnte sie kaufen und verkaufen. Es war allerdings kein freier Handel, vielmehr wurden die Firmen in Gruppen eingeteilt, die die Quoten intern aufteilten – die Rasmussen-Gruppe, die Christensen-Gruppe und so weiter. Viele blieben infolge des Quotenhandels zu Hause. Nur 16 schwimmende Kochereien (darunter die zwei Unilever-Fabrikschiffe) und eine Fangstation (Grytviken) gingen in der Saison 1931/32 auf Walfang im Südpolarmeer, gegenüber 41 Kochereien und sechs Fangstationen 1930/31. Diejenigen Kochereien, die noch ausliefen, hatten sich im Großen und Ganzen so reichliche Quoten gesichert, dass sie so viel wie nie zuvor produzieren konnten.

Ebenfalls wegen des Quotenhandels konnte Lars »Faen« Andersen als Fangverwalter auf der Jungfernfahrt von Jahres neu gebautem Fabrikschiff *Kosmos II* in dieser Saison den Produktionsrekord für alle Zeiten aufstellen. Fast 38 000 Tonnen Waltran waren das Ergebnis dieser Expedition.[250]

Die freiwillige Produktionsabsprache versetzte dem Walfang einen gewissen Dämpfer, reichte aber längst nicht aus, um den Blauwalbestand in der Antarktis zu retten. Insgesamt wurden im Südpolarmeer 1932/33 noch 19 000 Blauwale getötet und verarbeitet. In der Folgesaison, in der eine entsprechende Absprache galt, waren es gut 17 000.

Aber bestand denn eigentlich eine Gefahr für die Blauwale? Dass der Walfang eine Walart in der Antarktis vollständig ausrotten würde, war undenkbar, behauptete Harold K. Salvesen bei einem Vortrag in London im Februar 1933. Wenn sich der Fang in der Antarktis einmal nicht mehr lohne, würden immer noch Tausende Blauwale und Finnwale übrig sein.

Um die Rentabilität dagegen sorgte er sich durchaus. Dass die Bestände zurückgingen, stellte er keinen Augenblick in Zweifel. Die Fangergebnisse waren zuerst vor Südgeorgien zurückgegangen, dann vor den Südshetlandinseln, und jetzt ließen sie auch im Rossmeer nach. Selbst in den neuen Fanggebieten, die sich, über zwei Drittel des Umfangs des Kontinents, von der Antarktischen Halbinsel östlich bis zum Rossmeer erstreckten, schien sich ein Rückgang abzuzeichnen. Um die Ausplünderung der Ressourcen zu bremsen, hatte Salvesen persönlich auf der Fangquote bestanden, die die Anzahl der erlegten Wale – berechnet in Blauwaleinheiten – begrenzte, als die Absprache ausgehandelt wurde.[251]

Eine interessante Frage sei, ob sich im bisher ungenutzten Drittel des Südpolarmeers – von der Antarktischen Halbinsel nach Westen bis zum Rossmeer – eine Grundlage für den Walfang biete. In der Diskussion um Salvesens Vortrag stellte sich heraus, dass die Expeditionen, die in diesen Gewässern nach Walen gesucht hatten, kaum welche gefunden hatten.

Johan Hjort bewertete die Lage anders als Salvesen. »Lange versuchte man sich mit der Annahme zu trösten, die Wale seien scheu geworden und hätten ihre alten Reviere verlassen«, schrieb er in seinem Werk *Hval og hvalfangst* (»Wal und Walfang«), das 1933 erschien.[252] In den Fanggebieten weltweit habe sich jedoch immer dasselbe Muster gezeigt: Erst schossen die Fangzahlen in die Höhe, bis sie nach wenigen Jahren abfielen, weil es zu wenig Wale gab, als dass sich die Jagd auf sie noch gelohnt hätte. Das sei auch von sämtlichen Fanggebieten in der Antarktis zu erwarten.

Im Prinzip war es allerdings möglich, eine optimale Fangzahl zu berechnen, die eine gleichbleibende Ausbeute ermöglichte. *Hval og hvalfangst* beruhte auf einer wissenschaftlichen Arbeit, in der Hjort und seine Mitarbeiter Methoden für eine solche Berechnung entwickelt hatten. Vorläufig waren diese Methoden eher von theoretischem Interesse, weil man nicht wusste, wie groß die Bestände waren. Und auch ungeachtet des Wissensstands wäre es schwierig, eine Zusammenarbeit zwischen konkurrierenden Staaten und Firmen zu erreichen, sah Hjort voraus. Deshalb glaubte er nicht, dass sich der Walfang auf die optimalen Zahlen begrenzen ließe, sondern dass er sich in der Antarktis schließlich auf ein gleichbleibend niedriges Niveau einpendeln werde, mit einem ständig niedrigen Bestand und daher geringer Rentabilität. Möglich wäre auch, dass sowohl Bestand als auch Walfangbranche abwechselnd Auf- und Abschwünge erlebten.

Was Hjort nicht glaubte, war, dass die Walbestände im Südpolarmeer ebenso zusammenbrechen würden wie zuvor der des Grönlandwals, und zwar aus zwei Gründen: Der erste waren die hohen Kosten der Walfangfahrten in die Antarktis, der andere das fantastisch rasche Wachstum von Blau- und Finnwalen. Was ihr Wachstum anging, so konnte sich Hjort auf Zahlenmaterial aus dem britischen Discovery-Programm stützen, das in den Kochereien des Südpolarmeers zahlreiche Wale seziert, vermessen und gewogen hatte. Hjort und andere Biologen verwendeten in den 1930er-Jahren Zahlen zum Wachstum und zur Entwicklung des Blauwals, wie sie die Forschung auch heute noch zugrunde legt, mit einer wichtigen Ausnahme: Weil die Altersbestimmung der Wale noch sehr unsicher war, gingen Hjort und andere damals davon aus, dass der Blauwal ungeheuer rasch wachse und nach nur zwei Jahren geschlechtsreif sei. Heute veranschlagt man dafür acht bis zehn Jahre. Dieser Fehler trug zweifellos dazu bei, die Erholung des Blauwalbestands nach so starker Dezimierung allzu optimistisch zu sehen.[253]

Im Frühling 1933 waren den meisten Beteiligten am Walfang in Norwegen im Übrigen auch ganz andere Probleme wichtiger als Wachstum und Entwicklung des Blauwals. In Deutschland war im Januar Adolf Hitler zum Reichskanzler ernannt worden, an der Spitze einer Regierung aus Nationalsozialisten, Parteilosen und Deutschnationalen. Hitler festigte seine Macht rasch. Am selben Tag, als der deutsche Reichstag das sogenannte Ermächtigungsgesetz beschloss, das Hitler praktisch zum Diktator machte, am 23. März, legte seine Regierung auch eine sehr prosaische Verordnung vor, den Fettplan. Er sah vor, die Importe von Speiseölen und Speisefetten drastisch zu senken und unter strenge Kontrolle eines neuen staatlichen Fettmonopols zu stellen. Die dadurch erhoffte Steigerung der deutschen Butterproduktion sollte den deutschen Bauern helfen.

Auch viele andere europäische Staaten führten in der Krisenzeit der 1930er-Jahre Maßnahmen durch, um den Butterverbrauch auf Kosten von Margarine zu fördern und damit die heimische Landwirtschaft zu stützen. Der deutsche Plan war aus Sicht der Walfänger besonders aufsehenerregend, weil Deutschland den bei Weitem größten Markt für norwegischen Waltran bildete. Selbst wenn Unilever als britischer Konzern galt, landete doch ein Großteil des Trans, den er ankaufte, als Margarine auf deutschen Esstischen.

In Norwegen befürchtete man außerdem, dass Deutschland sich selbst im Walfang engagieren könnte. Bei einer Volksversammlung in Berlin im März 1933 zeigte einer der Vorkämpfer dieses Gedankens, Kapitän Carl Kircheiss, einen Film aus dem Südpolarmeer. Deutschland brauche Fett und Arbeitsplätze, sagte er. Laut einem Norweger, der darüber zu Hause berichtete, bat Kircheiss sein Publikum, mit ihm zusammen »dem deutschen Volk zuzurufen: ›Wal! Wal! Da bläst er!‹«[254].

Es galt, den Deutschen diese Gedanken auszutreiben und die reduzierte Importquote, die gemäß dem Fettplan noch zugelassen war, mit Waltran statt Pflanzenöl auszunutzen. Bereits am 28. März, wenige Tage nach Bekanntwerden des Fettplans, reiste eine norwegische Delegation nach Berlin, um der Botschaft zu helfen, für Waltran zu werben. Einige Wochen später fuhr Johan Hjort im Auftrag von Ministerpräsident und Außenminister Mowinckel zu einem diskreteren Besuch nach Berlin und traf sich mit hohen deutschen Repräsentanten.[255] Die Zusammenarbeit mit den deutschen Behörden beim Waltranverkauf wurde in aller Stille fortgesetzt.

Was die freiwillige Absprache zur Begrenzung der Fangzahlen in der Antarktis anging, so wurde sie für die Saison 1933/34 erneuert. Danach zerbrach die Zusammenarbeit.

Der Gegensatz zwischen alten und neuen Kräften in der Branche hatte von Anfang an zu Reibereien zwischen den Teilnehmern der Produktionsabsprache geführt. Walfangreeder Lars Christensen hatte großteils von der Ausweitung seiner Fangflotte, wie sie andere seit 1928 durchführten, abgesehen, und meinte, die Entwicklung seitdem habe ihm recht gegeben. Deshalb verdiene er reichliche Quoten, so Christensen, für die älteren Kochereien, die er weiterhin einsetzte. Anders Jahre dagegen war der Ansicht, die neuen, modernen und leistungsstarken Fabrikschiffe – zum Beispiel seine eigenen – sollten mit guten Quoten belohnt werden.

Im Südsommer 1933/34 nahm Christensen selbst an einer der vielen antarktischen Forschungsfahrten teil, die er finanzierte. Zu Neujahr 1934 telegrafierte er nach Hause und forderte, die gesamte Walfangflotte, auch die Unilever-Schiffe, müsse für die Saison 1934/35 stillgelegt werden. Er soll sich um die Walbestände gesorgt haben. Außerdem wurde am Markt wieder viel unverkaufter Waltran angeboten. Als Jahre öffentlich äußerte, er werde auf alle Fälle seine Fabrikschiffe ausschicken, schlug Christensen gleichfalls zu. Er reiste nach England und traf sich am 25. März 1934 mit der Unilever-Konzernführung. In vertraulichem Gespräch schlug er eine Zusammenarbeit vor. Rasch kam ein Vertrag zustande, nach dem Christensens Firmen in den kommenden zwei Fangjahren für Unilever auf Walfang gehen sollten, wobei der Konzern ihnen einen festen Abnahmepreis für Tran garantierte.

Gleichzeitig lehnte Christensen die Teilnahme an einer neuen Absprache zur freiwilligen Produktionsbegrenzung ab. Damit stellte er sich außerhalb jeglicher Zusammenarbeit innerhalb der Branche, sowohl bei der Produktionsbeschränkung wie bei den Verkaufsverhandlungen. Der Vertrag mit dem verhassten Unilever-Konzern, dem »Fett-Trust«, wurde als Verrat gesehen.

Die Regierung Mowinckel reagierte in Abstimmung mit der Hvalfangerforeningen, indem sie umgehend ein neues Walfanggesetz einbrachte, das den Walfang in der Antarktis auf die Zeit vom 1. Dezember bis zum 31. März einschränkte. Das traf besonders Christensen, der mit seinen alten und wenig effektiven Fang- und Verarbeitungsschiffen länger brauchte, um gute Ergebnisse zu erzielen. Gleichzeitig verbot die Regierung den Verkauf von Fabrik- und Fangschiffen ins Ausland. Weder Christensen noch andere Reeder sollten die neuen Regeln umgehen können, indem sie ihre Fangflotte ins Ausland verkauften oder ausflaggten.

Im Juni 1934, während das neue Walfanggesetz vom Storting beraten wurde, reisten Anders Jahre und sein Walfangreederkollege Magnus Konow zweimal nach Berlin, um Waltran zu verkaufen.[256] Sie vertraten dabei ein gemeinsames Verkaufsbüro zahlreicher Walfangfirmen. Ihr Verhandlungspartner waren die deutschen Behörden. Ende Juli war es dann Johan Rasmussen, der die deutsche Hauptstadt besuchte und im Hotel Savoy abstieg.[257] Die Abschlussverhandlungen über norwegische Waltranlieferungen führte er mit Ministerialdirektor Moritz im Landwirtschafts- und Ernährungsministerium und Ministerialdirektor Helmuth Wohlthat im Wirtschaftsministerium. Der Vertrag über den Verkauf von 150 000 Tonnen Waltran an das deutsche Fettmonopol kam im August zustande.

Der Direktverkauf nach Deutschland unter Umgehung des Fast-Monopols von Unilever war beschlossen. Allerdings sahen sich die norwegischen Walfanginteressen jetzt einem mächtigen Gegenspieler gegenüber, der sowohl als Ankäufer wie als Produzent eine Rolle spielen konnte. Schon im Frühling 1935 drohte Helmuth Wohlthat einem Vertreter der norwegischen Behörden: Bekomme Deutschland nicht, was es wolle, werde es sich raschestmöglich seine eigene Walfangflotte schaffen.

Blockade

Als der Zoologe Birger Bergersen als Angehöriger der norwegisch-sowjetischen Robbenfangkommission das Moskau Josef Stalins besuchte, war der Gastgeber, Fischereidirektor M.A. Kosakow, verschwunden. Kosakows Sekretärin weinte und leugnete, den Mann zu kennen. Die *Prawda* meldete nach einer Weile, der Fischereidirektor sei als Verräter erschossen worden, und als die Arbeit der Kommission dann in Gang kam, hielten Bergersen und ein norwegischer Kollege jeweils eine kleine Gedenkrede für den Toten, während die überlebenden russischen Vertreter sich taub stellten.

Fünf Jahre nach diesem Vorfall in Moskau, 1935, wurde Bergersen zum Leiter des neuen Kulturausschusses der Arbeiterpartei gewählt.[258] Im März desselben Jahres gelangte seine Partei an die Regierung. Die Arbeiterparteiregierung hatte bald Verwendung für Professor Bergersens Fachwissen über Meeressäuger und seine internationale Erfahrung.

Bergersen, Lehrersohn aus Kvæfjord in Troms, dem man seinen Dialekt nach langen Jahren in der Hauptstadt kaum noch anhörte[259], war leutselig und weltgewandt. In einer Zeit, da die wenigsten Menschen viel reisten, war er in New York, London, Moskau und Paris gut bekannt und hatte einen einjährigen Studienaufenthalt in den USA mit einem Stipendium der Rockefeller-Stiftung absolviert. Seine Dissertation schrieb er über die Haut der Robbe. Jetzt hatte er einen Lehrstuhl für Anatomie an der Zahnmedizinischen Hochschule in Oslo inne und fungierte als einer der beiden Herausgeber für die norwegische Ausgabe des Prachtwerks *Livets vidundere* (etwa »Die Wunder des Lebens«). Es enthielt ein Schwarzweißbild, das den klaffenden Bug der *C.A. Larsen* zeigte, wie er gerade einen Walkadaver verschluckte. »Auf der Nordhalbkugel hat der Mensch die großen Wale fast ausgerottet«, stand dabei. Komme es nicht bald zu einem internationalen Abkommen über die Begrenzung des Walfangs, wurde der Leser gewarnt, werde die ständig effektivere Fangausrüstung dafür sorgen, dass es im Süden genauso ende.[260]

Eine Zusammenarbeit mit anderen Ländern zur Regulierung des Walfangs in der Antarktis war allerdings leichter zu fordern als zu erreichen. Gerade als die Arbeiterpartei an die Regierung gelangte, meldeten sich neue ausländische Konkurrenten im Süden. Eine japanische Firma begann bereits in der Fangsaison 1934/35 mit dem Hochsee-Fang im Südpolarmeer, mit einem Fabrikschiff, das sie in letzter Minute, bevor das Verkaufsverbot für Walfangschiffe in Kraft trat, gebraucht in Norwegen gekauft hatte.[261]

Im Herbst 1934 und Frühling 1935 wurden auch in Deutschland Firmen gegründet, um in der Antarktis Walfang zu betreiben. In Norwegen führten die japanischen und deutschen Initiativen zu Befürchtungen, die Norweger könnten vom Markt und die Wale aus den Meeren verschwinden. Zu allem Überfluss zeigten sich die Briten unwillig, zweiseitige Abkommen über Walfangquoten einzugehen, die in Norwegen als unbedingt notwendig galten.

Um diesen Gefahren zu begegnen, erhielt die Regierung neue Machtbefugnisse. Im Juni 1935 beschloss der Storting ein erweitertes Walfanggesetz. Die Regierung konnte danach nicht nur selbst festlegen, wann und wo in der Welt Norweger auf Walfang gehen durften, sondern auch, wie viele Wale jedes einzelne norwegische Fabrikschiff fangen durfte. Weiters beschloss das Parlament einstimmig einen sogenannten Mannschaftsparagrafen, der bestimmte, dass die Regierung Norwegern verbieten durfte, für ausländische Fangfirmen zu arbeiten, falls diese sich nicht denselben strengen Beschränkungen und Walschutzbestimmungen unterwarfen wie ihre norwegischen Konkurrenten. Die Absicht dahinter war, andere Länder und ausländische Firmen zur Zusammenarbeit zu zwingen. Die allermeisten von ihnen waren auf norwegische Walfänger angewiesen. Der Mannschaftsparagraf war, wohlgemerkt, keine sozialistische Erfindung, sondern wurde zuerst unter norwegischen Walreedern diskutiert. Die Arbeiterparteiregierung zögerte allerdings, den Paragrafen anzuwenden, um keine Vergeltungsmaßnahmen gegen norwegische Betriebe durch ausländische Behörden herauszufordern.

Für die Saison 1935/36 wurde aus einer Kombination staatlicher Vorschriften und freiwilliger Absprachen zwischen den Firmen ein Abkommen zwischen norwegischen und britischen Vertretern zusammengeflickt, um den Walfang im Südpolarmeer zu begrenzen. Eine befriedigende Lösung war das nicht. Die Regulierung galt nur für das laufende Jahr, war längst nicht streng genug, und die Absprache bewirkte nichts gegen die Herausforderungen aus Deutschland und Japan.

In dieser schwierigen Lage geschah in Tønsberg etwas Aufsehenerregendes, Erschreckendes oder Vielversprechendes, je nach politischem Standpunkt. Am Donnerstag, den 15. August 1935, einem norwegischen Sommertag mit bedecktem Himmel und Temperaturen unter 20 Grad, zogen vor Salvesens Anheuerungsstelle Streikposten auf. Es waren Hunderte, hieß es im *Morgenbladet*.[262]

Auch im Walfang hatten sich die Arbeiter inzwischen organisiert. Die Saisoneinkünfte waren für alle Berufe innerhalb der Branche in den Krisenjahren seit 1931 gefallen, für einige waren sie auf die Hälfte zurückgegangen, und das hatte den Aktivisten dann wohl geholfen, die widerstrebenden Walfänger doch noch für die Gewerkschaft zu gewinnen. Drei Seemannsorganisationen verlangten Tarifverhandlungen mit den Arbeitgebern der Walfangbranche, und die Hvalfangerforening hatte sich widerstrebend darauf eingelassen. Salvesen gehörte der Hvalfangerforening nicht an und ignorierte deren Beschluss, mit dem Anheuern zu warten, bis die Tarifverhandlungen abgeschlossen waren. Das war der Hintergrund für die Blockade seiner Heuerstelle durch die Streikposten.

Weder die Polizei noch die angereisten Arbeitssuchenden, die Briefe mit Einladungen Salvesens bekommen hatten, machten einen Versuch, die Blockade zu durchbrechen. Alles lief sehr ruhig ab. Salvesens Leute standen an den Fenstern und schauten hinaus. Sie nickten ehemaligen Angestellten zu, die sie wiedererkannten, und nahmen das Erscheinen der Männer als Bestätigung, dass die Betreffenden auch dieses Jahr wieder angeheuert werden wollten.[263]

Ein Abkommen, in dem die Hvalfangerforening bedeutende Lohnerhöhungen gewährte, trat am 4. September in Kraft. Am Tag darauf kam Harold K. Salvesen nach Tønsberg. Er handelte mit den drei Seemannsorganisationen ein separates, aber gleichlautendes Abkommen aus. Am 7. September wurde auch vor Salvesens Kontor die Blockade aufgehoben, und jetzt konnten die Gewerkschaften der Seeleute Resultate vorweisen. Ein neuer Machtfaktor war im Walfang entstanden.

Währenddessen wuchs der Druck aus dem Ausland. Für die Saison 1936/37 wurden drei neue schwimmende Kochereien für den Hochsee-Fang in der Antarktis klargemacht, und keine davon war norwegisch. Eines dieser Fabrikschiffe stellte einen neuen Rekord als das weltgrößte auf. Trotz seines norwegischen Namens *Terje Viken* und bedeutender norwegischer Eignerinteressen war es auf einer deutschen Werft gebaut worden und fuhr unter britischer Flagge. Japans erster Fabrikschiffneubau, die *Nisshin Maru*, wurde von einer japanischen Werft nach dem Muster einer der neueren Kochereien der Rasmussen-Gruppe gebaut. Die Japaner hatten die Baupläne dieses Schiffstyps von der Werft in England gekauft. Vergebens hatte Harold K. Salvesen Alarm geschlagen, als die japanische Delegation nach England kam, und versucht, den Verkauf der Blaupausen zu verhindern. Was die Bemannung anging, konnten die Japaner auf das traditionell starke Walfanggewerbe in ihren eigenen Gewässern zurückgreifen. Auch wenn sie für den Anfang in der Antarktis noch teilweise auf norwegische Harpuniere angewiesen waren, konnten sie auch unter einheimischen Facharbeitern wählen und waren damit weniger anfällig als Großbritannien oder Deutschland für Drohungen, ihnen norwegische Seeleute zu verweigern.

Mit der *Jan Wellem* baute auch das Deutsche Reich 1936 eine eigene schwimmende Kocherei für den Hochsee-Fang in der Antarktis. Sie war zwar nur ein umgebautes Passagierschiff bescheidener Größe, aber die Werft in Hamburg rüstete sie nach dem neuesten Stand der Technik aus. Die deutschen Behörden übten gleichzeitig Druck auf Norwegen aus, mehrere Fabrikschiffe nach Deutschland zu verkaufen oder auszuleihen. Sonst, so drohten sie, werde der Industrieriese ganz einfach selbst ein groß angelegtes Programm für eine eigene Fangflotte auflegen und sich damit vom norwegischen Waltran und den norwegischen Fangfirmen unabhängig machen. Die norwegische Regierung ging notgedrungen auf die Forderung ein und lieh für die Saison 1936/37 die beiden Fabrikschiffe *C. A. Larsen* und *Skytteren* mit zusammen 12 Fangschiffen an Deutschland aus.

Die zunehmende Konkurrenz aus dem Ausland erschreckte sowohl Walfangreeder wie Regierung in Norwegen. Im Frühling 1936 wurde daher Birger Bergersen hinter den Kulissen beauftragt, einen Vorschlag zur Rettung des norwegischen Walfangs auszuarbeiten. Wahrscheinlich gab er seine Ratschläge direkt dem Handelsminister, seinem Parteifreund Alfred Madsen. In einem Memorandum, das nie veröffentlicht wurde, kamen Bergersen und zwei Mitautoren zu dem Ergebnis, dass die Hauptgefahr der geringe Blauwalbestand sei, den man schützen müsse, sollte die Walfangindustrie eine Zukunft haben. Norwegens Stärke, den Bedarf der Ausländer an norwegischen Arbeitskräften nämlich, könne man auch ausnützen, ohne den Mannschaftsparagrafen anzuwenden. Die wichtigste Schlussfolgerung der Abhandlung war unterstrichen: »Nur in Zusammenarbeit mit den organisierten Arbeitern und Funktionären der Branche kann das Ministerium eine Fangbegrenzung erreichen, die sowohl norwegische wie ausländische Expeditionen umfasst.«[264]

Bergersen und seine Mitautoren wollten, dass die Seemannsorganisationen ihre neu erworbene Macht dazu einsetzten, die Ausländer dazu zu zwingen, die Fangbeschränkungen auch für sich anzuerkennen. Es hatten Tagungen aller drei Seemannsorganisationen stattgefunden. Die Delegierten waren zu dem Schluss gekommen, eine solche Aktion werde »Verständnis, Solidarität und Opferwillen« auch unter den einfachen Mitgliedern fördern.

Die Seemannsgewerkschaften waren also dabei. Am 6. Mai 1936 erklärten sie alle drei, dass sie erst nach Erfüllung von zwei Vorbedingungen in Tarifverhandlungen eintreten würden: Erstens müsse der Walfang sowohl durch Quoten wie durch eine Begrenzung der Fangsaison reguliert werden; zweitens müssten alle Expeditionen vollständig mit Norwegern bemannt werden.

Überraschender war, dass auch Anders Jahre der Ansicht war, die Gewerkschaften könnten die Machtposition Norwegens gegenüber den »Ausländern« – in der Praxis Großbritannien und Deutschland – wiederherstellen. Er erwähnte sowohl die Seemannsorganisationen wie den Mannschaftsparagrafen in einem Interview mit dem *Sandefjords Blad* vom 7. Mai 1936. Am selben Tag trafen sich Vertreter der norwegischen und britischen Behörden in Sandefjord, um ein Quotenabkommen für die nächste Saison auszuhandeln. Ein deutscher Beobachter nahm ebenfalls teil. Johan Hjort leitete die Verhandlungen, die nicht zu einer Einigung führten.

Die Stimmung in der Vestfold wurde angespannt, mit hasserfüllten Ausbrüchen gegen einen örtlichen norwegischen Vertreter der deutschen *Jan-Wellem*-Expedition. Das *Vestfold Arbeiderblad* gebrauchte den Ausdruck »Landesverrat«.[265] Die wenigen Mitglieder des Norsk Sjømannsforbund, die bei den Deutschen angeheuert hatten, wurden vor die Wahl gestellt, den Arbeitsvertrag aufzulösen oder aus der Gewerkschaft ausgeschlossen und als Streikbrecher abgestempelt zu werden.[266] Von der unerfahrenen Mannschaft aus 272 Mann, die dann mit der *Jan Wellem* ausliefen, sollen nur etwa 17 Norweger gewesen sein. Dazu gehörten allerdings sämtliche Harpuniere der Expedition. Dass die Spezialisten der gefragtesten Fachrichtung nicht an Aktionen gegen die ausländischen Firmen teilnehmen wollten, war ein großes Problem für die Seemannsgewerkschaften.

Weil die britischen Firmen die Gewerkschaftsforderungen nicht innerhalb der gesetzten Frist erfüllten, zogen am 19. und 20. August wieder Streikposten in Tønsberg, Sandefjord und Larvik auf. Rund hundert Mann legten auf zwei Unilever-Fabrikschiffen und einem Dutzend zugehöriger Fangschiffe, die alle in der Framnæs-Werft lagen, die Arbeit nieder. Am Abend des 24. August sprach der Vizechef des Norsk Sjømannsforbund, Ingvald Haugen, auf einer hastig einberufenen Streikversammlung in Sandefjord.[267] Niederländische Schlepper seien auf dem Weg, um die Unilever-Schiffe abzuholen, erzählte er. Noch während der Versammlung kamen sie draußen im Fjord in Sicht. Mehrere hundert Mann verteilten sich als Streikposten rund um den Hafen, um zu verhindern, dass die Kochereien bemannt wurden und sich davonmachten.[268]

Am nächsten Tag schloss sich der große Schlepper *Seefalke*, von dessen Heck die Hakenkreuzflagge wehte, den anderen an, um beim Abschleppen der Unilever-Kochereien zu helfen.[269] Viele der britischen Seeleute, die über Oslo und Bergen auf dem Weg waren, die Schiffe nach Großbritannien zu überführen, kehrten auf Druck der norwegischen Seemannsgewerkschaften, die sich Unterstützungserklärungen einer britischen Schwesterorganisation und der Internationalen Transportarbeiterföderation sicherten, wieder um.

Justizminister Trygve Lie von der Arbeiterpartei schickte 30 Mann der norwegischen Staatspolizei nach Sandefjord, die verhindern sollten, dass die Lage außer Kontrolle geriet. Die Polizei sorgte dafür, dass die Schiffsoffiziere und diejenigen Seemänner, die sich trotz allem von den Briten hatten anheuern lassen, auf die Schiffe gelangten, und nach einigen Tagen sehr aufgeheizter Stimmung in den Orten der Vestfold liefen beide Unilever-Kochereien doch noch aus. Dieser Konflikt habe viel Leid gebracht, schrieb ein wütender Henry G. Maurice, Leiter der britischen Fischereibehörde, an seinen alten Freund Johan Hjort. Viele derjenigen Seeleute, die loyal zu Unilever gestanden hätten, seien »halbtot vor Hunger«[270], weil man ihnen Essenslieferungen verweigert habe.

In der guten alten Zeit, meinte Maurice, »hätten wir ein Kriegsschiff nach Sandefjord geschickt und das Problem ohne Umstände gelöst«.

In den Verhandlungen zwischen den britischen und norwegischen Behörden waren die Fronten verhärtet. Die Aktion der Seemannsgewerkschaften müsse mit der norwegischen Regierung abgestimmt gewesen sein, behaupteten die Briten, was das norwegische Außenministerium strikt bestritt. Großbritannien drohte mit einer kompletten Freigabe des Walfangs für seine eigenen Firmen, ohne Zeitbegrenzung der Saison und ohne irgendeine Quotenregelung, sowie einer staatlichen Ausbildungsförderung für britische Walfänger, um die norwegischen zu ersetzen. Vorgebracht wurden die Drohungen in Form eines kurzfristigen Ultimatums.

Der Vorstoß endete mit einem Rückzug, auch für die Seemannsgewerkschaften. Großbritannien weigerte sich zu verhandeln, bevor die Blockade aufgehoben sei, und am 2. September bat die Regierung die Gewerkschaften, die Aktion abzublasen. Sie taten es noch am selben Tag.

Damit kamen die Verhandlungen zwischen den Behörden der beiden Länder wieder in Gang. Trotz des frostigen Gesprächsklimas flickten Norwegen und Großbritannien erneut ein zweiseitiges Abkommen zusammen, das den Rahmen für die Tranproduktion in der Antarktis während der kommenden Fangsaison vorgab, diesmal mithilfe einer Saisonverkürzung und einer Begrenzung der Anzahl Fangschiffe, die eine Kocherei mitführen durfte.

Die eigentlichen Ziele der Gewerkschaften – eine Walfangquote und ausschließlich norwegische Mannschaften – kamen nicht mehr vor. Die Blockade veranlasste zum Beispiel Salvesen, künftig mehr britische Seeleute für den Walfang auszubilden. Der Anteil der Norweger im Südpolarmeer sank in den Folgejahren.

Am 11. Dezember wurde ein neuer staatlicher Hvalråd – ein Walfang-Rat, der gemäß dem Walfanggesetz von 1929 eingerichtet worden war – ernannt. Der neue Vorsitzende des Hvalråd hieß Birger Bergersen. Er konnte sich jetzt an die Aufgabe machen, ein internationales Abkommen zur Rettung der antarktischen Walbestände zuwege zu bringen, ohne dass ihm die Aktion der Seemannsgewerkschaft – die er ja tatsächlich mit zu verantworten hatte – nachgetragen wurde.[271]

Der Wal und die Großmächte

Am 23. Februar 1937 hatte Birger Bergersen ein Gespräch mit Henry G. Maurice im britischen Landwirtschafts- und Fischereiministerium. Anwesend waren insgesamt sieben Vertreter der beiden Länder. Die Besprechung fand in aller Heimlichkeit statt, um den Eindruck zu verhindern, Norwegen und Großbritannien legten den anderen Teilnehmerstaaten der kommenden Walfangkonferenz ein bereits fertig verhandeltes Abkommen vor.

Wenn man bedenkt, dass Maurice noch wenige Monate zuvor am liebsten ein Kriegsschiff nach Sandefjord geschickt hätte, verlief die Diskussion überraschend offen und konstruktiv. Lange wurde beraten, wie Großbritannien und Norwegen ihre traditionelle Vormachtstellung im Walfang gegenüber den Herausforderern Deutschland und Japan verteidigen könnten. Bergersen unterstrich auch, wie gefährlich die Lage für den Walbestand inzwischen sei. Besonders ins Gericht ging er mit dem verbreiteten Argument, die Wale würden automatisch dadurch gerettet, dass es sich nicht lohne, auch die allerletzten verbliebenen zu fangen. Die großen Fabrikschiffe in der Antarktis kochten ihren Tran jetzt zunehmend aus Finnwalen, so Bergersen, und »der Finnwalbestand ist groß genug, um den Walfang so lange wirtschaftlich zu halten, bis der Blauwal ausgerottet ist«. Maurice war mit ihm von Herzen einer Meinung, dass der Blauwal geschützt werden müsse. Er selbst hätte am liebsten ein totales Fangverbot für einige Zeit für ihn verhängt.

Was man zu erreichen wünschte, war eine Sache, was politisch möglich war, eine andere, und die Stimmung bei den norwegisch-britischen Geheimverhandlungen war nicht sehr optimistisch. Bergersen fasste die politischen Realitäten am Schluss der Begegnung so zusammen: »Kein norwegischer Unterhändler kann mit einem Ergebnis nach Hause kommen, das in der Praxis bedeutet, den Walbestand zu schonen, damit ihn in ein paar Jahren die Japaner ausrotten.«[272]

Einige Tage nach der heimlichen Begegnung in London brachte das *Sandefjords Blad* die Nachricht, dass der Harpunier und Held

Lars »Faen« Andersen bei der deutschen Walfangfirma Walter Rau angeheuert habe, die eine große Kocherei bauen ließ, um sie noch im selben Herbst in die Antarktis zu schicken. Zum Auslaufen ins Südpolarmeer brachte er eine große norwegische Mannschaft mit. Ein Kolumnist des *Dagbladet* kommentierte Andersens Haltung: »Scheiß aufs Vaterland und Heil Hitler, Goebbels und Göring.«[273]

Im April fuhr Birger Bergersen nach Berlin. Er sollte die Verhandlungen über ein internationales Abkommen zur Walfangregulierung mit Helmuth Wohlthat besprechen, aber Wohlthat ging es eher darum, mehr Walfangfahrzeuge aus Norwegen zu bekommen. Er drängte darauf, Deutschland weitere Kochereien und Fangschiffe zu verkaufen oder zu leihen. Wohlthat war ein schwieriger Verhandlungspartner. Dennoch war Bergersen, der als Vorsitzender des Hvalråd oft mit ihm zu tun hatte, deutlich davon angetan, dass der Ministerialdirektor es wagte, sich von der politischen Ideologie seiner Vorgesetzten zu distanzieren. Gegen Ende seines Lebens erinnerte sich Bergersen, dass der Deutsche ihn einmal vor einem Norweger gewarnt habe, der bei der Botschaft in Berlin angestellt war. Der Mann sei glühender Nationalsozialist und wolle unbedingt jeden in seiner Umgebung über die Vortrefflichkeit dieser Weltanschauung aufklären. »Mein Gott«, habe Wohlthat gesagt, »wir haben selber genug Leute, die uns über den Nationalsozialismus belehren.«[274]

Die internationale Walfangkonferenz fand Ende Mai und Anfang Juni 1937 in London statt. Delegationen aus neun Teilnehmerstaaten und mehreren Beobachterstaaten – Japan war nicht vertreten – wurden gebeten, sich im Konferenzsaal im dritten Stock des Shell Mex House zu versammeln, einem ausgedehnten, elfstöckigen Bürogebäude mit weißer Steinfassade und einem Glockenturm an der Seite, das an der Themse nahe der Waterloo Bridge aufragte.

Am dritten Konferenztag, Mittwoch, den 26. Mai, hielt Birger Bergersen einen Vortrag zur Fangstatistik und zu den Aussichten für die Walbestände. Er zeigte, dass Jahr für Jahr weniger Blauwale in der Antarktis gefangen wurden und der Anteil der Finn- und Buckelwale zunahm. Außerdem sank die Durchschnittslänge der getöteten Blauwale ständig, und nicht geschlechtsreife Tiere machten einen steigenden Teil des Fangs aus. Diese Entwicklung sei Grund zu tiefer Besorgnis um den Bestand, erklärte Bergersen. Die Berichte aus den letzten Fangjahren im Südpolarmeer zeichneten ein noch düstereres Bild. Unten am Eisrand sei von den Herden ausgewachsener, fetter Blauwale, die es hier in den ersten Jahren des Hochsee-Fangs noch gegeben hatte, nichts mehr zu sehen.[275]

Das Ergebnis der Konferenz stand nicht im Einklang mit der Dringlichkeit der Warnung Bergersens. Das Abkommen – International Agreement for the Regulation of Whaling – setzte Mindestmaße für die verschiedenen Walarten fest. Blauwale durften nur noch ab einer Körperlänge von 21 Meter (70 Fuß) gefangen werden, obwohl Bergersens Vortrag klargemacht hatte, dass ein 21 Meter langer antarktischer Blauwal noch nicht geschlechtsreif war. Die Fangsaison in der Antarktis wurde auf Drängen Wohlthats auf den Zeitraum zwischen dem 8. Dezember und dem 15. März beschränkt und endete damit eine Woche später, als Norwegen und Großbritannien gefordert hatten. Wohlthat ließ auch den Vorschlag einer Begrenzung der Anzahl in der Antarktis eingesetzter Fangschiffe scheitern. Insgesamt brachte das Abkommen nur wenige Einschränkungen für den Walfang in der Antarktis.

Ein ganz neuer Punkt darin war aber, dass ein Großteil der Weltmeere außerhalb der Antarktis für den Hochsee-Fang von Bartenwalen ganz gesperrt wurde. Die Grenze wurde auf 40 Grad südlicher Breite gezogen. Ausgenommen von diesem Fangverbot war nur ein großer Bereich des Nordpazifiks; damit sollte versucht werden, Japan eine Tür offenzuhalten, sich dem Abkommen doch noch anzuschließen.

Ein Jahr später, vom 19. bis 21. Mai 1938, versammelten sich die Delegierten der Teilnehmerstaaten in Oslo. Am zweiten Konferenztag meldete sich Remington Kellogg, Delegationsleiter der USA, engagiert zu Wort. Man müsse jetzt darüber diskutieren, warum das Abkommen vom Vorjahr so erfolglos geblieben sei. Die Fangzahlen stiegen weiter. In der Saison 1937/38 habe die Weltproduktion an Waltran 3,6 Millionen Tonnen erreicht, fast so viel wie in der Rekordsaison 1930/31. Wieder seien es die deutschen und japanischen Firmen, die für eine bedeutende Ausweitung der Fangflotte in der Antarktis gesorgt hätten.

Kellogg sprach sich dafür aus, den Walfang mithilfe ganz neuer Prinzipien zu regulieren. Er wollte das Südpolarmeer in einzelne

Zonen einteilen, von denen manche für den Walfang ganz gesperrt und die anderen jeweils mit einer Gesamtquote belegt werden sollten. Diese Prinzipien funktionierten im Fischereiabkommen der USA mit Kanada über den Heilbuttfang sehr gut.

Henry G. Maurice aus Großbritannien wies darauf hin, dass es für zwei Regierungen leichter sei, eine Konvention auszuarbeiten, als für ein Dutzend oder mehr.

Dennoch standen Maurice und Bergersen im Prinzip Kelloggs Vorschlag positiv gegenüber und wollten ihn weiter diskutieren. Helmuth Wohlthat dagegen wies ihn vollständig zurück. Er zog die Diskussion in sein eigenes Spezialgebiet hinüber, den Weltmarkt für Speiseöle und Speisefette. Bergersen war deutlich frustriert. Man müsse doch an die nächste Generation denken. »Was werden unsere Nachkommen von uns halten, wenn wir den letzten Wal töten?«

Die Statistik zeige, dass die Wale überjagt wurden. Die Staaten müssten, so Bergersen, ganz einfach eine Lösung für das Problem finden. »Im Übrigen glaube ich als Biologe wirklich, dass es eine Schande, eine fürchterliche Schande für unsere Generation und unsere Zeit wäre, sollten diese wundervollen Tiere, die zu den schönsten überhaupt gehören, verschwinden. – Das ist zumindest meine Meinung«, fügte er hinzu und wandte sich wieder der Diskussion mit Wohlthat über den Tranmarkt zu.[276]

Die Osloer Tagung war nur ein Vorbereitungstreffen für die offizielle Konferenz in London einen Monat später. Die Delegierten tauschten Gerüchte und Neuigkeiten über die große Frage aus: Würde auch Japan nach London kommen? Japan kam. Am letzten Tag der Londoner Konferenz, am 24. Juni 1938, sorgte der japanische Delegierte Akira Kodaki für Begeisterung im Saal, als er ankündigte, sein Land werde sich dem Londoner Abkommen von 1937 anschließen. Ansonsten gab es auf dieser Tagung aber nicht viel, worüber man sich freuen konnte. Die Konferenz brachte einige Anpassungen des Regelwerks zustande, darunter einen einjährigen Totalschutz des Buckelwals in der Antarktis. Die einzige bedeutsame neue Schutzmaßnahme für den Blauwal war die Errichtung einer Art Walreservat im Südpolarmeer. Die Schutzzone begann westlich der Antarktischen Halbinsel und der Südshetlands und erstreckte sich bis zur Ostgrenze des Rossmeers.[277] Die Frage war, welchen Wert dieses Gebiet als Zufluchtsstätte hatte. Es nahm dasjenige Viertel des Südpolarmeers ein, in dem kein neuzeitlicher Walfang von Bedeutung betrieben wurde, und dass es dort weniger Wale und Plankton gab als vor dem Rest des antarktischen Kontinents, wussten alle. Gerade weil sich die Walfänger sowieso nicht dafür interessierten, war es möglich, dass sich alle darauf einigten, es zu sperren.

Bei den Führungspersönlichkeiten im norwegischen und britischen Walfang setzte Untergangsstimmung ein. Im Herbst 1938 brachen die Kurse der norwegischen Walfangaktien ein. Selbst wenn Japan dafür sorgte, dass die Gesamtfangflotte in der Saison 1938/39 nochmals ausgeweitet wurde, sank die Waltranproduktion, weil es viel weniger Wale als früher gab. Der Anteil der norwegischen Firmen am Walfang in der Antarktis war auf etwas unter ein Drittel gefallen, dasselbe galt für Großbritannien, und Japan und Deutschland teilten sich ebenfalls ein knappes Drittel. Der Anteil norwegischer Seeleute an den Mannschaften war innerhalb von fünf Jahren von fast 100 auf kaum 60 Prozent gesunken.

Im Sommer 1939, vom 17. bis 20. Juli, fand eine weitere Walfangkonferenz in London statt, diesmal mit einem Schwerpunkt im wissenschaftlichen Austausch. Die norwegische Delegation brachte einen Bericht des jungen Statistikers Per Ottestad mit. Er kritisierte die Schlussfolgerung aus dem britischen Discovery-Programm, nach der Blauwale bereits mit zwei Jahren geschlechtsreif würden. Ottestads Wiederholungen der Messungen von Blauwalen aus dem Südpolarmeer deuteten vielmehr darauf hin, dass der gewaltige Wachstumsschub der Jungtiere nach der Entwöhnung von der Muttermilch stattfand. Er schloss daraus, dass die Weibchen frühestens im Alter von vier Jahren geschlechtsreif würden, vielleicht noch später (heute rechnet man, wie gesagt, mit acht bis zehn Jahren).[278] Bergersen verwendete Ottestads Arbeit in einem Beitrag für die Tagung, stellte aber die wichtige Erkenntnis nicht deutlich heraus.

Schon bei der Eröffnungssitzung hatte Akira Kodaki die Absicht seines Landes bekräftigt, sich dem Londoner Abkommen ab der Fangsaison 1939/40 anzuschließen. Helmuth Wohlthat setzte den Japaner unter Druck. Er wollte die Zusicherung, dass Japan es ernst meinte und stellte den Willen des Landes, dem Vertrag beizutreten, infrage.[279]

Da stand also im Spätsommer 1939 ein Abgesandter des Deutschen Reichs in London und forderte den Delegierten Japans zu friedlicher Zusammenarbeit mit Großbritannien, den USA und anderen Gegnern Deutschlands auf. Wohlthat, ein enger Mitarbeiter Hermann Görings, verstellte sich dabei allerdings nicht etwa, sondern glaubte und hoffte immer noch ernsthaft, ein Krieg mit Großbritannien lasse sich vermeiden. Während der Walfangkonferenz verhandelte Wohlthat mit den Briten, heimlich und auf weit höherer Ebene. Am 19. Juli verließ er die Walfangkonferenz im Landwirtschafts- und Fischereiministerium für eines seiner zahlreichen Treffen mit dem britischen Spitzenbeamten Sir Horace Wilson, einem engen Ratgeber des Premierministers Neville Chamberlain, der für eine Versöhnungspolitik mit Deutschland stand. Der Premierminister las den Bericht von der Besprechung mit Wohlthat noch am selben Tag. Wahrscheinlich trafen sich Wilson und Wohlthat abermals unmittelbar nach Ende der Walfangkonferenz, um den Entwurf eines Friedensplans zu besprechen.[280]

Die Ergebnisse der Walfangkonferenz vom Juli 1939 hatten dann natürlich nur noch wenig praktische Bedeutung. Bereits am 1. September brach in Europa der Krieg aus. Im Jahr darauf, am 9. April 1940, besetzten deutsche Truppen das bis dahin neutrale Norwegen. Hätte Deutschland mit dem Einmarsch noch einige Wochen gewartet, wäre ihm womöglich die gesamte norwegische Walfangflotte in die Hände gefallen, mit der Tranausbeute, die die Schiffe mitbrachten. Stattdessen liefen die Fabrik- und Fangschiffe, die gerade auf der Heimfahrt waren, als Norwegen in den Krieg hineingezogen wurde, alliierte Häfen an. Viele Fabrikschiffe wurden in der Folge für Konvoifahrten über den Atlantik eingesetzt, und die meisten entweder gekapert oder versenkt.

Eines davon war Anders Jahres *Kosmos*. Am Donnerstag, den 26. September 1940, fuhr das Schiff im Meer östlich Trinidads, beladen mit Waltran für die alliierte Kriegsführung, als es von einem deutschen Kriegsschiff gestellt wurde. Die Deutschen ließen die Mannschaft der unbewaffneten *Kosmos* von Bord gehen und platzierten anschließend Zeitbomben im Maschinenraum. Es fehlte ihnen an Treibstoff, um den Tanker, der einmal »der ganze Stolz Sandefjords« genannt worden war, nach Europa zu überführen. Mit der *Kosmos* gingen etwa 18 000 Tonnen Waltran unter, die Überreste von über eintausend getöteten Walriesen aus dem Südpolarmeer.[281]

Die Mannschaft der *Kosmos* blieb mehrere Monate in Frankreich und Deutschland gefangen. Erst am Samstag, den 3. Mai 1941, kamen die Männer zusammen mit Hunderten anderer Norweger, den Mannschaften weiterer aufgebrachter Walfangschiffe, mit dem Transporter *Donau* zurück ins besetzte Norwegen. Auf dem Kai am Tjuvholmen in Oslo hatten sich Freunde und Angehörige versammelt, um die heimkehrenden Walfänger willkommen zu heißen, zusammen mit einem Musikkorps. Gulbrand Lunde von der Nasjonal Samling, der faschistischen Partei Norwegens, Kulturminister in Vidkun Quislings Regierung, hielt eine Rede und berichtete von den Bemühungen, die Norweger nach Hause zu holen.

Auch Lars »Faen« Andersen sprach zu seinen heimgekehrten Arbeitskollegen. Zu den Klängen der Nationalhymne *Ja, vi elsker dette landet,* die das Musikkorps zu spielen begonnen hatte, als Andersen seine völlig unzusammenhängenden Ausführungen beendete, schloss er mit einer Botschaft, die deutlicher nicht sein konnte: »Macht es wie ich und tretet der Nasjonal Samling bei. Zeigt, dass ihr echte Norweger seid!«[282]

Währenddessen beteiligte sich Birger Bergersen am Aufbau der Widerstandsbewegung in Norwegen.[283] Vielleicht hatte ihn sein Parteifreund Einar Gerhardsen mitgerissen, oder Gunnar Jahn, mit dem er im Ausschuss für die internationale Walfangstatistik zusammengearbeitet hatte – Bergersens Name wurde jedenfalls zusammen mit diesen beiden genannt, ganz oben auf der ersten Namensliste der Widerständler, die an die Exilregierung in London ging. Oberflächlich ging vieles weiter wie bisher. Birger Bergersen leitete weiter den Hvalråd. Das kann natürlich eine aufwendige Deckidentität gewesen sein, aber Bergersen beschrieb in einem Brief, wie er auf das Fjell hinausgefahren sei, um beim Rentierschlachten Eierstöcke von Rentierweibchen zu sammeln, die er für die Entwicklung sicherer Methoden der Altersbestimmung bei Säugetieren gebraucht habe, besonders auch bei Walen.[284]

Bergersen war sich mit den übrigen Ausschussmitgliedern darüber einig, das über die Jahre angesammelte Zahlenmaterial der internationalen Walfangstatistiken zu einer Publikation zusammenzustellen.[285] Der Zoologe Johan T. Ruud steuerte einen Übersichtsartikel zum Kenntnisstand in der Walforschung bei. Ruud legte dabei noch die Annahme zugrunde, der Blauwal werde mit zwei Jahren geschlechtsreif, brachte aber auch einen Abschnitt über die Probleme bei der Altersbestimmung.

Das Vorwort des Statistikreports ist auf den 10. Dezember 1941 datiert. Das Werk erschien 1942. Die Tabellen erzählten von einem Massaker erschreckenden Ausmaßes. Seit 1909 waren 266 425 erlegte Blauwale gemeldet worden, davon 246 557 in der Antarktis.[286]

Blauwaleinheiten

Mitte September 1942 floh Birger Bergersen aus dem besetzten Norwegen, zunächst über die Grenze ins neutrale Schweden und nach einiger Zeit weiter nach London, dem Sitz der norwegischen Exilregierung.[287] Bergersen wurde zum Leiter eines neuen norwegischen Hvalråd in London bestimmt, der unter anderem die Wiederaufnahme des Walfangs in der Antarktis nach der Befreiung vorbereiten sollte. »Es wird Norwegen sowohl eine Verpflichtung wie eine Ehre sein«, erklärte Bergersen bei einer Rede im Herbst 1943, »sofort nach Kriegsende als gut ausgerüstete, erstklassige Walfangnation zur Stelle zu sein und mitzuhelfen, die Not der Welt zu lindern.«[288]

Vor einem Publikum aus Exilnorwegern versprach Bergersen bessere Zeiten für die Walfangbranche. Die Überkapazitäten seien aus dem Weg geräumt, weil ein Großteil der Walfangflotte verloren gegangen war. Außerdem habe der Krieg den Anbau von Ölgewächsen in Asien und Afrika erschwert, und es werde Jahre dauern, bis die Plantagen wieder voll in Betrieb seien. Die Welt werde nach Waltran hungern. Daher gelte es, so viele norwegische Fangschiffe wie möglich zu erhalten und sogar neue zu bauen.

Die Norweger gingen davon aus, dass nach dem Krieg nur noch das alliierte Großbritannien als ernsthafter Konkurrent übrig bliebe. Japan und Deutschland wären dann ausgeschaltet. Das setzte auf jeden Fall die norwegische Regierung voraus, die es als gegeben annahm, dass ein Friedensvertrag den Verlierern des Kriegs den Walfang untersagen werde. Ganz so einfach war es dann nicht. In den folgenden Monaten und Jahren wurde Bergersen aufs Neue in den Widerstreit der Interessen in der Walfangpolitik hineingezogen. Der Beitrag des Walfangs zu einer kriegsgeschädigten Welternährung stand im Gegensatz zur Bewahrung der Walbestände. Der Wunsch nach einer wohlorganisierten internationalen Zusammenarbeit im Walfang kam in Konflikt mit dem Versuch, Norwegens Stellung im Kampf um die Ressourcen des Südpolarmeers zu sichern.

Zu Neujahr 1944 trafen sich Delegierte aus den alliierten Staaten zu einer Walfangkonferenz in London. Teilnehmer waren die USA, Großbritannien und Norwegen, zusammen mit Australien, Kanada, Neuseeland und Südafrika. Die amerikanischen Behörden sahen das Treffen als goldene Gelegenheit. Jetzt, wo Norwegen und Großbritannien nicht mehr so große Investitionen in Schiffe und Ausrüstung aufgeben mussten, würde es leichter werden, eine Quotenregelung durchzusetzen. Birger Bergersen unterstützte den Vorschlag begeistert und trug damit dazu bei, dass Remington Kellogg, der Delegierte der USA, sich mit seinem Antrag durchsetzen konnte. Die Konferenz in London legte eine Gesamtquote für den Walfang in der Antarktis fest.

Wie bei den freiwilligen Produktionsabsprachen der 1930er-Jahre wurde sie in Blauwaleinheiten festgesetzt. Die Formel war jetzt auf den Seiwal ausgeweitet worden, einen kleineren Verwandten des Blauwals: 1 Blauwal = 2 Finnwale = 2,5 Buckelwale = 6 Seiwale. Bergersen setzte sich sehr für diese Bemessung in Blauwaleinheiten anstelle getrennter Zahlen für die einzelnen Walarten ein. Solche getrennten Quoten für jede Walart würden nur den Druck auf die größte vermehren.

Bereits während dieser Tagung im Januar und Februar 1944 wurde die Quote für die erste Fangsaison nach Kriegsende festgesetzt, und zwar ziemlich willkürlich auf zwei Drittel des Vorkriegsniveaus, genauer gesagt auf 16 000 Blauwaleinheiten. Birger Bergersen schlug diese Zahl seinen beiden Fachkollegen Remington Kellogg aus den USA und Neil Alison Mackintosh aus Großbritannien vor. »Beide waren sehr zufrieden, dass ich die Zahl 16 000 statt 15 000 oder 20 000 Blauwaleinheiten gewählt hatte. Es sah einfach kompetenter aus.«[289]

Ein wichtiger Grund, warum die Zoologen die Frage der Quotenhöhe so leichtnahmen, war, dass die Fangflotte zu Beginn noch eine bescheidene Kapazität haben würde. Es bestand keine Gefahr, dass in der ersten Saison tatsächlich 16 000 Blauwaleinheiten erreicht würden. Kellogg und Bergersen lag viel mehr daran, das Prinzip der Gesamtquote einzuführen, die später, wenn notwendig, noch gestrafft werden konnte. Darüber, wie viele Wale es im Südpolarmeer noch gab, wussten sie wenig. Bergersen und die anderen Zoologen haben womöglich auch die Erholung der Bestände durch den während des Kriegs unterbrochenen Walfang überschätzt. Die

Zoologen gingen immer noch davon aus, dass Blauwale nach nur zwei Jahren geschlechtsreif würden, auch wenn die Methoden der Altersbestimmung zweifelhaft waren.[290]

Im Mai 1945 kapitulierten die deutschen Truppen in Norwegen. In der Fangsaison 1945/46 und den beiden folgenden wurden die norwegischen Walfangfirmen vom Staat zur Zusammenarbeit im Walfang und beim Wiederaufbau der Fangflotte verpflichtet und mussten Speisefette zu festgelegten Preisen abliefern, um die Lebensmittelversorgung der norwegischen Bevölkerung zu sichern.

In anderen Ländern fiel die Lebensmittelknappheit weit schlimmer aus und war der Grund, warum die Niederlande im Herbst 1945 ein eigenes Walfangprogramm in der Antarktis ankündigten. Im letzten Kriegswinter hatte der Westteil des Landes eine Hungersnot erlebt. Lebensmittelrationen hatte es nur für jene gegeben, die mindestens ein Viertel ihres Körpergewichts verloren hatten, später war ein Drittel Gewichtsverlust Bedingung, und schließlich gab es gar keine Rationen mehr.[291] Teilnahmslosigkeit, Abstumpfung und Folgekrankheiten breiteten sich unter den Opfern der Hungersnot aus. Bis Mai 1945 starben in einer Region, die lange zu den reichsten und bestgenährten Europas gehört hatte, um die 16 000 Menschen an Unterernährung. Während sich diese Katastrophe abspielte, bat die niederländische Exilregierung die vorrückenden Amerikaner und Briten, die Hungergebiete bevorzugt zu besetzen, aber der Kampf gegen Deutschland hatte lange Vorrang.

Nach Kriegsende setzte die niederländische Regierung verständlicherweise alles daran, die Lebensmittelversorgung ihrer Bevölkerung zu sichern. Am 29. Oktober 1945 ratifizierte das Land das Londoner Abkommen von 1937 und sicherte sich so eine Einladung der britischen Gastgeber zu einer internationalen Walfangkonferenz in London Ende November. Die norwegischen Behörden missbilligten diese Entwicklung sehr und führten im Gegenzug den Mannschaftsparagrafen wieder ein, der jetzt ein Verbot für Norweger enthielt, bei Walfangfirmen aus Ländern anzuheuern, die vor dem Krieg keinen Walfang betrieben hatten. Dieses Gesetz bereitete den Niederländern große Probleme. Dennoch gelang es ihnen in der zweiten Nachkriegssaison 1946/47, das Fabrikschiff *Willem Barentsz* ins Südpolarmeer zu schicken.

In dieser Saison beteiligte sich erstmals auch die Sowjetunion am Hochsee-Fang in der Antarktis. Ihr Fabrikschiff *Slava* war die alte *Vikingen*, die Kocherei, die Johan Hjort und Johan T. Ruud auf ihrer ersten Fahrt ins Südpolarmeer benutzt hatten. Inzwischen war das Schiff aus Steuergründen nach Panama ausgeflaggt und 1938 an Deutschland verkauft worden, wo die Sowjets es als Kriegsbeute beschlagnahmten.[292]

Die unangenehmste Überraschung für die Norweger kam im August 1946, als bekannt wurde, dass die amerikanische Besatzungsmacht in Japan das Land für die kommende Saison wieder zum Walfang in der Antarktis zugelassen hatte, um der Lebensmittelknappheit abzuhelfen, die auch in Japan herrschte. Die Japaner, die bereits vor dem Krieg Gefrieranlagen auf ihren Fabrikschiffen eingeführt hatten, um außer dem Tran auch das Fleisch der im Südpolarmeer erlegten Wale verwerten zu können, waren gefürchtete Konkurrenten. Norwegen protestierte gegen die Entscheidung der USA, aber vergeblich. Die Amerikaner behaupteten in den ersten Jahren noch, es handle sich um eine vorläufige Erlaubnis, aber sie wurde dann permanent. Damit zählte der Nachkriegs-Hochsee-Walfang in der Antarktis jetzt fünf große Teilnehmerstaaten anstatt der zwei, mit denen die norwegischen Behörden gerechnet hatten. Eine Reihe anderer Länder, darunter auch Deutschland, überlegte, sich ebenfalls zu beteiligen, ohne dass etwas daraus wurde.

Ende November 1946 trafen sich die Walfangnationen – außer dem Kriegsverlierer Japan – zu einer größeren internationalen Konferenz in Washington, D.C. Der amtierende Außenminister der USA, Dean Acheson, unterstrich in seiner Eröffnungsrede, dass die Walbestände »keiner einzelnen Nation oder Gruppe von Nationen« gehörten. Man fragt sich, ob die norwegischen Zuhörer von diesem Teil seiner Rede sehr begeistert waren.

Der Konflikt mit den Niederlanden brachte Birger Bergersen in eine Zwickmühle. Eigentlich wollte er die Gesamtquote für den antarktischen Walfang auf weniger als die 16 000 Blauwaleinheiten senken lassen, die in London bei Kriegsende vereinbart worden waren, denn die Fangzahlen der Saison 1945/46 waren niederschmetternd. Sie deuteten darauf hin, dass die Walbestände sich weniger gut erholt hatten als erhofft. Gleichwohl glaubte Bergersen, jetzt keine Reduzierung der Quote vorschlagen zu können. Im Vorfeld der

Washingtoner Konferenz schrieb er in einem Brief an Remington Kellogg aus den USA: »Meine persönliche Ansicht – nachdem ich wochenlang die Statistiken der letzten Saison durchgegangen bin – ist, dass 16 000 Blauwaleinheiten zu hoch angesetzt sind; aber ich fürchte, dass wir, wenn wir eine Reduktion dieser Anzahl vorschlagen, beschuldigt werden, biologische Rücksichten als Vorwand zu missbrauchen, andere Nationen vom Walfang abzuhalten.«[293]

Daher ließ sich Bergersen darauf ein, die Quote, die er noch während des Krieges vorgeschlagen hatte, weiterzuführen. »16 000 Blauwaleinheiten sind ziemlich viel«, sagte er in seiner Rede am zweiten Konferenztag, »aber wir halten uns an diese Zahl.«

Bergersen, der die norwegische Delegation leitete, wurde vom Tagungsleiter Remington Kellogg unterstützt. Die 16 000 Blauwaleinheiten wurden beschlossen und blieben viele Jahre unverändert. Jedes Fabrikschiff sollte wöchentlich seine Fangzahlen an das Büro für internationale Walfangstatistik in Sandefjord durchgeben, und wenn die Gesamtquote erreicht war, wurde der Fang für alle Schiffe als beendet erklärt. Das war das System, für das Kellogg sich schon 1938 bei einer Tagung in Oslo ausgesprochen hatte und das jetzt nach dem Krieg eingeführt wurde. Ein verhältnismäßig später Starttermin für die antarktische Fangsaison – der 15. September – wurde als Schutzmaßnahme für den Blauwal beschlossen, weil der größte Teil dieser Tiere zu Anfang der Saison erlegt wurde.

Eventuelle Änderungen der Quoten und Fangvorschriften sollten bei jährlichen Konferenzen einer neuen Organisation beschlossen werden, die auf der Washingtoner Konferenz gegründet wurde, der International Whaling Commission (IWC). Ziel dieser Organisation war es, die Walbestände zu bewahren, sodass auch kommende Generationen noch Walfang betreiben konnten. Die IWC nahm 1949 ihre Arbeit auf; Birger Bergersen wurde ihr erster Vorsitzender. Japan trat 1951 bei.

Die Voraussage einer großen Nachfrage nach Waltran, die Bergersen gemacht hatte, während der Krieg noch wütete, erwies sich als zutreffend. Trotz der unwillkommenen Konkurrenten aus den Niederlanden, der Sowjetunion und Japan erlebten Norwegen und die Vestfold in den ersten Nachkriegsjahren ein neues antarktisches Walabenteuer. Wieder fuhren Norweger zu Tausenden auf Walfang ins Südpolarmeer aus. Der Nachkriegsfangrekord für Blauwale wurde allerdings schon 1946/47 mit 90 000 getöteten Tieren aufgestellt. Danach ging es bergab mit dem Blauwalfang. In den folgenden Jahren machten Blauwale weniger als ein Drittel aller erlegten Wale aus. Den Rest bildeten großenteils Finnwale. Vielleicht erinnerte sich Birger Bergersen jetzt auch an die düstere Voraussage, die er vor dem Krieg bei einer Geheimkonferenz in London gemacht hatte: dass der Finnwal den Walfang am Leben halten werde, bis der Blauwal ausgerottet sei.

Am 23. Juli 1951 hielt Bergersen die Eröffnungsrede zur dritten Jahrestagung der IWC im südafrikanischen Kapstadt, das viele Fangexpeditionen auf dem Weg ins Südpolarmeer anzulaufen pflegten. Bergersen räumte jetzt ein, dass er zu optimistisch gewesen sei, als er die Fangquote 1944 festgesetzt habe. »Ich bin mir ziemlich sicher«, sagte er, »dass jeder Biologe, der die heute vorliegenden Fangstatistiken durchgeht, sofort erkennt, dass eine Gesamtfangquote von 16 000 Blauwaleinheiten viel zu hoch ist.«

Von einem biologischen Standpunkt aus sei es besser, getrennte Quoten für jede Art einzuführen, meinte Bergersen. Er hoffe, dass es einmal möglich sein werde, das umzusetzen, schloss aber, »bis jetzt ist noch kein durchführbarer Vorschlag dazu vorgelegt worden.«

Der resignierte Ton spiegelte deutlich Bergersens Erfahrungen als Leiter der IWC wider. Die Organisation hatte keine Macht, ihren Mitgliedsländern gegen deren Willen Vorschriften zu machen. Wer bei einer Abstimmung unterlag, konnte förmlichen Widerspruch einlegen und war danach von dem betreffenden Beschluss ausgenommen. Was als »durchführbar« galt, war also in der Praxis das, was die aktiven Fangländer hinzunehmen bereit waren. Bergersen hatte auch keine freie Hand, die Politik zu betreiben, die er selbst für am besten hielt. Zu Hause in Norwegen hatten sowohl die Walfangfirmen wie auch die Seemannsgewerkschaften Einfluss auf die Walfangpolitik, und ihnen ging es hauptsächlich um die kurzfristige Sicherung von Profiten und Arbeitsplätzen.

Die Tagung in Kapstadt 1951 änderte nichts an der Fangquote. Im Jahr darauf trat Bergersen als Vorsitzender der IWC zurück und wurde zum Leiter eines neu gegründeten Forschungsausschusses ernannt, der die Notwendigkeit einer Quotenänderung untersuchen sollte. Im März 1953 traf sich der Ausschuss in Stockholm, wo

Bergersen als norwegischer Botschafter residierte. Er hatte für die Tagung ein Referat zur Lage des Blauwals in der Antarktis vorbereitet, das zu dem Schluss kam, der Bestand sei stark gefallen. Die Fangzahlen sanken jetzt rasch. Im Lauf der Saison 1952/53 wurden weniger als 3000 Blauwale erlegt.

Die Fachleute waren sich bei ihrem Treffen in Stockholm einig, dass die Gesamtfangquote für die Antarktis am besten auf 11 000 Blauwaleinheiten gesenkt würde. Oder, besser gesagt, sie waren sich fast einig. Der niederländische Zoologe E. J. Slijper stellte alle Berechnungen infrage und kam zu dem Schluss, es sei im Grunde nicht notwendig, die Fangquote zu ändern. Andere Teilnehmer empörten sich über Slijpers Einstellung. Der neuseeländische Vertreter warnte, der niederländische Auftritt werde der Nation noch schwer auf dem Gewissen liegen.[294] Die allgemeine Auffassung war, dass Slijpers Argumente vor allem die kostspielige Staatsgarantie für die niederländische Walfangfirma rechtfertigen sollten.

Der Rest des Expertenausschusses sprach sich aus taktischen Gründen für eine schrittweise Absenkung der Quote aus, zunächst auf 15 000 Blauwaleinheiten. Bei der Jahrestagung der IWC 1953 in London wurde diese Quote auch beschlossen, zusammen mit einem späteren Start der Fangsaison für den Blauwal als für andere Walarten, als bescheidene Schutzmaßnahme für das größte Tier der Welt.

Birger Bergersen wurde Ende 1953 aus Stockholm zurückberufen, um als Kirchen- und Bildungsminister in die Regierung zu wechseln. Er führte allerdings noch einen letzten Auftrag für die IWC aus, als Leiter einer weiteren Expertengruppe, die vom 16. bis 19. März 1954 in Oslo tagte und sich unter anderem für einen völligen Schutz des nördlichen Blauwals aussprach, sowohl im Nordatlantik wie im Nordpazifik. Bergersen hatte sich seit Jahren für ein Ende der Jagd auf den nördlichen Blauwal eingesetzt.[295] »Selbst wenn es in letzter Minute ist, muss man tun, was man kann, um die Reste auf der nördlichen Halbkugel zu retten«, schrieb er an den Zoologen Johan T. Ruud.[296] Die Fangzahlen waren zwar bescheiden, aber immer noch wurden nördliche Blauwale gejagt, auch vor der norwegischen Küste. Der Vorschlag von Bergersens Ausschuss führte dazu, dass die IWC auf ihrer Jahrestagung in Tokio 1954 beschloss, den Blauwal im Nordatlantik zunächst für fünf Jahre unter Schutz zu stellen. Einer der Vorkämpfer für den Beschluss war der norwegische Delegationsleiter in Tokio, Johan T. Ruud. Infolge des Fangverbots für Blauwale durften auch die norwegischen Fangstationen keine Blauwale mehr jagen.[297] Island dagegen, außerdem Dänemark, das die Färöer und Grönland kontrollierte, protestierten gegen den Beschluss und wollten sich anfänglich nicht danach richten. Erst mehrere Jahre später verboten die beiden Staaten den Blauwalfang von ihren Landstationen aus, unter anderem auf Druck Norwegens. Von Island aus wurden noch bis 1959 Blauwale gejagt. Insgesamt wurden im Nordatlantik nach dem Zweiten Weltkrieg 430 Blauwale getötet.

Bergersens Ausschuss hatte auch die Blauwale im Nordpazifik unter Schutz stellen wollen. Daraus wurde nichts. Die Konferenzteilnehmer in Tokio waren zwar in der Mehrheit dafür, den Blauwalfang wenigstens im Nordostpazifik zu verbieten, aber Japan, Kanada, die Sowjetunion und die USA – also alle Staaten, die in diesen Gewässern Walfang betrieben – legten Widerspruch dagegen ein.

Was den Walfang in der Antarktis anging, so erwies sich die weitere Senkung der Gesamtfangquote als schwierig. Besonders die Niederlande kämpften dagegen. Die Gesamtquote wurde 1955 geringfügig auf 15 000 Blauwaleinheiten gesenkt. Im Gegenzug wurde dafür der Walfang auch in dem vor dem Krieg unter Schutz gestellten Walreservat des Südpolarmeers wieder zugelassen. Damit stand das gesamte südliche Eismeer wieder offen für den Walfang. Eine weitere Senkung der Quote auf 14 500 Blauwaleinheiten wurde 1956 durchgesetzt, nachdem die USA starken politischen Druck auf die Niederlande ausgeübt hatten. Die Quote lag immer noch weit über den Empfehlungen der Biologen.

Das Jahr 1956 sollte sich als Wendepunkt in der norwegischen Walfangpolitik erweisen. Norges Hvalfangstforbund – eine Organisation, die in der Nachkriegszeit die Walfangbranche repräsentierte – verlangte jetzt den Austritt Norwegens aus der IWC. Hintergrund war, dass Norwegen (und Großbritannien) nach einigen guten Fangsommern in der ersten Nachkriegszeit den Konkurrenzkampf in der Antarktis verloren. Die japanischen Fangfirmen hatten den Vorteil eines Inlandsmarkts, der gute Preise für Walfleisch zahlte, und waren inzwischen technisch überlegen. Der sowjetische Walfang war ein Staatsbetrieb nach den Prinzipien der Planwirtschaft. Für die privaten norwegischen Firmen wurde es schwierig, mitzuhalten, und dazu kam noch, dass viele der Meinung waren, die Sowjetunion halte sich nicht an die Fangvorschriften und verfälsche ihre Fangmeldungen. Tatsache war, dass die sowjetischen Delegierten bei den IWC-Tagungen taten, was sie konnten, um die Einführung internationaler Inspektionen der Fabrikschiffe zu verhindern.

Die Walfangreeder wollten erreichen, dass die Regierung mit dem Austritt aus der IWC drohen und ihre weitere Mitgliedschaft als Karte bei Verhandlungen ausspielen solle. Wenn weder Japan noch die Sowjetunion ihre Pläne zur Ausweitung des Walfangs aufgeben wollten, solle Norwegen die Zusammenarbeit aufkündigen. Der Austrittsvorschlag wurde vom Vorsitzenden des Norsk Hvalfangstforbund Frithjof Bettum, einem engen Mitarbeiter Anders Jahres, vorgebracht. Die Seemannsgewerkschaften unterstützten die Reeder. Jahre selbst sprach sich in einem Interview mit *Aftenposten* für den Austritt aus, ohne Rücksicht auf die Folgen für die internationale Zusammenarbeit: »Der Wal lässt sich im Südpolarmeer gar nicht ausrotten.«[298] Sein Argument war das altbekannte. Der Fang würde sich nicht mehr lohnen und daher eingestellt, wenn es zu wenige Wale gab. Jahre drückte tiefes Misstrauen gegenüber norwegischen und ausländischen Forschern aus, die den Umfang der Walbestände im Südpolarmeer bestimmen wollten, und hielt es für nahezu unmöglich, zuverlässige Forschungsergebnisse in dieser Frage zu gewinnen. Tüchtige Harpuniere seien noch am besten geeignet, diese Frage zu beantworten. Ihre Berichte deuteten darauf hin, dass die Blauwale weniger geworden seien, gab Jahre zu. Die Harpuniere sagten – zumindest laut Jahre – trotzdem, möglicherweise seien im Eis während des November und Dezember, wenn der Blauwalfang nicht zugelassen sei, mehr Blauwale zu finden, und außerdem hatte der Schiffsreeder von den Harpunenschützen gehört, die Blauwale seien intelligent genug, sich aus den Fanggebieten in friedlichere Gewässer zurückzuziehen.

Norges Hvalfangstforbund versicherte in Gesprächen mit den Behörden, dass hinter dem Austritt aus der IWC nicht der Wunsch nach freiem und hemmungslosem Walfang stehe. Diese Zusicherung war vielleicht nicht ganz aufrichtig.[299] In einem Rückblick viele Jahre später sagte Frithjof Bettum, die Reeder hätten die Zusammenarbeit mit den Ausländern beenden wollen, um die Fangflotte möglichst intensiv einzusetzen, solange es noch ging – sie wollten »lieber eine kurze, gute Fangzeit als einen kümmerlichen kleinen Dauerverdienst«.[300] Der Vertreter der Seemannsgewerkschaften, Ingvald Haugen, sprach es in einer Begegnung mit mehreren Staatsräten Ende 1956 deutlich aus: Es sei angebracht, sich das Recht auf unbegrenzten Fang zu nehmen, um noch Wale fangen zu können, solange es welche zu fangen gab.[301]

Der Vorsitzende des Hvalråd, Gunnar Jahn, und der Zoologe Johan T. Ruud warnten beide vor einer Unterhöhlung der internationalen Zusammenarbeit durch Norwegen. Sie glaubten, die Folgen für die Walbestände könnten ernst sein. Die Regierung wollte sich auf einen Austritt zunächst auch nicht einlassen. Daraufhin schlug Norges Hvalfangstforbund 1958 etwas anderes vor: Jetzt wollte er eine Fangordnung mit nationalen Quoten, in der jeder Staat, der in der Antarktis Hochsee-Fang betrieb, einen Anteil an der Gesamtfangquote zugeteilt bekam. Damit wollten die Fangfirmen verhindern, dass sie große Ressourcen einsetzen mussten, um sich ihren Anteil an der Quote zu sichern, bevor der Fang für beendet erklärt wurde. Diesen Vorstoß unterstützte die Regierung, obwohl er eine Kehrtwende für Norwegen bedeutete. Seit der Festlegung des Nachkriegsregelwerks in den Jahren 1944 bis 1946 hatten die norwegischen Unterhändler immer versucht, eine Diskussion über nationale Quoten zu verhindern. Indem man diese Frage von der Tagesordnung verbannte, hatte man gehofft, Norwegens beherrschende Stellung im Walfang zu wahren. Jetzt waren die Verhältnisse auf den Kopf gestellt, und es galt, sich einen festen Anteil zu sichern, um sich gegen die ständig stärkeren Konkurrenten zu verteidigen.

Die Zusammenarbeit in der IWC kam 1958 ernsthaft ins Stocken. Auf der IWC-Jahrestagung wurde die Gesamtquote in der Praxis ausgeweitet, nachdem die Niederlande ihren Protest gegen die anfänglich beschlossene Gesamtquote zurückgezogen hatten. Gegen Ende des Jahres beschloss die norwegische Regierung, den Austritt aus der IWC anzukündigen, falls kein Abkommen über nationale Quoten zustande kam.

Im Sommer 1959 machten Norwegen und die Niederlande ihre Austrittsdrohungen wahr. In den drei folgenden Jahren wurde der Hochsee-Fang in der Antarktis nur ansatzweise durch unverbindliche Erklärungen der einzelnen Staaten geregelt, wie viele Wale sie zu erlegen gedachten. Im Sommer 1962 kam endlich ein Abkommen über nationale Fangquoten zustande.

Das Quotenabkommen brachte den norwegischen Walfangfirmen dann aber keinen großen Nutzen. Es gelang ihnen nicht, die ihnen zugestandenen Quoten zu erfüllen, und viele verkauften ihre Fabrikschiffe bald oder setzten sie als gewöhnliche Tanker ein. 1961/62 operierten noch sieben norwegische Kochereien in der Antarktis, in der Saison danach waren es nur noch vier.

Japan und die Sowjetunion übernahmen jetzt den Spitzenplatz unter den Walfangstaaten. Während Japan britische, norwegische und niederländische Expeditionen aufkaufte – zusammen mit deren antarktischen Fangquoten –, setzte die Sowjetunion auf Schiffsneubauten. In den Jahren 1959 bis 1963 ließen die Sowjets fünf neue Fabrikschiffe vom Stapel. Zwei davon, die Schwesterschiffe *Sowjetskaja Ukraina* und *Sowjetskaja Rossija*, waren die größten, die es je gegeben hatte. Der Blauwalbestand in der Antarktis war bereits in einer prekären Lage. Besonders das Vorgehen der Sowjetunion verhieß nichts Gutes für die wenigen überlebenden Tiere.

Schlussakt

Nach Jahren, die mit Streitigkeiten über nationale Quoten verschwendet worden waren, kam bei der IWC-Jahrestagung 1963 endlich eine echte Diskussion über die Zukunft des Blauwals in Gang. Ein unabhängiger Expertenausschuss – die sogenannten Drei Weisen – legte hier einen Bericht vor, der unter anderem empfahl, den Blauwal vollständig unter Naturschutz zu stellen.

Besonders für die antarktische Unterart beschrieben die drei Fachleute eine dramatische Lage. Sie schätzten, dass der Bestand Anfang der 1950er-Jahre bereits auf um die 10 000 Exemplare gesunken war, und dass nach der Fangsaison 1960/61 vielleicht nur noch ein Zehntel davon, irgendwo zwischen 930 und 2790 Exemplare, verblieben sei. Nach inzwischen zwei weiteren Fangsommern müsse diese Zahl noch niedriger angesetzt werden. Der Bericht der Weisen rüttelte die Mitglieder der Walfangkommission auf. Auf der Jahrestagung 1963 herrschte daher Einigkeit, den Blauwalfang in der Antarktis bis zum 40. südlichen Breitengrad hinauf zu verbieten.

Jetzt wurde der sogenannte Zwergblauwal in die Diskussion gezogen. Japanische Walfänger waren bei den Kerguelen-Inseln, am Südrand des Indischen Ozeans, auf einen Bestand verhältnismäßig kleiner Blauwale gestoßen. Japanische Biologen beschrieben diese Blauwale als einen eigenen Stamm, später sogar als eigene Unterart. Zwergblauwal nannte man ihn, weil diese immer noch riesigen Tiere im Vergleich zu ihren antarktischen Verwandten bedeutend kleiner waren. Die Japaner meinten jedenfalls, der Zwergblauwal sei zahlreich und bisher ungenutzt. Auf der IWC-Tagung 1963 bestanden sie darauf, die Jagd auf diese Tiere auch in der geschützten Zone südlich des 40. Breitengrads bis hinunter zum 55. fortsetzen zu dürfen, und zwar vom Nullmeridian im Atlantik nach Osten, südlich von Südafrika und bis in die Mitte des Indischen Ozeans, und dieser Forderung wurde stattgegeben, trotz aller Warnungen, dass die Jagd leicht auch auf den antarktischen Blauwal übergreifen könne.

Im Sommer 1964 war Sandefjord in Norwegen Ausrichter der IWC-Jahrestagung. Das Treffen fand im Park-Hotel des Ortes statt, einem Hochhaus, das fünf Jahre zuvor als Hvalfangstens Hus (»Haus des Walfangs«) errichtet worden war. Die Tagung in Sandefjord sorgte in der norwegischen Presse für aufgeräumte Stimmung. Die Teilnehmer dagegen sahen sie nicht als besonders geglückt an, viele fuhren frustriert nach Hause, weil man sich immer noch nicht auf eine Senkung der Fangquote in der Antarktis hatte einigen können. Die galt jetzt allerdings nur noch für Finn- und Seiwale, nachdem sowohl Blau- wie Buckelwale geschützt waren.

Der britische Meeresforscher Sidney Holt reiste nach Sandefjord, um einen neuen Bericht der sogenannten Weisen vorzulegen. Der antarktische Blauwal werde, auch wenn er nicht weiter bejagt werde, möglicherweise aussterben, warnte Holt. Jeder weitere Blauwalfang erhöhe diese Gefahr. In dem Meeresgebiet, in dem hauptsächlich Zwergblauwale vorhanden waren, wurden auch große antarktische Blauwale getötet. Dort weiter den Blauwalfang zu erlauben, bedeute also ebenfalls erhöhte Gefahr, dass der antarktische Blauwal ausstarb. Die Teilnehmer beschlossen daher, den Blauwal auch im bisherigen Zwergblauwal-Fanggebiet zu schützen, aber Japan und die Sowjetunion stimmten dagegen, erkannten den Beschluss für ihre eigenen Fangfahrten nicht an und legten Protest ein. Johan T. Ruud wandte sich deswegen an das norwegische Fischereiministerium und warnte vor einem möglichen norwegischen Protest gegen das Walschutzabkommen, um sich dasselbe Fangrecht auf Blauwale wie Japan und die Sowjets zu sichern. »Ich fände es sehr beklagenswert, wenn Norwegen [...] mitverantwortlich für eine mögliche gänzliche Ausrottung des Blauwals würde«, schrieb Ruud. »Es ist kein Zweifel möglich, dass die Gefahr, dies könne tatsächlich geschehen, unmittelbar besteht.«[302] Die Regierung entschied sich dennoch, gegen das Walschutzabkommen zu protestieren.

1965 wurde der Blauwal endlich auch in der Zwergblauwal-Fangzone unter Schutz gestellt, die sich die Japaner bisher unbedingt hatten offenhalten wollen. Außerdem wurde der Pazifik nördlich des Äquators einstimmig für den Blauwalfang gesperrt. Die IWC-Jahrestagung 1966 beschloss dann, den Blauwal weltweit vollständig unter Schutz zu stellen, und damit mussten auch die Fangschiffe der Landstationen in Südafrika die Jagd auf Blauwale beenden. In den letzten Jahren hatten sie ohnehin kaum noch welche gefunden.

Chile und Peru gehörten der Internationalen Walfangkommission nicht an, betrieben aber in den 1960er-Jahren einen bedeutenden Blauwalfang von Fangstationen an ihrer Pazifikküste aus. Auch diese beiden Staaten beschlossen nun, den Blauwalfang zu beenden. Ab der Fangsaison 1967/68 wurden in der internationalen Fangstatistik überhaupt keine getöteten Blauwale mehr registriert. Diese Saison brachte auch das Ende des großen norwegischen Walfangabenteuers. 1967/68 fuhr nur noch eine einzige Expedition aus, mit Anders Jahres Fabrikschiff *Kosmos IV*. Danach war Schluss.

Die Bedrängnis für den Blauwal war aber trotzdem noch nicht vorüber. Er wurde heimlich weiterhin gejagt. Die Führung der mächtigen sowjetischen Walfangflotte musste ihre Planziele erreichen, die von den Behörden in Moskau vorgegeben waren, und sie wurde nach ihren Fangergebnissen beurteilt, nicht nach der Einhaltung internationaler Vereinbarungen. Die Blauwalbestände waren bereits sehr geschrumpft, als die neuen sowjetischen Kochereien in Betrieb gingen. Dennoch erlegten sie illegal Tausende Blauwale, hauptsächlich in den 1960er-Jahren, während die Diskussion über einen Schutz des Blauwals in vollem Gange war – und zwar zum großen Teil unter Leitung des sowjetischen IWC-Vorsitzenden M.N. Suchurotschenko, der das Gremium von 1962 bis 1966 leitete. Auch nachdem das vollständige Fangverbot für Blauwale beschlossen war, setzten die Sowjets die Jagd auf sie fort.

Im Nordpazifik erlegten sowjetische Fangschiffe im Lauf der Jahre rund 760 ungemeldete Blauwale, und in der Antarktis wurden über 900 illegal getötet, zum größten Teil Zwergblauwale. Die sowjetischen Biologen selbst warnten wieder und wieder vor den Folgen. Bereits in der Saison 1965/66 waren die Zwergblauwale in der Großen Australischen Bucht fast vollständig ausgelöscht, wie der geheime Wissenschaftsbericht der *Sowjetskaja-Rossija*-Fangflotte feststellte. Aus dem entsprechenden Bericht für 1970/71 ging hervor, dass sowjetische Fangflotten so gut wie jeden Blauwal töteten, dem sie begegneten. Setzten sie diesen Verstoß gegen die internationale Konvention fort, schlossen die Verfasser, würden sie das größte Tier der Welt ausrotten, und das wäre »eines der schlimmsten Verbrechen der Menschheitsgeschichte«.[303] Ein sowjetischer Wissenschaftler bewahrte Zehntausende Seiten Fangberichte für die Nachwelt auf – versteckt in seinem Kartoffelkeller.

Nach dem Zerfall der Sowjetunion traten viele Beteiligte an die Öffentlichkeit und trugen dazu bei, die Geschehnisse zu rekonstruieren. In der Saison 1965/66 und danach sollen sowjetische Walfangexpeditionen rund 4800 unter Schutz stehende Blauwale getötet haben, teils in der Antarktis und teils auf ihrem Zug in die Winterquartiere nach Norden in den Indischen Ozean. Es handelte sich größtenteils um Zwergblauwale. Eine Expertengruppe, die nachträglich die Statistiken analysierte, kam zu dem Schluss, dass die sowjetischen Fangexpeditionen dabei aber möglicherweise auch Hunderte antarktische Blauwale getötet haben, die bereits unter Schutz standen.[304] Anfang der 1970er-Jahre hörte endlich auch die Sowjetunion auf, Blauwale zu jagen, und zwar nachdem sie mit Wirkung ab 1972 einem Abkommen über internationale Inspektionen von Walfangschiffen zugestimmt hatte. Die Inspektoren verhinderten zwar nicht alle Regelverstöße, aber der Blauwalfang soll danach rasch geendet haben.

Als der Fang aufhörte, war der Blauwal seit über einhundert Jahren das Ziel von Granatharpunen gewesen. Für das 19. Jahrhundert gibt es keine verwertbaren Statistiken über die Bejagung der einzelnen Arten, aber man weiß, dass ab 1900 weltweit insgesamt 379 185 Blauwale erlegt und verwertet worden sind, eingerechnet die illegalen Abschüsse durch die Sowjets. Die große Mehrzahl waren antarktische Blauwale. Die Fangzahlen im Norden waren vergleichsweise bescheiden: Während des 20. Jahrhunderts wurden im Nordatlantik und Nordpazifik zusammen nur rund 15 000 Blauwale erlegt.

Warum sich die sowjetische Führung zum Schluss doch noch bereit erklärte, die internationalen Inspektoren an Bord ihrer Fangschiffe zu lassen und sich damit die Möglichkeit zur illegalen Jagd zu verbauen, ist unklar. Vielleicht spürten die Machthaber einen Umschwung in der Meinung der Weltöffentlichkeit und fürchteten außenpolitische Schwierigkeiten. Die letzten verdeckten Jagden auf den Blauwal fanden statt, während sich die Einstellung der Menschen zu den Walen und zum Walfang dramatisch veränderte. Jetzt galten Wale als schöne, denkende und fühlende Wesen und wurden zum Symbol eines neuen, verantwortungsvolleren Umgangs mit der Natur. Die große Umweltschutzkonferenz der Vereinten Nationen 1972 in Stockholm empfahl der IWC auf Vorschlag der USA, ein Walfangmoratorium zu verhängen – das heißt, den Walfang für alle

Arten bis auf Weiteres vollständig zu untersagen. Diese Forderung rückte mit den spektakulären Aktionen der Organisation Greenpeace gegen die sowjetischen Fangschiffe ab 1975 erneut in den Blickpunkt.

Eine Inspirationsquelle für die neue Einstellung gegenüber Walen waren Forschungsergebnisse, die eine hohe Intelligenz bei Delfinen feststellten, eine andere das umfangreiche Gesangsrepertoire des Buckelwals, von dem sich die Allgemeinheit mit der LP *Songs of the Humpback Whale*, der meistverkauften Einspielung von Naturlauten überhaupt, einen Eindruck verschaffen konnte.[305] Wenn über den Schutz der Wale gesprochen wurde, fiel oft der Name des Blauwals als des größten Tiers der Welt. Dennoch war es der charismatische Buckelwal, der zur Ikone der neuen Walrettungsbewegung wurde. Der Buckelwal war fotogen. Er sprang oft hoch aus dem Wasser, sodass man ihn ganz zu sehen bekam.

Die IWC beschloss 1982 das internationale Walfangmoratorium, nachdem eine Reihe von Staaten, die selbst keinen Walfang betrieben, dem Gremium beigetreten waren, um dem Fangverbot zuzustimmen. Darüber hinaus drohten die USA Staaten, die darauf bestanden, den Walfang fortzusetzen, mit Handelssanktionen. Japan gab dem Druck nach und setzte seine Unterschrift unter das Moratorium, nur um seitdem für seine Aufhebung zu kämpfen. Die norwegischen Behörden waren sich zunächst uneins, aber das Land stimmte dem Moratorium noch fristgerecht in aller Form zu und behielt damit formell das Recht auf weiteren Walfang. Die Walfangländer Japan, Norwegen und Island hatten darauf bestanden, dass Wale weiterhin als natürliche Ressourcen verwaltet würden und der Walfang bei Beständen, die groß genug waren, ihn zu vertragen, zulässig bleiben müsse. Bisher ist es aber noch keinem Walfangland gelungen, das Moratorium durch ein neues Quotensystem ersetzen zu lassen.

Der Blauwal ist kein Beutetier mehr für Walfänger und wird es auch lange nicht wieder werden. Dennoch werden andere Walarten weiterhin bejagt. Die Ureinwohner Grönlands, Alaskas und Kanadas erlegen jährlich einige wenige Grönlandwale. Die IWC hat diesen traditionellen Walfang durch Eingeborene vom Moratorium ausgenommen.

Island fängt heute in eigenen Gewässern Zwergwale und Finnwale, nach einer komplizierten Abfolge von Ein- und Austritten in die und aus der IWC. In Norwegen wird nur eine Walart bejagt: der Zwergwal. Haupterzeugnis des Fangs ist das Fleisch der erlegten Tiere, das für den menschlichen Verzehr verkauft wird. Die norwegischen Behörden betonen, dass Zwergwale im Nordatlantik zahlreich vorkommen und nach den Prinzipien der IWC daher bejagt werden dürften. Die Fangschiffe setzen zwar Granatharpunen ein, um die Tiere möglichst rasch zu töten, aber das Gewerbe stellt sich eher als Fortsetzung der traditionellen Jagd auf Zwergwale und andere kleinere Walarten an der norwegischen Küste dar denn als die von Svend Foyn begründete industrielle Verwertung.

Japan war bis vor Kurzem das einzige Land, das noch Walfang in der Antarktis betrieben hat. Jährlich erlegten japanische Fangschiffe im Südpolarmeer mehrere hundert Zwergwale. Nach den Regeln der IWC hat das Land kein Recht, kommerziellen Walfang zu betreiben, aber die japanischen Behörden behaupten, es handle sich um erlaubten Fang zu Forschungszwecken. Der wissenschaftliche Nutzen ist umstritten. Das Fleisch der Tiere wird als Lebensmittel verkauft. Im Dezember 2018 erklärte Japan seinen Austritt aus der IWC, nachdem die Versuche, das Moratorium zu beenden, gescheitert waren. Im Sommer 2019 begann Japan wieder mit dem kommerziellen Walfang auf Zwerg-, Bryde- und Seiwale innerhalb der eigenen Hoheitsgewässer und der sogenannten exklusiven Wirtschaftszonen. Die Fangexpeditionen in die antarktischen Gewässer mussten gleichzeitig beendet werden.

Die Walfangstaaten kämpfen weiterhin für eine Aufhebung des Fangmoratoriums. Sie verweisen darauf, dass manche Walbestände, etwa jene des Zwergwals im Nordatlantik und im Südpolarmeer, groß und lebenskräftig seien, und dass die IWC dazu da sei, eine verantwortungsvolle Ausbeutung der Walbestände zu sichern, und nicht dazu, den Walfang überhaupt zu verhindern. Die Gegner des Walfangs bringen vielfältige Argumente vor. Einige halten die Fangmethoden für zu brutal, andere sehen das Töten von Walen an sich als verwerflich. Aber auch die Geschichte des Walfangs wirft ihren Schatten über die Diskussion: Viele verteidigen das Moratorium, weil sie nicht glauben, der Walfang könne noch wirksam reguliert werden, sollte das Walfanggewerbe je wieder eine bedeutende und einflussreiche internationale Branche werden.

Die Davongekommenen

Die Sprecher der Walfangbranche unterstrichen gerne, dass die Wale, die das gesamte weite Meer hatten, um sich darin zu verstecken, kaum auszurotten seien. Man muss ihnen in gewissem Umfang recht geben. Trotz des Walfangs ist keine der großen Walarten völlig ausgestorben. Einige sind aus Gewässern, in denen sie früher vorkamen, verschwunden, wie der Grauwal, ein mittelgroßer Bartenwal, den die Isländer *sandreyður* nannten. Er verschwand bereits zu Anfang des Walfangs mit Segelschiffen aus dem Nordatlantik, kommt aber im Pazifik weiterhin vor.

Oft behaupteten die Walfänger auch, es sei unmöglich, die Wale auszurotten, aber das stimmt nicht. Es dauert nur sehr lange. Der Nordkaper, eine Glattwalart, die jahrhundertelang verfolgt wurde, ist heute unmittelbar vom Aussterben bedroht. Es gibt vielleicht wieder 400 bis 500 Exemplare, meist im westlichen Nordatlantik, und einige neue Kälber kommen dazu. Neuerdings werden allerdings bedenklich viele tote Tiere gefunden. Einige sind wohl bei Zusammenstößen mit Schiffen gestorben, während andere sich in Fischernetzen und Leinen verfangen haben und wahrscheinlich ertrunken sind.

Sollte der Nordkaper aussterben, teilen sich viele die Schuld. Die alten Walfangsegler sorgten dafür, dass die Art selten wurde. Die Überlebenden wurden von den neuen Motorfangschiffen verfolgt, wenn sich die Gelegenheit bot, bis der Nordkaper und die anderen Glattwale im ersten internationalen Walfangabkommen von 1931 unter Schutz gestellt wurden. Die Bejagung hat die Art auf wenige Individuen reduziert und damit für weitere Bedrohungen besonders anfällig gemacht.

Was den Blauwal angeht, so steht er jetzt seit einem halben Jahrhundert unter Naturschutz. Seit über 40 Jahren wird er nicht mehr in bedeutsamem Ausmaß bejagt. Die Art wird von der Internationalen Naturschutzunion (IUCN), die eine weltweite Rote Liste gefährdeter Arten führt, weiterhin als vom Aussterben bedroht genannt, auch wenn es, wie drei amerikanische Forscher kürzlich argumentiert haben, missverständlich sei, das für die ganze Art anzunehmen. Der Blauwal teile sich vielmehr in mehr oder minder isolierte Bestände in verschiedenen Gewässern. Um einige davon müsse man sich sorgen, andere dagegen hätten sich aufgerafft und würden sich mit der Zeit wieder erholen.

Der nördliche Blauwal, *Balaenoptera musculus musculus,* war ursprünglich weniger zahlreich als seine antarktischen Verwandten – kurz gesagt, weil es im Norden weniger Krill zu fressen gibt als im Süden. Der Bestand im Nordatlantik war 1960 stark zurückgegangen. Um Island wuchs er ziemlich rasch wieder an, nachdem der Fang aufgehört hatte, und der nordostatlantische Blauwalstamm, der auch vor den Azoren und bei Spitzbergen gesichtet wird, umfasst heute vermutlich 1500 bis 2000 Exemplare. Der Bestand im westlichen Nordatlantik ist kleiner und besteht aus etwa 600 bis 1500 Tieren.

Im Nordpazifik haben sich die Blauwale, die längs der nordamerikanischen Westküste entlangziehen, wieder gut erholt; die Schätzungen gehen von rund 2000 bis 3000 Tieren aus. Einzelne Forscher vermuten, die Bestandszahlen näherten sich bereits wieder der ursprünglichen Höhe. Andere halten dagegen, dass viele Blauwale durch den starken Schiffsverkehr in diesem Gebiet umkommen, der den Bestand niederhalte. Auf der asiatischen Seite des Nordpazifiks gibt es heute kaum noch Blauwale, aber auch dort wird hin und wieder einer gesichtet.

Den dramatischsten Zusammenbruch erlebte der Blauwalbestand im Südpolarmeer, wo er ursprünglich am größten war. Als der Walfang dort endete, gab es vielleicht noch 360 Exemplare der großen antarktischen Unterart des Blauwals, *Balaenoptera musculus intermedia.*[306] Es können auch bloß 150 gewesen sein, vielleicht auch bis zu 840, auf jeden Fall aber kaum noch wenige Promille der ursprünglichen Anzahl, die es hier gab, als Carl Anton Larsen in Grytviken anfing.

Auch im Südpolarmeer hat der Bestand wieder zugenommen, seitdem keine Fangschiffe mehr kommen, um Blauwale zu jagen. Für das Jahr 1996 wurde der antarktische Blauwalbestand nach einer Reihe von Forschungsfahrten mit 1700 Tieren veranschlagt. Später wurde diese – natürlich unsichere – Schätzung nach oben korrigiert und für 1998 mit 2280 Tieren angegeben. Das ist immer noch weniger als ein Prozent des ursprünglichen Bestands. Selbst wenn sich die Anzahl seit den 1990er-Jahren sicher weiter erhöht hat, gilt der antarktische Blauwal immer noch als vom Aussterben bedroht. Im weiten Südpolarmeer, wo die Pioniere seinerzeit verblüfft über die Mengen an Blauwalen waren, ist diese Art heute ein seltener Anblick.

Gewebeproben, die von überlebenden Exemplaren in der Antarktis genommen wurden, zeigen allerdings eine überraschend große genetische Vielfalt. Das ist ein gutes Zeichen. Genetische Vielfalt bedeutet Widerstandsfähigkeit gegen Krankheiten und Anpassungsfähigkeit bei Umweltveränderungen. Das bedeutet aber wahrscheinlich nur, dass die genetische Verarmung als Nachwirkung des Walfangs noch im Gange ist. Blauwale werden vermutlich mindestens so alt wie Menschen. Das heißt, dass heute noch Blauwale leben, die die letzten Jahre des Walfangs überstanden haben, und wenn diese Veteranen sterben, verschwindet mit ihnen ihr Genbestand, den sie nicht an die nächste Generation weitergegeben haben.

Gleichzeitig gibt es Anzeichen, dass dem antarktischen Blauwal frisches Blut von außen zugeführt wird. Australische Forscher haben kürzlich eine Handvoll Beispiele dokumentiert, bei denen sogenannte Zwergblauwale sich mit antarktischen Blauwalen gepaart und Junge gezeugt haben. Ob die Ursache dafür in der Seltenheit der antarktischen Unterart im Südpolarmeer liegt oder in veränderten Wanderrouten des Blauwals durch Klimaveränderungen, ist unbekannt. Wahrscheinlich bedeutet diese Einkreuzung nicht einmal viel für den Blauwalbestand im Süden. Trotz der Unterschiede in Größe und Lebensraum sind diese beiden Blauwalunterarten nahe miteinander verwandt. Gentests am Zwergblauwal *Balaenoptera musculus brevicauda* haben ergeben, dass er von antarktischen Blauwalen abstammt, die sich auf dem Höhepunkt der letzten Eiszeit, erst vor 20 000 bis 25 000 Jahren, nach Norden in neue Gewässer vorgeschoben haben, als das Meereis rund um die Antarktis eine Rekordausdehnung erreichte und der Blauwalbestand so hoch wie nie war.

Das Südpolarmeer ist als Lebensraum des Blauwals unübertroffen. Diese kalte Heimat machte die antarktische Unterart zur größten und zahlreichsten. Heute sind es jedoch gemäßigte und tropische Breiten, die man aufsuchen muss, um südlich des Äquators Blauwale zu sehen. Man trifft sie zum Beispiel längs der chilenischen Pazifikküste an. An vielen Rändern des Indischen Ozeans findet man ebenfalls Zwergblauwale in bedeutender Zahl: südlich von Australien und Madagaskar und zwischen einigen Inseln des indonesischen Archipels. Hier ist allerdings vieles noch unbekannt, was die Anzahl der Tiere und die Verwandtschaft der verschiedenen Bestände angeht. Außerdem sieht man Blauwale regelmäßig vor Sri Lanka, ein Stück nördlich des Äquators. Dort herrscht dichter Schiffsverkehr, der, so die Forscher, die Blauwale im nördlichen Indischen Ozean sehr gefährdet.

Der Blauwal hat die Walfangära überlebt. Als Art wird er vorerst nicht aussterben, selbst wenn er in einer immer stärker vom Menschen geprägten Welt Bedrohungen ausgesetzt ist. In stark frequentierten Fahrwassern kommt es vor, dass Blauwale nach Zusammenstößen mit Schiffen sterben. Viele tragen Narben solcher Kollisionen. Manche zeigen auch die Spuren einer Verstrickung in Fischernetze und treibende Leinen, aber derlei endet für Blauwale selten tödlich. Vielleicht können sie sich durch ihre ungeheure Körperkraft leichter befreien als andere Wale. Eine weitere mögliche Bedrohung stellt die Lärmverschmutzung der Meere unter anderem durch Schiffsmaschinen dar. Blauwale halten mit ihren Lautäußerungen über große Entfernungen Kontakt zueinander, und der Lärm stört diese Kommunikation.

Die grundlegendste Bedrohung des Blauwals wäre jedoch ein Rückgang der großen Krillschwärme. Ohne die Krebstierchen, die im Tageslicht rot erglühen und bei Nacht blau blinken, kann der Blauwal nicht überleben. Eine Gefahr für die Krillbestände ist zum Beispiel ihre Ausbeutung durch den Menschen. In der Antarktis gibt es seit den 1960er-Jahren Versuche mit Krillfischerei. Der Krill wird hauptsächlich zu Fischfutter verarbeitet. Die Krillfischerei im Südpolarmeer ist durch ein internationales Abkommen genau geregelt, und aus kommerziellen Gründen wird zurzeit die Quote nicht einmal ausgeschöpft, aber Märkte erleben Auf- und Abschwünge, technische Veränderungen können sehr schnell gehen, und die Geschichte des Walfangs zeigt auch, dass sich nicht immer alle an Abkommen halten.

Ist die Klimaveränderung eine Gefahr? Die Klimageschichte zeigt, dass es schwierig werden kann, in einer immer wärmeren

Welt ein Blauwal zu sein. Die wirklich großen Wale und ihr Krillparadies im Südpolarmeer entstanden erst in Verbindung mit einer großen weltweiten Abkühlung. Später hat der antarktische Blauwalbestand vermutlich gleichzeitig mit der letzten Eiszeit seinen Höhepunkt erreicht, als es am kältesten war. Auch hier kommt es wieder entscheidend auf den Krill an. Die Meeresforschung stellt fest, dass heute die sommerlichen antarktischen Krillschwärme nach einem kalten Winter mit ausgedehnten Treibeisfeldern am dichtesten sind. Wahrscheinlich liegt das daran, dass die Larven des antarktischen Krills unter den Eisschollen überwintern, wo sie Schutz und Nahrung finden.

In einer wärmeren Welt wird die Eisbedeckung des Meeres unweigerlich abnehmen, und der antarktische Blauwal steht neuen Schwierigkeiten gegenüber. Einige Jahre nach der Jahrtausendwende machten Forscher eine beunruhigende Entdeckung. Auf der Atlantikseite des Südpolarmeers, in den Gewässern mit dem allerreichsten Tierleben, nahmen die Krillbestände seit den 1970er-Jahren ab. Es ist allerdings nicht sicher, ob dieser Trend noch anhält. Eine neuere Untersuchung in den Gewässern vor Südgeorgien fand zum Glück keinen Rückgang der Krillvorkommen.

Die Kohlendioxidemissionen verursachen außer der Erwärmung des Planeten ein weiteres, damit zusammenhängendes Problem für den Krill und andere Meerestiere weltweit: die Übersäuerung der Meere. Neuere Laborversuche mit der Aufzucht von Krill in CO_2-angereichertem Meerwasser zeigten, dass gelöstes Kohlendioxid die Brut des Krills behindert. Auf sehr lange Sicht – die Forscher nannten das Jahr 2300 – könnten, so ihre Vermutung, die Krillbestände im Südpolarmeer zusammenbrechen, falls sich der Kohlendioxidausstoß in die Atmosphäre ungehindert fortsetzt.

Wie das ausgehen wird, weiß niemand. Wie alle anderen Lebewesen auf dem Planeten sind der Krill und der Blauwal Versuchskaninchen im gigantischen Klimaexperiment, das wir Menschen in Gang gesetzt haben.

Epilog: Die Wanderung nach Norden

Neuankömmlinge im Fischerdorf Lajes do Pico auf den Azoren bekommen einen ersten Eindruck vom Reichtum des Meeres, wenn es dunkel wird. Dann erklingt ein wunderlicher Chor. Dicht über den Dächern krächzen die Sepiasturmtaucher, große Seevögel, die den Tag damit verbracht haben, in den Wellen nach Fischen, Kalmaren und Krebstierchen zu jagen. Sie rufen einander, bis sich die Paare wiedergefunden haben und zusammen ihre Brutplätze auf den Grashängen über dem Dorf aufsuchen.

Wenn man am nächsten Morgen mit einem Boot auf den Atlantik hinausfährt, sieht man auf jeden Fall Schwärme von Delfinen aus dem Meer emporschießen. Es gibt sie hier in mehreren Arten. Einige ziehen ganz in der Ferne vorbei, andere schwimmen an die Touristenboote heran, spielen rund um den Bug und verschwinden wieder, wenn ihnen langweilig wird. Oft sieht man auch größere Meeressäuger, einen lebhaften Buckelwal, einen lang gestreckten Finnwal mit dunklem Rücken oder eine Gruppe Pottwale, die noch bis 1980 von ortsansässigen Walfängern gejagt wurden. Im Hafen von Lajes liegen noch die kleinen Ruderboote, aus denen die Harpunen geworfen wurden. Die Fangmethode ähnelt der amerikanischen, wie sie im Roman *Moby-Dick* beschrieben wird.

Die Azoren sind eine Gruppe Vulkankegel, die vom Meeresboden aufsteigen. Sie gehören zum Mittelatlantischen Rücken, derselben unterseeischen Bergkette wie Jan Mayen und Island im Norden und die Bouvet-Insel weit im Süden in der Antarktis. Der höchste Gipfel der Azoren ist der Pico, der sich 2351 Meter über den Meeresspiegel erhebt. Es sind die dramatischen Felsformationen, die dafür sorgen, dass das Meer hier von Seevögeln, Fischen, Meeresschildkröten und Walen wimmelt. Natürlich kommen sie alle nicht, um sich die malerische Schneemütze auf dem Pico oder die grünen Wiesenhänge unten am Meer anzuschauen, auch nicht die schwarzen, von den Wellen unterhöhlten Lavaklippen. Es sind vielmehr die Fortsetzungen dieser Klippen unter dem Meer, die hier das Leben gedeihen lassen. Wo die Meeresströmungen auf die bis zu 1,5 Kilometer hohe

Stufe an der Südküste des Pico und andere Hindernisse wie die weit ausgreifenden unterseeischen Gebirgsformationen weiter draußen treffen, wird Wasser aus der Tiefsee an die Oberfläche gewirbelt. Abgesunkene Nährstoffe kommen wieder ans Tageslicht. Phytoplankton bildet sich, Krillschwärme gedeihen, und im Frühling kann man hier vor den Azoren auch auf das größte Tier der Welt treffen.

Erwartungsvoll spähen Bootsführer, Forscher, Fremdenführer und Touristen zum Horizont. Weit entfernt erscheint ein Walblas, aber er hängt nur einige Sekunden in der Luft, bis ihn der Wind auflöst. Wer Erfahrung hat, kann einen blasenden Blauwal an der Säulenform und der Größe des Blas von fernen Wolken unterscheiden. Jetzt geben die Walbeobachterboote Vollgas, aber die Motoren werden allmählich gedrosselt, je mehr man sich dem Bereich nähert, in dem man unter den Wellen den Wal vermutet. Der Rhythmus der Walbeobachter gleicht dem, den die Walfänger lernten, bevor die Preußenjagd aufkam.

Liegt das Boot dann still und wartet mit ausgeschaltetem oder leise tuckerndem Motor, ohne dass die suchenden Blicke etwas entdecken, verkündet plötzlich ein mächtiges Schnauben, dass der Wal wieder auftaucht. Es klingt so, wie man es erwarten würde, wenn ein so großes Tier, das lange die Luft angehalten hat, endlich ausatmen kann. In der großen Stille des Meeres kann man manchmal auch das leisere Einatmen des Wals hören, bevor er die beiden Nasenlöcher verschließt und wieder abtaucht.

Es ist nicht viel, was man vom Blauwal sieht. Rund ein Siebtel des grau gefleckten Körpers ragt über die Wasseroberfläche, wenn er bläst. Die schuhförmige Schnauze oder die Kehlfurchen auf der Unterseite des Kopfes sieht man nur selten, die Augen so gut wie nie. Von der Meeresoberfläche aus betrachtet wirkt das größte Tier der Welt rätselhaft und unzugänglich. Den intimsten Kontakt, den man realistischerweise erhoffen kann, bekommt man, wenn der Wal zum Blasen dicht genug am wartenden Boot auftaucht, um alle an Bord in eine unhygienische, ölige Dampfwolke einzuhüllen. Ansonsten ist es das Wissen, dass man das größte Tier der Welt sieht und hört, und das grundlegend fremdartige Wesen des großen Wals, das einen beeindruckt. Man glaubt sich einer Mischung aus einem großen Gebäude und einem Tier gegenüber. Sucht man nach einem Vergleich, denkt man an Schiffsrümpfe, Flugzeuge oder Felshöcker, auch wenn die Bewegungen unter Wasser lebhaft sind.

Will der Wal blasen, taucht zuerst der kräftige Auswuchs auf, der die Nasenlöcher vorne vor eindringendem Wasser schützt. Er erinnert an eine menschliche Nase, die aber verwirrenderweise oben auf dem Kopf sitzt, und wenn man sich diesen Auswuchs tatsächlich als Nase vorstellt, dann ist sie auch noch verkehrt herum platziert. Direkt hinter den Blaslöchern kommt ein wenig der muskulösen Schulterpartie zum Vorschein, und dann immer mehr Rücken. Die Größe des Wals aus der Entfernung abzuschätzen, kann schwierig werden, wenn man nur die Wellen zum Vergleich hat, aber man sieht, dass es sich um ein lang gestrecktes Tier handelt. Der Rücken des Blauwals zeigt sich oft Stück für Stück in einer rollenden Bewegung. Er erinnert an einen Zug, der überraschend viele Waggons hat, und wenn die kleine, dreikantige Rückenflosse schließlich erscheint, ist das Ende erreicht. Der Wal gleitet still unter die Wellen zurück. Solange er noch dicht darunter ist, sieht man, dass es »bläut«, wie die Walfänger sagen. Bald wird er wieder auftauchen, um erneut zu blasen.

Nachdem der Riese so mehrere Male gemächlich aufgetaucht ist und geblasen hat, wölbt sich beim nächsten Auftauchen der Rücken höher in die Luft. Das ist das Zeichen für einen bevorstehenden echten Tauchgang. Manche Blauwale haben die Angewohnheit, die Schwanzflosse aus dem Wasser zu heben, bevor sie in die Tiefe verschwinden. Das geschieht in Fortsetzung der gleichmäßigen Bewegung des Rückens. Zuerst beugt sich der Schwanz, sodass die Flosse waagrecht wie das Leitwerk eines Flugzeugs steht, dann streckt er sie hoch in den Himmel, wie zum Gruß, und taucht, immer noch im selben gemessenen Tempo, unter. Erst kurz bevor der Wal verschwindet, ahnt man eine Beschleunigung. Wenn er ganz abgetaucht ist, genügt schon ein einzelner Schlag, um ihn auf Kurs in die Tiefe zu bringen.[307] Der Wasserdruck presst die Luft in den Lungen zusammen, sodass sich der Auftrieb vermindert, und bereits wenige Körperlängen unter der Wasseroberfläche wird der Blauwal schwerer als das Salzwasser, das er verdrängt, und taucht immer weiter in den finsteren Abgrund. Sichtbar bleibt als einzige Spur des größten Tiers der Welt ein Bereich, in dem die Wasseroberfläche sich nicht im Wind kräuselt, sondern durch die Turbulenzen hinter der mächtigen Schwanzflosse aufgewirbelt wird.

Wie lange die Zuschauer im Boot warten müssen, bis der Blauwal wieder auftaucht, kommt auf sein Jagdglück an. Ist das Tier lange unter Wasser, bis zu 20 Minuten lang, sucht es wahrscheinlich vergeblich nach Beute. Beginnt der Wal häufiger aufzutauchen, hat er womöglich ein passendes Krillfeld gefunden und verbraucht seinen Sauerstoff rasch, indem er nach der Beute schnappt. Manchmal stößt er dabei so gewaltsam zu, dass Krillkrebschen bis an die Oberfläche gewirbelt werden. Die glasartigen Tierchen, die gerade dem Tod entkommen sind, färben sich in der Erregung rot. Die Farbe liegt zwischen jener einer Rettungsweste und der von gekochten Krebsen.

Die Frühlingsblüte des Phytoplanktons ist als meergrüne Wirbel und Felder aus nährstoffreichem Wasser, die mit dem dunkelblauen Ozean ringsum kontrastieren, noch aus dem Weltraum zu sehen. Im Nordatlantik beginnt die Planktonblüte südlich der Azoren und wandert im Frühling und Sommer weiter nach Norden. Die Blauwale ziehen mit. Ein Teil von ihnen folgt wahrscheinlich dem Mittelatlantischen Rücken, dessen Unterwassergipfel eine lang gestreckte Kette von Jagdgebieten ergeben, über die der Mensch noch kaum einen Überblick hat.

Island ist der nächste Punkt, an dem sich der Mittelatlantische Rücken über den Meeresspiegel erhebt, sodass die Blauwale wieder in Kontakt mit Menschen kommen. Die Gewässer rund um die große Vulkaninsel bieten reichlich Nahrung, aber die stetige Erwärmung des Meerwassers in den vergangenen 20 Jahren scheint die Blauwale dazu gebracht zu haben, ihre Weidegründe zu wechseln.[308] Ende des 20. Jahrhunderts bot eine Firma Walsafaris von der westisländischen Halbinsel Snæfellsnes aus an, aber seit der Jahrtausendwende gab es dort immer weniger Blauwale zu sehen, und die Touren wurden eingestellt. Gleichzeitig tauchten mehr Blauwale an der isländischen Nordküste auf.

Die nördliche Skjálfandibucht mit ihren Zehntausenden Papageitauchern und der Kleinstadt Húsavik ist heute das Zentrum des Waltourismus im Land. Húsavik ist nie Ausgangspunkt für Blauwalfang gewesen, aber im Walmuseum am Hafen kann man trotzdem rostige Flensmesser und Schwarz-Weiß-Fotografien der aufgeblasenen, gefurchten Bäuche von Seite an Seite vertäuten Blauwalkadavern sehen, bereit zum Zerteilen in einer der norwegischen Fangstationen auf Island vor über hundert Jahren. Das Skelett eines ausgewachsenen, 25 Meter langen Blauwals füllt einen der Ausstellungssäle. Das Tier liegt hier, so wie es 2010 an einem isländischen Strand gefunden wurde, und passt nur hinein, weil die Wirbelsäule ein wenig gekrümmt ist. Die Rippen reichen bis zum Dach hinauf, die Barten, mit den borstigen Innenseiten nach oben, gleichen schwarzen Schafspelzen. Das gut erhaltene Walskelett ist ein fesselnder Anblick, aber es sind die lebenden Wale, deretwegen die Menschen nach Húsavik kommen. Walsafariboote aller Art, von Segelbooten bis zu blitzschnellen Festrumpfschlauchbooten, warten unten im Hafen. Im Juni kann die Mannschaft den Passagieren oft die allergrößte Attraktion zeigen: einen *steypireyður*, einen Blauwal.

Den Sommer über sieht man Blauwale auch vor Spitzbergen. Die Art hat angefangen, zu der Inselgruppe zurückzukommen, wo der Fang mit schwimmenden Kochereien zuerst systematisch praktiziert wurde. An die norwegische Festlandküste hingegen kommen keine Blauwale. Draußen im Nordmeer, wo bis 1955 noch der eine oder andere Blauwal erlegt wurde, sieht man kaum welche, und direkt unter Land überhaupt keine.[309] Andere Walarten haben sich wieder eingefunden, in den letzten Jahren sind Buckelwale, Orcas und der eine oder andere Finnwal in die Fjorde direkt vor Tromsø gekommen, um sich dort an den Heringsschwärmen gütlich zu tun, aber das größte Tier der Welt ist nirgends zu sehen. Nicht einmal im Varangerfjord ganz im Nordosten, wo das Walabenteuer seinerzeit anfing, gibt es Blauwale.

Warum ist der Blauwal nicht an die Finnmarkküste zurückgekehrt? Hier hätte Johan Hjort sicher eingeworfen, dass die Verhältnisse im Meer sich natürlicherweise ständig verändern, und dass es heute dort oben vielleicht einfach weniger Krill gibt als in den 1860er-Jahren. Eine andere Erklärung wäre, dass Blauwale traditionsgebunden sind.[310] Das Blauwalkalb lernt von seiner Mutter, der es im ersten Sommer folgt, wo die Nahrungsgründe sind, und nachdem alle Blauwale, die die Finnmarkküste aufsuchten, getötet worden waren, gab es einfach keine mehr, die um diese Jagdgründe wussten. Vielleicht finden einige mit der Zeit sie wieder.

Es gibt noch eine weitere Möglichkeit, eine Erklärung, mit der die nordnorwegischen Fischer des 19. Jahrhunderts sicher einverstanden gewesen wären, und die Georg Ossian Sars und die Stortingsabgeordneten vorausgeahnt haben, als sie sagten, dem Blauwal komme möglicherweise ein wichtiger Platz in dem zu, was sie den »Naturhaushalt« nannten. Was der Blauwal wieder von sich gibt, schwimmt als ausgedehnte, rot gefärbte Substanz auf dem Wasser. Diese Düngung des Oberflächenwassers kann selbst wieder zur Planktonblüte beitragen, und amerikanische Forscher vermuten, dass Wale und andere Meeressäuger durch ihre Exkremente eine große Nährstoffpumpe darstellen, indem sie das, was sie in der Tiefe erbeuten, nach oben bringen und dort als verdaute Reste zurücklassen.[311] Das kann durchaus eine Grundlage für reichere Fischbestände ergeben. Die Walpumpe wirkt außerdem möglicherweise als selbstverstärkender Mechanismus, meinen die Forscher, die das Tierleben des Golfs von Maine im Nordosten der USA studiert haben. Die Wale tragen also selbst zur Aufrechterhaltung der Planktonproduktion bei. Sollte das stimmen, bedürfte es vieler Wale. Es wäre also sinnvoll für sie, sich Jahr für Jahr auf denselben Weidegründen zu versammeln, aber dass ein einzelner herumstreifender Wal im nächsten Jahr wieder in ein Gewässer zurückkehrt, in dem früher einmal ein solches Sammlungsgebiet war, würde dadurch unwahrscheinlich, einfach, weil die vielen Wale eben nicht mehr da sind und damit auch das Oberflächenwasser nicht mehr gedüngt wird.

Im Varangerfjord gibt es jedenfalls keine Blauwale mehr. Woran das genau liegt, ist schwer zu sagen, aber man möchte fast glauben, die Meeresriesen halten sich fern von diesen Gewässern, weil sie ihre Geschichte kennen und das Heimatland der Harpunenschiffe scheuen.

Anmerkungen

Für jedes Kapitel werden zunächst die Hauptquellen genannt, danach die Quellen für Zitate und einzelne ausgewählte Erkenntnisse. Bücher, Zeitschriftenartikel und Abhandlungen finden sich in einem getrennten Literaturverzeichnis und werden im Folgenden nur mit Verfassername und Jahreszahl angegeben.

Eine wichtige Quelle für fast alle Kapitel ist das Standardwerk *Den moderne hvalfangsts historie* in vier Bänden (Johnsen 1959, Tønnessen 1967, 1969 und 1970) und seine einbändige englische Kurzfassung *The History of Modern Whaling* (Tønnessen und Johnsen 1982). Das Werk wurde von der Walfangindustrie finanziert, und eine interessante Beschreibung, wie es zustande kam, findet sich bei J.E. Ringstad 2010. Im Übrigen habe ich noch zahlreiche weitere Bücher benutzt, unter anderem Bortolotti 2009 als Einführung in den Kenntnisstand über das Leben des Blauwals und Røsset 2013 als Übersicht zu den schwimmenden Kochereien (Fabrikschiffen).

Die Fangzahlen sind hauptsächlich den *International Whaling Statistics*, Nr. 27 a, 1951 (Zusammenfassung der damals vorliegenden Daten) und den folgenden Jahresheften entnommen, dazu Rocha et al. 2014.

Folgende Abkürzungen werden im Folgenden gebraucht: International Whaling Statistics (IWS), Nasjonalbiblioteket (NB), Nasjonalbiblioteket i Oslo (NBO), Statsarkivet i Tromsø (ST) und Vestfoldarkivet (VA). Die verwendeten Archivmaterialien stammen hauptsächlich aus den Privatarchiven der Familien Sars (NBO), Johan Hjort (NBO) und Birger Bergersen (ST und VA). In VA befinden sich außerdem die Archive der Hvalfangerforening, des Hvalråd und der IWS sowie die Zeitungsausschnitt- und Interviewsammlung des Walfangmuseums unter der Bezeichnung Hvalfangstens tradisjonsmateriaie.

Vorwort

1 Formulierung inspiriert von Haskell 2012.

Der Wal, der blinzelte

Hauptquellen: Malm 1867 und Grönberg und Magnusson 2002. Malm benutzt Hanssons mündlichen Bericht, und beide Männer können durchaus ein Interesse gehabt haben, die Dramatik der Situation zu übertreiben. Grönberg und Magnusson zitieren eine Beschreibung dieser Vorfälle in *Ny Illustrerad Tidning* 18/11, 1865 (also kurz danach), die im Wesentlichen dasselbe besagt.

2 Malm 1867, S. 1.
3 Malm 1867, S. 3.
4 Sears und Perrin 2009.
5 Calambokidis und Steiger 1997, S. 61 (35 bis 50 Prozent).
6 Lindquist 1994, S. 521.
7 Sars 1866, S. 267 f.
8 Malm 1867.
9 Göteborgs naturhistoriska museum: Malmska valen, gnm.se/kunskap-och-fakta/malmska-valen/, eingesehen 10. Mai 2018.
10 Johan Lothe (Konservative), Bergen. Odelstingrede 2. Dezember 1903. Lothe sprach sich *gegen* ein Walschutzgesetz aus.
11 Knut Johannes Hougen (Liberale), Kristiansand. Odelstingrede 2. Dezember 1903.
12 Walter Scott Dahl, Romsdal Amt. Odelstingrede 11. Mai 1885.
13 Reilly, S. B., et al., 2008. Balaenoptera musculus ssp. intermedia (berichtigte Fassung 2016). The IUCN Red List of Threatened Species 2008. iucnredlist.org/details/41713/0. Eingesehen 10. Mai 2018.
14 Sears & Perrin 2009, S. 120.

Foyns Methode

Hauptquellen: Johnson 1943 und 1959 sowie Jacobsen 2008. Ich habe außerdem Ellis 1991, Arlov 2004, Ringstad 2011 und eine Reihe Artikel in Perrin et al. 2009 benutzt.

15 *Dampfartøiet nr. 1 og nr. 2*, Internetartikel auf arkivverket.no, eingesehen 5. Februar 2018. Store norske leksikon, snl.no/Constitutionen, eingesehen 5. Februar 2018.
16 Tandberg, E., snl.no/rakettvåpen, eingesehen 5. Februar 2018.
17 G. Kristoffersen und T. Rein, snl.no/artilleri, eingesehen 5. Februar 2018.
18 Jacobsen 2008.
19 Jacobsen 2008, S. 123.
20 Jacobsen 2008, S. 79, 90–93.
21 Foyn 1892 laut Johnsen 1959, S. 151.
22 Foyns Tagebuch 4. September 1868, laut Johnsen 1943, S. 155.
23 Foyns Tagebuch 7. September 1868, laut Johnsen 1943, S. 155.
24 Ellis 1991, S. 55 und 131–140. Marthe Glad, Norsk lokalhistorisk institutt, mündlich.
25 Philbrick 2000. Gründlichere Darstellung bei Dolin 2008.
26 Philbrick 2000.
27 Buckelwale wurden mancherorts mit traditionellen Methoden gejagt. In Japan wurden auch Finnwale mit Netzen gefangen.
28 Johnsen 1959. Gründlicher behandelt in Schmitt et al. 1980.
29 Laut Johnsen 1959, S. 67, Übersetzung vom Verfasser nach dem englischen Original in Tønnessen und Johnsen 1982, S. 18, berichtigt.
30 Johnsen 1959, S. 281–306.
31 Fünfjahresbericht des Amtmanns 1856–1860, laut Johnsen 1959, S. 104 f.

32 Erinnerung Foyns, zit. nach Johnsen 1943, S. 249. Auch bei Jacobsen 2011, S. 143.
33 Beschreibungen der Walarten nach neueren Bestimmungsbüchern und eigenen Beobachtungen.
34 Foyns Tagebuch, laut Johnsen 1943, S. 148. Hier wird im betreffenden Jahr erstmals der Blauwal erwähnt, aber Foyn spezifiziert die Art noch nicht.
35 Johnsen 1943, S. 148.
36 Johnsen 1943, S. 150.
37 Friis 1871, S. 125.

Königliche Großwildjagd

Hauptquellen: Friis 1874, Johnsen 1959 (S. 217–238) und Niemi 1995. Die Beschreibung des Ortes Vadsø beruht außerdem auf Berinka 1933, Friis 1871 und Niemi 1983.

38 Hansen, J. I. 2014, *Fregatter etter 1814*. Artikel auf forsvaretsmuseer.no, eingesehen 29. August 2016. Gemälde auf digitaltmuseum.no/011044250305, eingesehen 29. August 2016.
39 Friis 1874, S. 95. Die Art wird nicht genannt, aber die Länge (80 Fuß) deutet auf einen Blauwal.
40 Friis 1874, S. 95.
41 Friis 1874, S. 98.
42 Friis 1874, S. 99.
43 Niemi 1995.
44 Fløistad 1995, S. 14.
45 Rode 1842, S. 128. Østensjø 1958, S. 409. Lindquist 1994, S. 193–196. Zahlreiche Beiträge in der Stortingsdebatte 2./3. Dezember 1903.
46 Brøgger 2000, S. 31. (Übersetzung: Rudolf Meißner. S. 57 in: Der Königsspiegel. Konungsskuggsjá. Halle / Saale: Max Niemeyer 1944. Siehe zum Namen auch S. 240 in: Uwe Schnall: Die Wal-Liste des altnorwegischen »Königsspiegels«. Deutsches Schifffahrtsarchiv 17 [1994] 239–252.)
47 Das Norsk folkemuseum bezeichnet das Material mit einem Fragezeichen, digitaltmuseum.no/011023141484, eingesehen 29. August 2016. Inger Olovsson von der Rüstkammer des königlichen Schlosses in Stockholm (mündliche Nachricht) hat das aus demselben Stoff gefertigte und im Schnitt nahezu identische Kleid für die Krönung in Stockholm untersucht und hält die Streben mit großer Wahrscheinlichkeit für Walbarten.
48 Meine Vermutung, da der Nordkaper noch seltener war.

Als der Wal blau wurde

Hauptquellen: Sars 1875 und 1878 sowie Johnsen 1959. Sars wird u.a. nach Nordgaard 1918, dem Nachruf in Nature vom 4. Juni 1927, Koht 1957 und Briefen aus dem Archiv der Familie Sars in NBO dargestellt, darunter auch Gelegenheitsgedichte des Schwagers Emil Nicolaysen (4631:B6).

49 Ernennungsurkunde: NBO, Brevsamling 233, Varia.
50 Wetterbericht für Vardø vom 23. Juli 1874, yr.no. Datum nach Sars 1878.
51 Sars 1866 und 1869. Sars nannte den Finnwal *rørhval* und *Balaenoptera musculus*, Letzteres heute der Artname des Blauwals.
52 Sars 1875.
53 Anker 1939, S. 9. Sars' Verteidigungsschrift an das akademische Kollegium, Dezember 1885: NBO Brevsamling 233, R–.
54 Sars 1875, S. 239.
55 Sars 1878, S. 4.
56 Dass Sars sich überreden ließ, deutet Johnsen 1959, S. 272, an.
57 Brief vom 8. Juli 1873, laut Johnsen 1959, S. 227.
58 Sars 1875, Sars 1878, S. 4.

Krill

Hauptquellen: Sars 1875 und 1879a (G. O. Sars' Kenntnisse über Krill und Blauwale), Hewitt und Lipsky 2009 (Biologie des Krills), und Goldbogen 2010, Goldbogen et al. 2012 und 2015, Pyenson et al. 2012 sowie Hazen et al. 2015 (über Anatomie und Fresstechnik des Blauwals). Einige Erkenntnisse zu Unterkiefer und Kehlsack wurden am Finnwal gewonnen; meine Schilderung setzt voraus, dass die Anatomie des Blauwals hier etwa der des Finnwals entspricht. Dass der Blauwal möglicherweise Gehör und Geschmackssinn bei der Nahrungssuche einsetzt, ist eine mündliche Mitteilung Helene Rasmussens, Universität Island.

59 Hjort 1933, S. 7.
60 Sars 1879a, S. 6.

Der Wal im Parlament

Hauptquellen: Protokolle des Odelstings (damals eine der beiden Kammern des Stortings) vom 29. Mai 1880, 31. Mai 1880 und 11. Mai 1885 (hiernach alle Debattenzitate), Sars 1879b sowie Johnsen 1959 (S. 238–270, 392 f., 539 und 555). Die Fangzahlen sind unsicher. Zur Einrichtung des Plenarsaals: Butenschøn 2016 (S. 122–126).

61 yr.no, Wetterbericht für den Storting, Oslo, am 29. Mai 1880.
62 Johnsen 1959, S. 393.
63 Sars 1879b.
64 Henriksen und Røv 2004.
65 Sars 1879b.
66 *Aktieselskabet »Haabet« – Sandefjords første hvalfangstselskap*, Artikel auf hvalfangstmuseet.no, eingesehen 15. November 2016.

Verwüstung in hellen Nächten

Alle Zitate nach den Odelstingsprotokollen vom 2./3. Juni 1903 und 2. Dezember 1903, außer wenn andere Quellen angegeben sind. Die weiteren Hauptquellen: Hjort 1902, Johnsen 1959 (S. 579–606), Schwach 2000, Figueiredo 2002 und Niemi 2003.

67 Schwach 2000, S. 103. Das Schiff war nach G. O. Sars' verstorbenem Vater und Lehrmeister benannt.
68 Figueiredo 2002, S. 29.
69 Gedenkschrift von J. B. Hjort, laut Figueiredo 2002, S. 49.
70 Johnsen 1959, S. 580.
71 Rede Henning Martinius Olsens (Olsen-Skog) in der Debatte vom 29.–31. Mai 1880, und Egede-Nissens vom 2. Juni 1903.
72 Niemi 2003, Daten nach der Odelstingsrede korrigiert.
73 Debatte vom 2. Dezember 1903 und Schøning 1950, S. 92 f.
74 Tønnessen 1967, S. 12 f.

Steypireyður, der Blauwal

Hauptquellen: Tønnessen 1967, Lindquist 1994 und Geirsson 2015.

75 Beschrieben wird das vermutete Aussehen nach Prof. em. Arne Emil Christensen, mitgeteilt durch Per Norseng vom Norsk Maritimt Museum.
76 Sars 1866 und 1875.
77 Lindquist 1994, S. 217.
78 Szabo 2008, S. 183.
79 Lindquist 1994, S. 996 (Altwestnordisch) und 991 (Englisch) sowie Brøgger 2000 (heutiges Norwegisch).

80 Lindquist 1994, S. 218; Geirsson 2015, S. 30 und 32.
81 Zit. nach Lindquist 1994, S. 1018.
82 Thoroddsen, Th. 1888. Fra Vestfjordene i Island. *Geografisk Tidsskrift*, København. Zit. nach Sverre Halleraker Artikel »Havet ble deira grav« auf sverre-halleraker-lokalhistorie.no.
83 Vamplew 1975, S. 133–143.
84 Tønnessen 1967, S. 20, 46–48 und 83; Sears und Perrin 2009.
85 Alvestad 2006.
86 Tønnessen 1967, S. 27.
87 Hjort 1902, S. 136–138.
88 Sears, R. 2016. 2015–2016: *Blue whale review* und *MICS* (unsigniert), 2018. *Blue Whales of the North-East Atlantic: 2017–2018*, beide auf rorqual.com, eingesehen 14. Mai 2018. Beschrieben werden zwei verschiedene Exemplare, die im St.-Lorenz-Golf und vor den Azoren fotografiert wurden.
89 Der norwegische Text folgt der dänischen Übersetzung Jesper Lauridsens unter Berücksichtigung des Altwestnordischen Originals, redigiert v. Guðni Jónsson. Beide auf heimskringla.no/wiki/Grønlændernes_saga.
90 Tønnessen 1967, S. 124.

Östlich der Sonne, westlich des Mondes

Hauptquellen: Tønnessen 1967, Keyserling 1944, Andrews 1916 und zwei eigens für Tønnessen 1967 übersetzte Manuskripte: Inadomi, M. (Übers.), 1962, »Hvalfangst etter norsk metode i Japan«, einsehbar in der Universitätsbibliothek Oslo; Webermann, E., 1963, »Hvalfangstnæringen i Russland«, 1914 aus dem Russischen übersetzt von N. Heintz und C. Garbarek, einsehbar in der Hvalfangstsamlingen, Sandefjord bibliotek. Der traditionelle japanische Walfang wird beschrieben bei Ellis 1991 (S. 80–89). Weiters siehe Mageli 2006 zum Technologietransfer Norwegen–Japan, sowie Webb 1988 für eine Übersicht zum Walfang vor der nordamerikanischen Westküste, der hier nur sehr kurz behandelt wird.

91 Keyserling hatte eine lange Reihe Vor- und Nachnamen, die in verschiedenen Ländern unterschiedlich geschrieben wurden. Der Nachname wurde Keyserling, Keyserlingk und Keijzerling geschrieben.
92 Keyserling 1944, S. 142.
93 Hvalfangst etter norsk metode i Japan, S. 19–25.
94 Johnsen, A. O. 1940. »Skipsreder H. G. Melsom. 70 år 4. Desember 1940«. *Norsk Hvalfangst-Tidende*, Nr. 11/1940, S. 277–281.
95 Hvalfangst etter norsk metode i Japan, S. 4.
96 Zit. nach Tønnessen 1967, S. 196.
97 Andrews 1916, S. 129–139.
98 Webb 1988, S. 140 f., Tønnessen 1967, S. 185 f. und 556, Fußnote 10.

Der Gesang des Blauwals

Hauptquellen: Andrews 1916 (seine eigenen Überlegungen), Mellinger und Clark 2003, McDonald et al. 2006, Oleson et al. 2007 und Bortolotti 2009 (Kap. 8, Lautäußerungen des Blauwals), Branch et al. 2007 und 2008, Sremba et al. 2012, Buchan et al. 2014 sowie Sears und Perrin 2017 (Blauwalbestände und Unterarten). Ich habe außerdem auf Aufnahmen der Blauwallaute auf mehreren Internetseiten zurückgegriffen.

99 Andrews 1916, S. 21. Zur kommerziellen Ausrottung s.a. S. 297.
100 Zit. nach Bortolotti 2009, S. 166.
101 Oleson et al. 2007.

Der Anfang

Hauptquellen: Rolfsen 1896, Bull 1898, Risting 1929, Aagaard 1930a, Tønnessen 1967 (S. 226–266), Boyd 2009, Hewitt und Lipsky 2009 und mehrere Artikel in Perrin et al. 2009 sowie Murphy et al. 2012.

102 Tønnessen 1967, S. 237 f; Nielsen 2004, S. 100; Elstad 2004, S. 227, Gowans 2009.

103 Deutsche Investoren hielten bedeutende Anteile der Eignerfirma der Expedition, und es ist daher diskutiert worden, inwieweit diese Expedition wirklich norwegisch war. Kapitän und Mannschaft waren jedoch Norweger, und das Schiff war in Norwegen registriert. Siehe Rolfsen 1896; Tønnessen 1967, S. 236–237, und Hart 2001, S. 12 f.

104 Aagaard 1930a, S. 37, und Artikel »Bjørneskinke« in *Det Norske Akademis ordbok*, naob.no.

105 Aagaard 1930, S. 37–42.

106 Larsen (mündlich), zit. nach Rolfsen 1896. Rolfsen wird wegen Fehlern und Ungenauigkeiten kritisiert (Aagaard 1930 und Tønnessen 1967), ist aber die unmittelbarste Quelle für Larsens eigene Erinnerungen an die Fahrt der *Jason*.

107 Olstad 1995, S. 36–37.

108 Larsen, zit. nach Rolfsen 1896.

109 Rolfsen 1896.

110 Larsen, zit. nach Rolfsen 1896.

111 Larsen, zit. nach Rolfsen 1896.

112 Larsen, zit. nach Rolfsen 1896.

113 Bull 1898, S. 142. Bull wusste nicht, dass es in der Antarktis mehr Krill gibt als in der Arktis.

114 Bull 1898, S. 116.

115 Bull 1898, S. 198 f.

Wie der Blauwal so groß wurde

Hauptquellen: Rolfsen 1886 (S. 48 und 91, Larsen auf der Seymour-Insel), Goin et al. 1999, Stilwell und Long 2011 (S. 128–145) und Witts et al. 2016 (Fossilien auf der Seymour-Insel), Carballido et al. 2017 (Größe der Dinosaurier), Fordyce 2009, Gatesy et al. 2013 und Thewissen 2014 (frühe Evolution der Wale, Thewissens Erlebnisse in Gujarat), Berta und Deméré 2009, Marx und Fordyce 2015 und Árnason et al. 2018 (Evolution der Barten- und Blauwale), Marx et al. 2016 (S. 254–257) sowie Pyenson und Vermeij 2016 (Herausbildung der Körpergröße der Wale).

116 Berta et al. 2014.

117 Le Page, M. 2009, »Why whales don't have gills«. newscientist.com/blogs/shortsharpscience/2009/08/why-whales-dont-have-gills.html, eingesehen 6. September 2016. Die Berechnungen setzen 25° C Wassertemperatur voraus. Ein grundlegender Punkt ist hier, dass mit größerem Volumen die Oberfläche (z. B. eines Körpers oder eines Organs wie Kiemen und Lungen) im Verhältnis geringer wird.

Die Fangstation Grytviken

Hauptquellen: Risting 1929, Tønnessen 1967, Hart 2001 und Larsen 2001. Um mir einen Eindruck von Grytviken und Südgeorgien zu verschaffen, habe ich unter anderem den Dokumentarfilm Tilbake til øya (Hans Petter Reppe, einsehbar auf NRK.no) und Basberg 2004 herangezogen, der auch einen Überblick zum Walfang vor Südgeorgien außerhalb Grytvikens gibt.

118 Zit. nach Risting 1929, S. 65.

119 Larsens Tagebuch, zit. nach Risting 1929, S. 64.

120 Nordenskjöld 1904, Bd. 2, S. 544.

121 Tønnessen und Johnsen 1982, S. 160; Hart 2001, S. 30. Zur Transkription siehe Tønnessen 1967, S. 282 und 564, Fußnote 12.
122 Hart 2001, S. 38 f., gibt die Version Larsens und der ihm Nahestehenden wieder. Tønnessen 1967, S. 284, zweifelt deren Richtigkeit an. Siehe auch Risting 1929, S. 84.
123 Brief Løkens an norwegische Zeitungen, zit. nach Tønnessen 1969, S. 118. Siehe auch Hansen 1999.
124 Skottsberg 1909, S. 367 f.
125 Report of the Interdepartmental Committee on Research and Development in the Dependencies of the Falkland Islands, April 1920, S. 88–95. Einsehbar in der Hvalfangstsamlingen, Sandefjord bibliotek.
126 Ebd. S. 94 f.

Aufbruch

Hauptquellen: Tønnessen 1967, Olstad 1995, Berg 1995, Ringstad 2005 und Hart 2006. Mehr zur A/S Ørnen und *Admiralen* bei Bogen 1953 sowie Adie und Basberg 2005. Gründliche Vorstellung der Sandefjord Hvalfangerselskab: Galteland 2009.

127 *Sandefjords Blad*, 24. August 1905.
128 Olstad 1995.
129 Tønnessen 1967, S. 271 f., 321 f. und 417 f.; Larsen 1997; Sepúlveda Ortiz 1997.
130 Olstad 1995, S. 209.
131 Andererseits beschloss die Hauptversammlung auch, die *Admiralen* u.a. der Pesca zum Kauf anzubieten. Auch in den Folgejahren stand das Schiff zum Verkauf.
132 Tagebuch S. A. Veierlands, zit. nach Ringstad 2005.
133 Zit. nach Tønnessen 1967, S. 329.
134 Protokoll der Seegerichtsverhandlung, zit. nach Tønnessen 1967, S. 320.
135 Hart 2006, S. 277 und 279 (Tabellen).

Insel der Illusionen

Hauptquellen: Charcot 1910 und Tønnessen 1967. Um mir einen Eindruck des Ortes zu verschaffen, habe ich außerdem Michelet 2006, Hart 2009, Dibbern 2010 und Schalansky 2012 herangezogen.

136 Michelet 2006.
137 Michelet 2006; Charcot 1910.
138 Larsen 1997 gibt für eine Trauerfeier im Februar 1908 250 Teilnehmer an.
139 Der Arbeitsablauf wird nach Charcot beschrieben, ist aber aus vielen Quellen bekannt.
140 Christen R. Granøe in der Weihnachtsausgabe des *Tønsbergs Blad* 1931, zit. nach Tønnessen 1967, S. 402.
141 Mørch, J. A., 1908, »Improvements in Whaling Methods«, *Scientific American*, 1. August 1908, S. 75. Zit. nach Tønnessen 1969, S. 264.
142 Vamplew 1975; Tønnessen 1967, S. 363–370.
143 Dibbern 2010, S. 214. Basberg 2018 (zur Eignerfirma).

Das Experiment des Apothekers

Hauptquellen: Offerdahl 1934 und Tønnessen 1967 (S. 495–511). Außerdem habe ich herangezogen: Holmboe 1937, 1947 und 1948, Dehli 1973 und Macqueen 2004.

144 Offerdahl 1934, S. 125; Holmboe 1947, S. 30. Daraus geht nicht hervor, ob die Versuche zur Nickelvergiftung gleichzeitig mit denen zur Aufnahme des Walfetts im Darm stattfanden oder getrennt.
145 Holmboe 1947, S. 36.

Unwissenschaftlich und barbarisch

Hauptquellen: *Norsk Hvalfangst-Tidende* Mai und Juni 1913, Olsen 1913 (Walfang und Walbeobachtungen vor Südafrika, Olsens eigener Besuch), Tønnessen 1967 (Ausbreitung des Walfangs), Branch 2007 (alle Fangzahlen sowie Stämme und Wanderungen des Blauwals), Kato und Perrin 2009 (Bryde's Wal) und Børresen 2010 (Walfang vor Afrika, afrikanische Arbeitskräfte).

146 Nach der Übersetzung in *Norsk Hvalfangst-Tidende*, Juni 1913.

147 Barthelmess 2006.

148 Tønnessen 1967, S. 415.

149 Olsen 1913, S. 50.

150 Risting in *Norsk Hvalfangst-Tidende*, Mai 1913.

151 *Norsk Hvalfangst-Tidende*, Juni 1913.

Hansdampf in allen Gassen

Dieses Kapitel gründet großteils auf Briefen aus Hjorts Privatarchiv in der Nationalbibliothek (NBO) und dem Archiv der Hvalfangerforening im Vestfoldarkiv (VA) sowie zwei offiziellen britischen Dokumenten: 1) »Minutes of Evidence, Interdepartmental Committee on Whaling and the Protection of Whales, Sixth Day, 7th May 1914«. Die Seiten mit Hjorts Zeugenaussage befinden sich im Archiv der Hvalfangerforening, VA, boks L0003, Mappe 0014: *Diverse korrespondanse og bilag angående fiskeridirektør Johan Hjort* (im Folgenden: Minutes of evidence …). 2) »Report of the Interdepartmental Committee on Research and Development in the Dependencies of the Falkland Islands, April 1920«. Hjorts Erklärung: Appendix XIII. Standort: Hvalfangstsamlingen, Sandefjord bibliotek (im Folgenden: Report of the Interdepartmental …). Übrige Hauptquellen: Schwach 2000 und Nordstrand 2000 (Hjorts Karriere), Figueiredo 2002 (Hjorts Privatleben), Drejer 2006 (Fangstation in Møre) und Burnett 2012 (S. 39–90, britischer Ausschuss, Hjorts Begegnung mit dem Ausschuss und Harmers Eindruck von Hjort). Zum Ersten Weltkrieg: Hart 2006 (S. 153–162) und Tønnessen 1969 (S. 133–174).

152 Krogh-Hansen an Hjort, 3. April 1914, NBO Ms.4° 2911:8A, Mappe »Uregistrerte brev 1914«.

153 Krogh-Hansen an Hjort, 8. April 1914, ebd.

154 Telegramm des Sozial- und Industrieministeriums, 7. April 1914, ebd.

155 Krogh-Hansen an Hjort, 13. April 1914, ebd.

156 Alle Zitate aus den Ausschussanhörungen nach *Minutes of Evidence* … (s.o.).

157 Krogh-Hansen an Hjort, 13. Mai 1914, NBO Ms.4° 2911:8A, Mappe »Uregistrerte brev 1914«.

158 Nach *Report of the Interdepartmental* … (s.o.).

159 Krogh-Hansen an Hjort, 4. Juni 1914, NBO Ms.4° 2911:8A, Mappe »Uregistrerte brev 1914«.

160 Hjort an Krogh-Hansen, 2. Juni 1914, ebd.

161 Siehe Briefwechsel in NBO Ms.4° 2911:8A, Mappe »Uregistrerte brev 1914« und Mappe »Uregistrerte brev 1915–1917« sowie VA, Archiv der Hvalfangerforening, Mappe »Diverse korrespondanse og bilag angående fiskeridirektør Johan Hjort 1914–1915«. Hjort erhielt für spezifischere Dienste im Zusammenhang mit den Londoner Verhandlungen 1916 ein Honorar von 1000 Kronen. Es scheint, als ob ihm das Honorar ganz oder teilweise in Aktien ausbezahlt worden sei, und dass es eine Abmachung gab, nach der er die Dividenden zurückzahlte. Dass Hjort von der Hvalfangerforening bezahlt wurde, erwähnt Tønnessen 1969, S. 167 und 567 (Fn. 49). Ob die Nebeneinnahmen mit dem Ministerium abgeklärt waren, geht aus den Quellen nicht hervor.

162 Nordstrand 2000, S. 102

163 Mehrere Briefe in NBO Ms.4° 2911:8A, Mappe »Uregistrerte brev 1915–1917«.

164 Tønnessen 1969, S. 153.

165 Nachruf von Henry G. Maurice 1948, zit. nach Schwach 2000, S. 137. Vom Autor übersetzt.
166 Außenministerium an Hjort, 3. Februar 1923; Hjort an Außenministerium, 26. Februar 1923, beide NBO Ms.4° 2911:8A, Mappe »Uregistrerte brev 1924–1929«.
167 Figueiredo 2002, S. 86. Mowinckels Frau war die Schwester von Constance Gran, der zweiten Ehefrau Johan Hjorts.
168 *Morning Post*, 29. Januar 1923 (vom Autor übersetzt). Zeitungsausschnitt in NBO Ms.4° 2911:8A, Mappe »Uregistrerte brev 1924–1929«. Siehe auch Tønnessen 1969, S. 260. Der Vortrag wurde im November 1922 gehalten und zunächst in *Nature* wiedergegeben.
169 *Report of the Interdepartmental* … Genau genommen handelte es sich um zwei verschiedene Ausschüsse vor und nach dem Ersten Weltkrieg mit teilweise identischen Mitgliedern.
170 Tønnessen 1969, S. 262.
171 Drejer 2006, S. 192 (s.a. S. 307–309).
172 Drejer 2006, S. 133 (s.a. S. 307–309).

Der Tod im Rossmeer

Hauptquellen: C. A. Larsens Tagebücher 1923/24 im Vestfoldarkiv sowie Risting 1929 und Tønnessen 1969 (S. 268–281). Britische Gebietsansprüche: Day 2012 (S. 189–199). Villiers 1925 und Kohl-Larsen 1926 schildern die Expedition 1923/24 ebenfalls.

173 Larsens Tagebuch, 18. Dezember 1923.
174 A. J. Villiers, zit. nach Risting 1929, S. 123.
175 Zit. nach Risting 1929, S. 115.
176 Larsens Tagebuch, 8. Januar 1924.
177 Larsens Tagebuch, 23. Januar 1924.
178 Larsens Tagebuch, 16. Januar 1924.
179 Risting 1929, S. 137.
180 *Sandefjords Blad*, 14. Mai 1925.

Seeräuber

Hauptquellen: Pressemeldungen der Zeit, insbes. *Sandefjords Blad* vom 4. August 1925 und 15. Januar 1926 sowie *Tønsbergs Blad* vom 21. Juni 1926; weiter das Urteil des Sandefjord byfogd in der Sache 59/1925 AS Globus gegen Congo AS (Domsprotokoll I–19, S. 270–275), Statsarkivet i Kongsberg, sowie Næss 1951, Tønnessen 1969 und Hart 2006. Biografie H. G. Melsom: Dyrhaug 2015, Biografie Jahre: Olstad 1995 und Tjomsland 2013, Biografie Lars Andersen: Børresen, D. I., 2014, »En helt i sitt yrke – hvalskytter Lars ›Faen‹ Andersen«, digitaltmuseum.no, eingesehen am 26. Februar 2018.

181 Johnsen 1940.
182 *Norsk Hvalfangst-Tidende*, Nr. 11/1940.
183 VA, Hvalfangstens tradisjonsmateriale.
184 Næss 1951, S. 120 (gibt den eigenen Brief an norwegische Zeitungen vom 6. August 1925 wieder).
185 *Tønsbergs Blad*, 21. Juli 1925.
186 *La Dépeche Coloniale et Maritime*, zit. nach der Übersetzung in *Sandefjords Blad*, 25. September 1925.
187 Isachsen 1927; Tønnessen 1969, S. 290–292.
188 VA, Hvalfangstens tradisjonsmateriale, Karteikarten, Stichwort »Flenselag«.
189 Hart 2006, S. 208 f.
190 C. A. Larsen, Interview im *Sandefjords Blad*, 14. Juli 1924.
191 Der ehemalige Walfänger Odd Huseby im Interview mit Halfdan Bleken für die Radiodokumentation »Hvalfangst«, ausgestrahlt in der Reihe *Ekko* auf NRK P2, 2. Februar 2012.

Hohe See

Hauptquellen: Materialien im Archiv Johan Hjort der NBO und dem Archiv der Hvalfangerforening im VA sowie Ræstad 1929 (Sicht der Pelagiker, gegenüber einem Mitarbeiter Jahres beschrieben), Aagaard 1930b (Bouvet-Insel), Tønnessen 1969 (zahlreiche Fragen), Fure 1996 (norwegische Außenpolitik, Hjorts Rolle in den Seegrenz-Verhandlungen, Bouvet-Insel), Hart 2006 (Entwicklung in der Antarktis) und Dorsey 2013 (Kap. 1, Verhandlungen über Walschutz in Hjorts Ausschuss und im Völkerbund).

192 Schreiben des Walausschusses an das Handelsministerium, 5. Juli 1926, Abschrift im VA, Hvalfangerforeningen, Mappen »Diverse skriv og bilag angående Hvalkomiteen«. Auch Handelsminister Charles Robertson nahm an der Sitzung teil.

193 Næss 1951, S. 56–58 (AS Polaris); *Sandefjords Blad,* 28. und 30. Januar 1926 und 4. März 1926; *Norsk Handels- og Sjøfartstidende,* 29. und 30. Januar 1926 (A/S Rosshavet).

194 Hjort an Rasmussen, 19. Mai 1926, NBO Ms.4° 2911:19A.

195 Hjort an Rasmussen, 10. Mai 1926, NBO Ms.4° 2911:19A.

196 Rasmussen an Hjort, 13. Mai 1926 (siehe auch Telegramm vom gleichen Tag). NBO Ms.4° 2911:19A.

197 Erklärung der Norske Hvalfangerforening gegenüber der Regierung, Juli 1926, Abschrift im VA, Hvalfangerforeningen, Mappe »Diverse skriv og bilag angående Hvalkomiteen«.

198 Tønnessen 1969, S. 317–319.

199 Hjort an Rasmussen, 22. November 1926. NBO Ms.4° 2911:19A.

200 Lykke an Hjort, 31. August 1927; Hjort an Rasmussen, 2. September 1927, in NBO Ms.4° 2911:19A.

201 Hjort an Rasmussen, 26. März 1926, Kopie in NBO Ms.4° 2911:19A (sowie hotel-montalembert-paris.com/history, eingesehen 5. April 2018).

202 Rasmussen an Hjort, 21. März 1927, NBO Ms.4° 2911:19A.

203 Hjort an Rasmussen, 6. März 1926, Kopie in NBO Ms.4° 2911:19A.

204 Aagaard 1930b, S. 510.

205 Zit. nach Fure 1996, S. 141.

206 Lundereng, I., »40 hvalfangere mistet livet«. *Vi Menn,* 28. März 2012, auf klikk.no, eingesehen 27. Februar 2018.

207 *Sandefjords Blad,* 3. Dezember 1928.

208 *Sandefjords Blad,* 31. Dezember 1928.

209 Ræstad 1928, S. 57. Das Buch erschien im Februar 1928.

210 Hart 2006, S. 227.

211 Veröffentlichungen des Odelstings, Nr. 6/1929, »Om lov om fangst av bardehval«, 8. Februar 1929.

212 Protokoll der Sitzung des außenpolitischen Stortingsausschusses vom 5. März 1929, Archiv Birger Bergersen, Statsarkivet i Tromsø, boks 7.

Synchronschwimmen

Hauptquellen: Kapitelanfang: Risting, S. 1929, »Blaahvalens parringstid i Sydhavet«. *Norsk Hvalfangst-Tidende* Nr. 5/1929. Blauwal: Bortolotti 2009 (S. 9 und 113–119), Sears et al. 2013 und Sears und Perrin 2017. Glattwale: Mate et al. 2005, Kenney 2009, Rugh und Shelden 2009. Hoden und Spermienkonkurrenz bei Blau- und Glattwalen: Brownell und Ralls 1986. Geschlechtsorgane und Beckenknochen der Wale: Dines et al. 2014. Spermienkonkurrenz allgemein: Birkhead 2000.

213 Hvalfangstens tradisjonsmateriale, VA. Der Spitzname wurde von zahlreichen Informanten so angegeben, aber einige meinten, er komme daher, dass die Flensfähre selbst *fitta* (»Fotze«) genannt wurde.

214 Risting, s.o.
215 Brownell und Ralls 1986, S. 103 (Angabe 972 kg). Die Zahl gilt für nordpazifische Glattwale, die heute als eigene Art betrachtet werden, *Eubalaena japonica.*
216 Erklärung Hanne Garmels, der Kuratorin im Hvalfangstmuseet Sandefjord. Die Lampe wurde dem Museum in den 1950er-Jahren gestiftet.

Boom

Hauptquellen: Pressemeldungen der Zeit, Ruud 1932 (Fahrt mit der *Vikingen*), Thorson 1953 (die *Kosmos* und ihre erste Fahrt), Tønnessen 1969 (zahlreiche Erklärungen) und Ringstad 2006 (über Bjarne Aagaard). Leif Lier und sein Flugzeug: Arnesen und Sem-Jacobsen 1930 und *Aftenposten* vom 13. Dezember 1929. Gesamtfangzahl: IWS Nr. 27a (1951). Fangzahlen der einzelnen Expeditionen aus den Fangschemata der *Vikingen* und der *Kosmos* in VA (Archiv IWS, Serie G Fangststatistikk og tabeller). Einzelheiten zur *Vikingen*: Christensen 1931. Britische Eigner und Geldgeber in norwegisch geführten Fangformen: Tønnessen 1967 (S. 350–370), Næss 1981 (S. 33–50) und Basberg 2018.

217 *Aftenposten* (Morgenausgabe), 6. August 1929.
218 *Sandefjords Blad,* 9. August 1929.
219 *Arbeiderbladet,* 13. August 1929.
220 Gunnar Larsen im *Dagbladet,* 12. August 1929.
221 *Arbeiderbladet,* 13. August 1929. Zu den Löhnen siehe auch die Tabelle in Tønnessen 1969, S. 496.
222 *Aftenposten* (Morgenausgabe), 6. August 1929.
223 Aagaards Artikel im *Sandefjords Blad,* 8. Juni 1929.
224 *Sandefjords Blad,* 15. und 23. November 1928.
225 Artikel in *Tidens Tegn* (Oslo), 24. Juni 1929.
226 ebd.
227 Ringstad 2006.
228 Norges Handels- og Sjøfartstidende, 9. August 1929.
229 *Morgenavisen* (Bergen), 8. Oktober 1929, Reisebericht unter dem Pseudonym »Kosmopolit«.
230 Siehe z. B. Mørch-Olsen 1925, S. 117; Thorson 1953, S. 60; Tønnessen 1970, S. 506; Evensen 2000, S. 53.
231 Hvalfangstens tradisjonsmateriale, Stichwort »Skuddet går«, VA.
232 Hjort 1930, S. 213.
233 *Bergens Tidende,* 28. März 1930; *Tønsbergs Blad,* 14. Februar 1930.
234 Zit. nach Arnesen und Sem-Jacobsen 1930, S. 166.

Abschied und Wiedersehen

Hauptquellen: Amundsen 1935 und Østby 1935 (Jugendbücher), Materialien zur Tradition des Walfangs in VA (Stichwort »Man går om bord«) sowie Vesterlid 1992 und Olstad 1995. Weiters habe ich Garmel 2010 und das Liederheft *Hvalfangstviser, innsamlet og arrangert av Øystein Gjerde* benutzt.

235 Amundsen 1935, S. 9 f.
236 Amundsen 1935, S. 14.
237 Østby 1935, S. 28.
238 Vesterlid 1992, S. 21.
239 Isachsen 1927.
240 Olstad 1995, S. 369.
241 Tønnessen 1969, S. 385.

Krise

Hauptquellen: Pressemeldungen, Tønnessen 1969 (S. 405–451), Dorsey 2013 (Kap. 1) und Materialien aus zahlreichen Archiven. Zahl der Kochereien und der erlegten Wale: IWS 27a (1951).

242 *Dagbladet*, *Aftenposten* und *Fylkesavisen i Vestfold*, 11. August 1931.

243 *Fylkesavisen i Vestfold*, 8. August 1931.

244 *Aftenposten*, 11. August 1931.

245 *Sandefjords Blad*, 21. März 1931.

246 Dorsey 2013, Kap. 1, Fußnote 52.

247 *Nationen*, 18. September 1931.

248 *Dagbladet*, 18. September 1931.

249 Tønnessen 1969, S. 423.

250 Tønnessen 1969, S. 376.

251 Salvesen 1933.

252 Hjort 1933, S. 16 f.

253 Hjort 1933, S. 20; Burnett 2012, S. 148–153; Hohn 2009; Sears und Perrin 2017.

254 *Tønsbergs Blad*, 22. März 1933.

255 Hjort an Mowinckel, 4. Mai 1933, im Riksarkivet, arkiv S-2259 Utenriksdepartementet, serie Dj, Schachtel 2907. Siehe auch Tønnessen 1969, S. 405, 447 und 604 (Fußnote 94).

256 Dokumente von Anders Jahre und Magnus Konow, 5. Juli 1934, VA, Archiv der Hvalfangerforening, Ia. Salg av hvalolje. L0009: Salg av hvalolje. Salgskontoret for hvalolje 1933/34. Tyskland-salget (Korrespondenz) 1933–1934.

257 Zahlreiche Dokumente, ebd.

Blockade

Eine Hauptquelle hierzu fand ich im Archiv Birger Bergersen, Staatsarchiv in Tromsø, Schachtel 8, Mappe »1935–1936. Korrespondanse Hvalrådet regulering av hvalfangst m.m.«, ein maschinenschriftliches Notat mit der Überschrift »Resyme av Bergersen's, Jensen's og Thorvik's drøftelser og forhandlinger inntil 15 de mai«, datiert 16. Mai 1936 (dazu mit Bleistift angemerkt: »Min utredning 16/5«). Thorvik ist vermutlich der Stortingsabgeordnete Peter Thorvik (Arbeiterpartei, Vorsitzender des Seefahrts- und Fischereiausschusses). Wer Jensen ist, weiß ich nicht, und ebenso wenig, für wen die Erklärung bestimmt war. Dass Bergersen die Blockade als Kampfmittel mitempfohlen hat und dass er die Regierung(spartei) in Walfangfragen beraten hat, bevor er im Dezember 1936 in den Hvalråd berufen wurde, war bisher meines Wissens nicht bekannt. Weitere Hauptquellen: Bergersen 1969 (Moskau, biografisch), Tønnessen 1969 (zahlreiche Einzelheiten), Walløe 1999 (Bergersens Biografie) und Olstad 2006 (Rekrutierungsmethoden und Rolle des Sjømannsforbund).

258 Bericht an die norwegische Arbeiterpartei 1935, S. 6.

259 Radiovortrag Professor Birger Bergersens zum Walfang, gesendet auf NRK am 8. April 1937, Tonaufnahme in der NB.

260 Wells et al. 1937, S. 248 f.

261 Røsset 2013, S. 171.

262 Wetterbericht für Færder, 15. August 1935, yr.no, eingesehen 22. Mai 2018.

263 Tidens Tegn, *Tønsbergs Blad* und *Vestfold Arbeiderblad*, 16. August 1935.

264 Niederschrift Bergersen et al., 16. Mai 1936, S. 10.

265 *Vestfold Arbeiderblad*, 16. Mai 1936.

266 *Vestfold Arbeiderblad*, 5., 18. und 19. Juni 1936.

267 *Vestfold Arbeiderblad*, 25. August 1936.

268 *Sandefjords Blad*, 25. August 1936.

269 *Aftenposten*, 25. August 1936.

270 Maurice an Hjort, 16. September 1936, NBO Ms.4° 2911:19A.

271 Ein Gerücht über Bergersens Rolle dabei findet sich im Brief Johan T. Ruuds an Johan Hjort, 17. September 1936, NBO Ms.4° 2911:19A.

Der Wal und die Großmächte

Hauptquellen: Referate der internationalen Verhandlungen 1937–1939 (s.u.), Tønnessen 1969 und 1970 und Dorsey 2013. Schilderung der Rolle Wohlthats bei den Friedensverhandlungen nach Shore 2002 (Kap. 5) sowie Whealeys Interviews mit Wohlthat vom 3. Januar 1970 und 23. März 1970, archiviert in »Whealey, Robert H., Notes for the book: Hitler and Spain, the Nazi role in the Spanish Civil War, 1936–1939«, Special Collections, University of California, San Diego.

272 Bergersens Tagungsvortrag, datiert 27. Februar 1937. VA, Hvalrådet, kopisamling, Y/L0002/0004.
273 *Sandefjords Blad*, 25. Februar 1937; *Dagbladet*, 21. August 1937.
274 Bergersen 1973, S. 99.
275 Stenografisches Tagungsprotokoll London 1937, VA, Hvalrådet kopisamling, Ka/L0001.
276 Stenografisches Tagungsprotokoll Oslo 1938, VA, Ka/L0003.
277 Die Schutzzone reichte von 70° wB bis 160° wB, südlich 40° sB. Text des Abkommens wiedergegeben in *International Whaling Statistics*, Nr. 17, 1947.
278 »Paper 9. Presented by the Norwegian Delegation. The Age and Growth of the Blue Whale«. Statsarkivet i Tromsø, Privatarchiv Birger Bergersen, Schachtel 7, Mappe »17.6.1939–20.6.1939 Internasjonal hvalfangstkonferanse, London«. (Mappe falsch datiert.)
279 Stenografisches Tagungsprotokoll London 1939, Mappe wie oben.
280 Shore 2002, Kap. 5. Wilson stritt nachträglich ab, dass am 21. Juli eine Begegnung stattgefunden habe.
281 Thorson 1953, S. 117.
282 Karlsen 2017, S. 175–177. Andersen wurde später wegen Landesverrats verurteilt und fand in den ersten Nachkriegsjahren keine Arbeit im norwegischen Walfang mehr. In den 1950er-Jahren kehrte er nach Norwegen zurück, nachdem er der norwegischen Walfangbranche und den norwegischen Behörden geholfen hatte, Regelverstöße beim Walfang durch das in Panama registrierte Fabrikschiff *Olympic Challenger* aufzudecken, das Aristoteles Onassis gehörte. Siehe Børresen, D. I., 2014. »En helt i sitt yrke – hvalskytter Lars ›Faen‹ Andersen«, digitaltmuseum.no, eingesehen 26. Februar 2018.
283 Heradsveit 1981, S. 64.
284 Bergersen an Harald Paulsen, 4. November 1940, VA, Internasjonal hvalfangststatistikk, Da2, Korrespondenz 1940–1945.
285 Briefwechsel zwischen Paulsen, Bergersen und Jahn, ebd.
286 *International Whaling Statistics*, Nr. 16, 1942, S. 78 f.

Blauwaleinheiten

Hauptquellen: Referate der Washingtoner Konferenz 1946 und der IWC-Jahrestagungen ab 1949, einsehbar unter archive.iwc.int (Zitate aus Konferenzbeiträgen stammen von dort). Außerdem Tønnessen 1970, Thorsen 2007, Burnett 2012 und Dorsey 2013 sowie Dokumente in VA, Archiv Birger Bergersen und NBO, Archiv Johan T. Ruud (Ms. fol. 3906). Das Abkommen von 1944 ist wiedergegeben nach IWS Nr. 17, 1947. Ebenfalls verwendet wurden Referate von den IWC-Tagungen in *Norsk Hvalfangst-Tidende* Nr. 3/1955 und Nr. 3/1956.

287 »Løst og fast fra Norge«, Manuskript eines im Herbst 1942 in Schweden gehaltenen Vortrags, VA, Arkiv Bergersen, Y/L0008/0005.
288 Manuskript datiert 29. September 1943, VA, Arkiv Bergersen, Y/L0008/0004.
289 Bergersens Vortrag, laut Tønnessen 1970, S. 157.
290 Ruud, J. T., 1942, »A Review of the Investigations on Whales and Whaling in Recent Years«. *IWS Nr. 16*. Die Tabelle hieraus auch in Bergersens Vortrag vor den Sekretären des Außenministeriums, Manuskript datiert 4. Februar 1944. VA, Arkiv Bergersen, Y/L0008/0004.
291 Hitchcock 2008, S. 98–122.

292 Røsset 2013, S. 209; Næss 1981, S. 37–45; Tønnessen 1970, S. 214.
293 Bergersen an Kellogg, Brief vom 28. Oktober 1946, zit. nach Burnett 2012, S. 372.
294 Tønnessen 1970, S. 315.
295 Bergersen an die Mitglieder des Hvalråd, Brief vom 11. Dezember 1950, NBO Ms.fol. 3906:44.
296 Bergersen an Ruud, Brief vom 7. Juli 1953, NBO Ms.fol. 3906:32.
297 Ringstad 2010, S. 121–126.
298 *Aftenposten* (Morgenausgabe) vom 23. Oktober 1956.
299 Eivind Thorsen weist darauf in seiner Magisterarbeit von 2007 hin, S. 58 f.
300 Olstad 1997, S. 204 f., der ein Interview mit Bettum 1983 zitiert, aus Kjell Viks Hauptfacharbeit in Geschichte vom gleichen Jahr.
301 Tønnessen 1970, S. 340.

Schlussakt

Hauptquellen: Referate der IWC-Jahrestagungen 1963–1966, einsehbar auf archive.iwc.int, sowie die Referate und Berichte zu den IWC-Tagungen in *Norsk Hvalfangst-Tidende* Nr. 2/1965, 9/1965 und 7/1966. Außerdem: Tønnessen 1970, Burnett 2012 (Kap. 6), Dorsey 2013 (Kap. 5/6) und Haugdahl 2013. Zwergblauwal: Branch et al. 2007 und T. Ichibaras Artikel in *Norsk Hvalfangst-Tidende* Nr. 1/1961 und 5/1963. Illegaler sowjetischer Walfang: Berzin 2008, Ivashchenko et al. 2011, Ivashchenko et al. 2013, Homans 2013 und Ivashchenko und Clapham 2014. Fangzahlen: IWS, Branch et al. 2008 und Rocha et al. 2014. Norwegen und die IWC nach 1970: Andresen 2004.

302 Ruud an das Fischereiministerium, Fangstkontoret. Brief vom 6. November 1964, NBO Ms.fol. 3906:44.
303 Laut Berzin 2008.
304 Branch et al. 2008.
305 Burnett 2012, S. 629. Eine remasterte Neuauflage ist auf Streamingseiten wie Spotify oder Tidal im Internet zugänglich.

Die Davongekommenen

Hauptquellen: Thomas et al. 2015, Sears und Perrin 2017 und die Auflistungen auf iucnredlist.org für *Balaenoptera musculus* und die Unterarten *B. m. intermedia* und *B. m. brevicauda*, Stand Mai 2018. Des Weiteren: Blauwale an der nordamerikanischen Westküste und Schiffszusammenstöße: Monnahan et al. 2015 und Rockwood et al. 2017. Blauwale auf der Südhalbkugel: Branch et al. 2004, Branch et al. 2007, Sremba et al. 2012, Attard et al. 2012 und Attard et al. 2015. Krillbestand in der Antarktis: Atkinson et al. 2004, Fielding et al. 2014 und Kawaguchi et al. 2013. Nordkaper: Kenney 2009, viele Pressemeldungen im 1. Halbjahr 2018, und Daoust, P.-Y. et al. 2018, »Incident Report: North Atlantic Right Whale Mortality Event in the Gulf of St. Lawrence«, 2017, einsehbar unter cwhc-rcsf.ca.

306 Branch et al. 2004.

Epilog: Die Wanderung nach Norden

Das Kapitel baut zum großen Teil auf Erlebnissen des Autors auf den Azoren (April / Mai 2016) und Island (Ende Mai 2017) sowie Gesprächen mit Forschern und anderen Personen bei diesen Aufenthalten auf. Auch Visser et al. 2011 sowie Silva et al. 2013 wurden benutzt.

307 Bortolotti 2009, S. 158.
308 Vikingsson et al. 2015.
309 Pike et al. 2009; Eintrag »blåhval« auf artsobservasjoner.no.
310 Tønnessen 1967, S. 102 und 545, der eine Arbeit des Biologen Åge Jonsgård zitiert.
311 Roman und McCarthy 2010.

Literaturverzeichnis

Aagaard, B., 1930a. *Fangst og forskning i Sydishavet.* Band 1: *Svunne dager.*

Aagaard, B., 1930b. *Fangst og forskning i Sydishavet.* Band 2: *Nye tider.*

Adie, S., und Basberg, B. L., 2009. »The first Antarctic whaling season of *Admiralen* (1905–1906): the diary of Alexander Lange«. *Polar Record.*

Alvestad, S., 2006. »Opposition to Whaling in Scotland and Ireland before WWI«. In: Ringstad, Hg., *Whaling and History II.*

Amundsen, S. S., 1935. *Speiderguttene som drog på hvalfangst.*

Andresen, S., 2004. »Whaling: peace at home, war abroad«. In: Skjærseth, J. B., Hg., *International Regimes and Norway's Environmental Policy.*

Andrews, R. C., 1916. *Whale Hunting with Gun and Camera.*

Anker, B. T., 1939. *Nokre ungdoms-minne frå 80- og 90-åri.*

Arlov, T. B. »Den første ishavsbyen«. In: Drivenes und Jølle, Hg., *Norsk polarhistorie,* Band 3: *Rikdommene.*

Árnason, Ú., et al., 2018. »Whole-genome sequencing of the blue whale and other rorquals finds signatures for introgressive gene flow«. *Science Advances.*

Arnesen, O., und Sem-Jacobsen, E., 1930. *Til veirs på norske vinger. Av flyvningens historie i Norge.*

Atkinson, A., 2004. »Long-term decline in krill stock and increase in salps within the Southern Ocean«. *Nature.*

Attard, C. R., et al., 2012. »Hybridization of Southern Hemisphere blue whale subspecies and a sympatric area off Antarctica: impacts of whaling or climate change?« *Molecular Ecology.*

Attard, C. R., et al., 2015. »Low genetic diversity in pygmy blue whales is due to climate-induced diversification rather than anthropogenic impacts«. *Biology Letters.*

Bannister, J. L., 2009. »Baleen whales (mysticetes)«. In: Perrin, W. F., et al., Hg., *Encyclopedia of Marine Mammals,* 2. Auflage.

Barthelmess, K., 2006. »An International Campaign against Whaling and Sealing prior to World War One«. In: Ringstad, Hg., *Whaling and History II.*

Basberg, B. L., 2004. *The shore whaling stations at South Georgia. A study in Antarctic industrial archaeology.*

Basberg, B. L., 2018. »Redere, forretningsmenn – og Keynes«. *Praktisk økonomi & finans.*

Berg, R., 1995. »Norge på egen hånd, 1905–1920«. *Norsk utenriks-politikks historie,* Band 2.

Bergersen, B., 1969. *Modningsår.*

Bergersen, B., 1973. *Hva USA skylder Hitler.*

Beronka, J., 1933. *Vadsø bys historie. Med spredte bidrag til Varangers historie.*

Berta, A., und Deméré, T. A., 2009. »Mysticete Evolution«. In: Perrin, W. F., et al., Hg., *Encyclopedia of Marine Mammals,* 2. Auflage.

Berta, A., et al., 2014. »Review of the Cetacean Nose: Form, Function, and Evolution«. *The Anatomical Record.*

Berzin, Alfred A., 2008. »The truth about Soviet whaling«. *Marine Fisheries Review.*

Birkhead, T., 2000. *Promiscuity. An Evolutionary History of Sperm Competition.*

Bogen, H., 1953. *Aktieselskabet »Ørnen« 1903–1953.*

Bortolotti, D., 2009. *Wild Blue: A Natural History of the World's Largest Animal.*

Boyd, I. L., 2009. »Antarctic Marine Mammals«. In: Perrin, W. F., et al., Hg., *Encyclopedia of Marine Mammals,* 2. Auflage.

Branch, T. A., et al., 2004. »Evidence for increases in Antarctic blue whales based on Bayesian modelling«. *Marine Mammal Science.*

Branch, T. A. et al., 2007. »Past and present distribution, densities and movements of blue whales Balaenoptera musculus in the Southern Hemisphere and northern Indian Ocean«. *Mammal Review.*

Branch, T. A., 2008. »Current status of Antarctic blue whales based on Bayesian modelling«. Report (SC/60/SH7) to the IWC Scientific Committee.

Branch, T. A., et al., 2008. »Historical catch series for Antarctic and pygmy blue whales«. Paper SC/60/SH9 presented to the IWC Scientific Committee. Eingesehen unter swfsc.noaa.gov.

Brownell, R. L., und Ralls, K., 1986. »Potential for sperm competition in baleen whales«. In: Behaviour of Whales in Relation to Management, Special Issue 8, Report of the International Whaling Commission.

Brøgger, A. (Übers.), 2000. *Kongespeilet.* [Übersetzung der *Konungsskuggsjá* (13. Jh.) ins moderne Norwegisch]

Buchan, S. J., et al., 2014. »A new song recorded from blue whales in the Corcovado Gulf, Southern Chile, and an acoustic link to the Eastern Tropical Pacific». *Endangered Species Research.*

Bull, H. J., 1898. *Sydover. Expeditionen til Sydishavet i 1893–1895.*

Burnett, D. G., 2012. *The sounding of the whale. Science and cetaceans in the twentieth century.*

Butenschøn, P., 2016. *Stortinget. Huset på Løvebakken gjennom 150 år.*

Børresen, D. I., 2006. »Hvalfangere på alle hav … Arbeidskonflikter, organisering og svartelisting i hvalfangsten 1904–14«. *Arbeiderhistorie, Nr. 7 (2006).*

Børresen, D. I., 2010. »There is Plenty of Black Labour to be had. African Labourers in Modern Whaling». In: Ringstad, Hg., *Whaling and History III.*

Calambokidis, J., et al., 2007. »Insights into the underwater diving, feeding, and calling behavior of blue whales from a suction-cup-attached video-imaging tag (CRITTERCAM)«. *Marine Technology Society Journal.*

Calambokidis, J., und Steiger, G., 1997. *Blue Whales.*

Carballido J. L., et al., 2017. »A new giant titanosaur sheds light on body mass evolution among sauropod dinosaurs«. *Proceedings of the Royal Society B: Biological Sciences.*

Charcot, J.-B., 1910. *Le »Pourquoi pas?« dans l'Antarctique 1908–1910.*

Christensen, C. F., 1931. *The Whaling Factory Ship »Vikingen« with some Notes on Whaling.*

Day, D., 2013. *Antarctica. A biography.*

Dehli, M., 1973. *Fredrikstad bys historie 3. Sagbrukstiden 1860–1914.*

Dibbern, J. S., 2010. »Fur seals, whales and tourists: a commercial history of Deception Island, Antarctica«. *Polar Record.*

Dines et al., 2014. »Sexual selection targets cetacean pelvic bones«. *Evolution.*

Dolin, E. J., 2008. *Leviathan: the history of whaling in America.*

Dorsey, K., 2013. *Whales and Nations: Environmental diplomacy on the high seas.*

Drejer, B., 2006. *Aukra Hval A/S – det første industrieventyret på Nyhamna.*

Dyrhaug, T., 2015. »Kaptein Melsom. Et spennende liv som hvalfanger og skipsreder«. *Njotarøy, Nøtterøy Historielags Årsskrift.*
Ellis, R., 1991. *Men and Whales.*
Elstad, Å., 2004. »Gater av gull«. In: Drivenes und Jølle, Hg., *Norsk polarhistorie, bind 3: Rikdommene.*
Evensen, K. H., 2000. *Fra Haugesund til isødet i Antarktis.*
Fielding, S., et al., 2014. »Interannual variability in Antarctic krill (Euphausia superba) density at South Georgia, Southern Ocean: 1997–2013«. *ICES Journal of Marine Science.*
Figueiredo, Ivo de, 2002. *Fri mann. Johan Bernhard Hjort. En dannelseshistorie.*
Fløistad, B., 1995. »Hvalen – ressurs og politikk – Historisk overblikk«. *Vestfoldminne.*
Fordyce, R. E., 2009. »Cetacean Evolution« und »Cetacean Fossil Record«. In: Perrin, W. F., et al., Hg., *Encyclopedia of Marine Mammals,* 2. Auflage.
Friis, J. A., 1871. *En Sommer i Finmarken, russisk Lapland og Nordkarelen. Skildringer af Land og Folk.*
Friis, J. A., 1874. *Hans Majestæt kong Oscar II.'s Reise i Nordland og Finmarken Aar 1873.*
Fure, O.-B., 1996. »Mellomkrigstid, 1920–1940». *Norsk utenriks-politikks historie,* Band 3.
Galteland, O., 2009. *Hvalfangst på Syd-Georgia. A/S Sandefjords Hvalfangerselskab / A/S Vestfolds fangst fra landstasjonen Strømnes 1906–1931.*
Garmel, H., 2010. »Det må gå!« En kulturhistorisk studie av hvalfangerhustruer i Vestfold 1930–1968. Magisterarbeit im Fach Kulturgeschichte, Universität Oslo.
Gatesy, J., et al., 2013. »A phylogenetic blueprint for a modern whale«. *Molecular phylogenetics and evolution.*
Geirsson, S., 2015. *Stórhvalaveiðar við Ísland til 1915.*
Goin, F. J., et al., 1999. »New discoveries of ›opposum-like‹ marsupials from Antarctica (Seymour Island, Medial Eocene)«. *Journal of Mammalian Evolution.*
Goldbogen, J. A., 2010. »The Ultimate Mouthful: Lunge Feeding in Rorqual Whales«. *American Scientist.*
Goldbogen, J. A., et al., 2012. »Underwater acrobatics by the world's largest predator: 360° rolling manoeuvres by lunge-feeding blue whales«. *Biology Letters.*

Goldbogen, J. A., et al., 2015. »Prey density and distribution drive the three-dimensional foraging strategies of the largest filter feeder«. *Functional Ecology.*

Gowans, S., 2009. »Bottlenose Whales«. In: Perrin, W. F., et al., Hg., *Encyclopedia of Marine Mammals,* 2. Auflage.

Grönberg, Cecilia, und Jonas Magnusson, 2002. *Leviatan från Göteborg.*

Hansen, S. E., 1999. *Hvalfangerkirken. Fangst, tro og dristighet på Syd-Georgia.*

Hart, I. B., 2001. *Pesca. A history of the pioneer modern whaling company in the Antarctic.*

Hart, I. B., 2006. *Whaling in the Falkland Islands Dependencies 1904–1931.*

Hart, I. B., 2009. *Antarctic Magistrate.*

Haskell, D. G., 2012. *The Forest Unseen. A Year's Watch in Nature.*

Haugdahl, M., 2013. »Fornuft og følelser? Forståelser og forvaltning av hval og hvalfangst«. Dissertation, NTNU.

Hazen, E. L., et al., 2015. »Blue whales (Balaenoptera musculus) optimize foraging efficiency by balancing oxygen use and energy gain as a function of prey density«. *Science Advances.*

Henriksen, G., und Røv, N., 2004. *Kystsel – havert og steinkobbe.*

Heradstveit, P. Ø., *Einar Gerhardsen og hans menn.*

Hewitt, R., und Lipsky, J. D., 2009. »Krill and Other Plankton«. In: Perrin, W. F., et al., Hg., *Encyclopedia of Marine Mammals,* 2. Auflage.

Hitchcock, W. I., 2008. *The Bitter Road to Freedom.*

Hjort, J., 1902. *Fiskeri og hvalfangst i det nordlige Norge.*

Hjort, J., 1930. *Keiserens nye klær.*

Hjort, J., 1933. Hval og hvalfangst.

Hjort, J., und Ruud, J. T., 1929. »Whales and Fishing in the North Atlantic«. In: Whales and plankton in the North Atlantic. A contribution to the work of the Whaling Committee and of the North-Eastern Area Committee. ICES.

Hohn, A. A., 2009. »Age Estimation«. In: Perrin, W. F., et al., Hg., *Encyclopedia of Marine Mammals,* 2. Auflage.

Holmboe, C. F., 1937. *De-No-Fa 1912–1937.*

Holmboe, C. F., 1947. *En norsk innsats i forskning og teknikk. Trekk fra oljeherdningens historie.*

Holmboe, C. F., 1948. *Ingeniør ser seg tilbake.*

Homans, Charles, 2013. »The most senseless environmental crime in the 20th century«. *Pacific Standard,* 12.11.2013. Eingesehen unter psmag.com.

Isachsen, G., 1927. *Jorden rundt efter blåhvalen.*

Ivashchenko, Y. V., 2013. »Soviet whaling: past history and present impacts«. Dissertation, Southern Cross University, Lismore, NSW.

Ivashchenko, Y. V., et al., 2011. »Soviet illegal whaling: the devil and the details«. *Marine Fisheries Review.*

Ivashchenko, Y. V., et al., 2013. »Soviet catches of whales in the North Pacific: revised totals«. *Journal of Cetacean Research and Management.*

Ivashchenko, Y. V., und Clapham, P. J., 2014. »Too much is never enough: the cautionary tale of Soviet illegal whaling«. *Marine Fisheries Review.*

Jacobsen, A. R., 2008. *Svend Foyn – fangstpioner og nasjonsbygger.*

Johnsen, A. O., 1943. *Svend Foyn og hans dagbok.*

Johnsen, A. O., 1959. *Den moderne hvalfangsts historie,* Band 1.

Karlsen, O., 2017. *Profitørene. De ukjente landssvikerne.*

Kato, H., und Perrin, W. F., 2009. »Bryde's Whales«. In: Perrin, W. F., et al., Hg., *Encyclopedia of Marine Mammals,* 2. Auflage.

Kawaguchi, S., et al., 2013. »Risk maps for Antarctic krill underprojected Southern Ocean acidification«. *Nature Climate Change.*

Kenney, R. D., 2009. »Right Whales«. In: Perrin, W. F., et al., Hg., *Encyclopedia of Marine Mammals,* 2. Auflage.

Keyserling, H. H., 1944. »Pionierarbeit im Fernen Osten«. In: Otto von Taube, Hg., *Das Buch der Keyserlinge. An der Grenze zweier Welten.* Eingesehen unter keyserlingk.info.

Kohl-Larsen, L., 1926. *Zur großen Eismauer des Südpols. Eine Fahrt mit norwegischen Walfischfängern.* (Anm.: Im Buch ist der Verfassername mit Kohl angegeben, in der Osloer Nationalbibliothek ist er als Kohl-Larsen katalogisiert.)

Koht, Halvdan, 1957. »Innleiing«. In: J. E. Sars: *Brev 1850–1915.*

Larsen, J. H., 1997. *Latin-amerikanske bilder.*

Larsen, J. H., 2001. Don Pedro. *Norges mest vellykkede emigrant.*

Lindquist, O., 1994. »Whales, dolphins and porpoises in the economy and culture of peasant fishermen in Norway, Orkney, Shetland, Faroe Islands and Iceland, ca. 900–1900 AD, and Norse Greenland, ca. 1000–1500 AD«. Dissertation, University of St. Andrews.

Macqueen, A., 2004. *The King of Sunlight. How William Lever cleaned up the World.*

Mageli, E. I., 2006. »Norwegian-Japanese whaling relations in the early 20th century: A case of successful technology transfer«. *Scandinavian Journal of History.*

Malm, A. W., 1867. *Monographie illustrée du baleinoptère trouvé le 29 Octobre sur la côte occidentale de Suède.* Eingesehen unter gupea.ub.gu.se.

Marx, F. G., und Fordyce, R. E., 2015. »Baleen boom and bust: a synthesis of mysticete phylogeny, diversity and disparity». *Royal Society Open Science.*

Marx, F. G., et al., 2016. *Cetacean Paleobiology.*

Mate, B., 2005. »Observations of a female North Atlantic right whale (Eubalaena glacialis) in simultaneous copulation with two males: supporting evidence for sperm competition«. *Aquatic Mammals.*

McDonald, M. A., et al., 2006. »Biogeographic characterization of blue whale song worldwide: Using song to identify populations«. *Journal of Cetacean Research and Management.*

McDonald, M. A., et al., 2009. »Worldwide decline in tonal frequencies of blue whale songs». *Endangered Species Research.*

Mellinger, D. K., und Clark, C. W., 2003. »Blue whale (Balaenoptera musculus) sounds from the North Atlantic«. *The Journal of the Acoustical Society of America.*

Michelet, J., 2006. *Høyt mot nord, langt mot sør. Reisebrev per satellitt fra Arktis og Antarktis.*

Monnahan, C. C., et al., 2015. »Do ship strikes threaten the recovery of endangered eastern North Pacific blue whales?«. *Marine Mammal Science.*

Mori, M., und Butterworth, D. S., 2004. »Consideration of multispecies interactions in the Antarctic: a preliminary model of the minke whale – blue whale – krill interaction«. *African Journal of Marine Science.*

Murphy et al., 2012. »Spatial and Temporal Operation of the Scotia Sea«. In: Rogers et al., Hg., *Antarctic Ecosystems: An Extreme Environment in a Changing World.*

Mørch-Olsen, Øistein, 1925. *Hvalfangst i Sydhavet.*

Nielsen, J. P., 2004. »Ishavet er vår åker«. In: Drivenes und Jølle, Hg., *Norsk polarhistorie, bind III: Rikdommene.*

Niemi, E., 1983. *Vadsøs historie.* Band I. *Fra øyvær til kjøpstad.*

Niemi, E., 1995. »Svend Foyn og Finnmark – fra helt til skurk? Eksempelet Vadsø«. *Vestfoldminne.*

Niemi, E., 2003. »Mehamnopprøret 1903«. *Håløygminne,* Nr. 4, 2003.

Nordenskjöld, O., 1904. *Antarctic. Två år bland Sydpolens isar.*

Nordgaard, O., 1918. *Michael og Ossian Sars.*

Nordstrand, L., 2000. *Fiskeridirektøren melder. Fiskeridirektoratet 1900–1975.*

Næss, Erling, 1981. *Shipping – mitt liv.*

Næss, Ø., 1951. *Hvalfangerselskapet Globus A/S 1925–1950. Et kapitel av den moderne hvalfangsts historie.*

Offerdahl, H. T., 1934. *Korte erindringer fra en svunden tid. Små minner om 65 års praktisk arbeide i den norske farmasi.*

Oleson, E. M., et al., 2007. »Behavioral context of call production by eastern North Pacific blue whales«. *Marine Ecology Progress Series.*

Olsen, Ø., 1913. »Hvaler og hvalfangst i Sydafrika«. *Bergens Museums Aarbok 1914–15.*

Olstad, F., 1995. *Sandefjords historie.* Band 1. *Strandsitter og verdensborger.*

Olstad, F., 2006. *Vår skjebne i vår hånd. Norsk sjømannsforbunds historie.* Band 1.

Perrin, W. F., et al., Hg., 2009. *Encyclopedia of Marine Mammals,* 2. Auflage.

Philbrick, N., 2000. *In the heart of the sea: The tragedy of the whaleship Essex.*

Pike, D. G., et al., 2009. »A note on the distribution and abundance of blue whales (Balaenoptera musculus) in the Central and Northeast North Atlantic«. *NAMMCO Scientific Publications.*

Pyenson, N. D., et al., 2012. »Discovery of a sensory organ that coordinates lunge feeding in rorqual whales«. *Nature.*

Pyenson, N. D., und Vermeij, G. J., 2016. »The rise of ocean giants: maximum body size in Cenozoic marine mammals as an indicator for productivity in the Pacific and Atlantic Oceans«. *Biology Letters.*

Rice, D. W., 2009. »Baleen«. In: Perrin, W. F., et al., Hg., *Encyclopedia of Marine Mammals,* 2. Auflage.

Ringstad, B., 2010. *Kampen om kvalen. Brødrene Sæbjørnsens kvalstasjon på Steinshamn.*

Ringstad, J. E., 2005. »*Admiralen* til Sydishavet – et 100 års minne«. *Kulturminner, tidsskrift fra Sandar historielag, Sandefjord.* Eingesehen unter sfjbib.sandefjord.folkebibl.no.

Ringstad, J. E., 2006. »Bjarne Aagaard and his Crusade against Pelagic Whaling in the late 1920s«. In: Ringstad, Hg., *Whaling and History II.*

Ringstad, J. E., 2010. »Who Owns the History of Whaling? The Norwegian Whaling Industry and the Writing of Modern Whaling History«. In: Ringstad, Hg., *Whaling and History III.*

Ringstad, J. E., 2011. *Hval, veid, fangst og norske kyster. Linjer i norsk hvalfangsthistorie.*

Risting, S., 1929. *Kaptein C. A. Larsen.*

Rocha, R. C., et al., 2014. »Emptying the oceans: a summary of industrial whaling catches in the 20th century«. *Marine Fisheries Review.*

Rockwood, R., et al., 2017. »High mortality of blue, humpback and fin whales from modeling of vessel collisions on the US West Coast suggests population impacts and insufficient protection«. *PLOS ONE.*

Rode, F., 1842. *Optegnelser fra Finmarken, samlede i Aarene 1826–1834, og senere udgivne som et Bidrag til Finmarkens Statistik.*

Rolfsen, N., 1896. *Sjømænd. Norske Sjømænds Oplevelser samlet fra Folkemunde og gjenfortalt.*

Roman, J., und McCarthy, J. J., 2010. »The whale pump: marine mammals enhance primary productivity in a coastal basin«. *PLOS ONE.*

Rugh, D. J. og Shelden, K. E. W., 2009. »Bowhead Whale«. In: Perrin, W. F., et al., Hg., *Encyclopedia of Marine Mammals,* 2. Auflage.

Ruud, J. T., 1932. *On the Biology of Southern Euphausiidae. Hvalrådets skrifter Nr. 2.*

Ruud, J. T., 1956. »Internasjonal regulering av hvalfangsten. Et tilbakeblikk og en vurdering«. *Samtiden,* Nr. 6, 1956.

Ræstad, A., 1928. *Hvalfangsten på det frie hav. Et fredningsspørsmål historisk og folkerettslig belyst.*

Røsset, G., 2013. *De flytende kokeriene. Fra* Telegraf *til* William Barendsz.

Salvesen, H. K., 1933. »Modern Whaling in the Antarctic«. *Journal of the Royal Society of Arts.*

Sars, G. O., 1866. »Beskrivelse af en ved Lofoten indbjerget Rørhval«. *Forhandlinger i Videnskabs-Selskabet i Christiania Aar 1865.*
Sars, G. O., 1869. »Om individuelle Variationer hos Rørhvalerne og de deraf betingede Uligheder i den ydre og indre«. *Forhandlinger i Videnskabs-Selskabet i Christiania Aar 1868.*
Sars, G. O., 1875. »Om ›Blaahvalen‹«. *Forhandlinger i Videnskabs-Selskabet i Christiania Aar 1874.*
Sars, G. O. 1878. *Indberetninger til Departementet for det Indre fra G. O. Sars om de af ham i Aarene 1874–1877 anstillede Undersøgelser vedkommende Saltvandsfiskerierne.*
Sars, G. O., 1879a. »Bidrag til en nøiere Charakteristik af Vore Bardehvaler«. *Forhandlinger i Videnskabs-Selskabet i Christiania Aar 1878.*
Sars, G. O., 1879b. *Indberetning til Departementet for det Indre fra Professor, Dr. G. O. Sars om de af ham i Vaaren 1879 anstillede praktisk-videnskabelige Undersøgelser over Loddefisket ved Finmarken.*
Schalansky, J., 2012. *Atlas over fjerne øyer.*
Schmitt, F. P., et al., 1980. *Thomas Welcome Roys: America's pioneer of modern whaling.*
Schwach, V., 2000. *Havet, fisken og vitenskapen. Fra fiskeriundersøkelser til havforskningsinstitutt 1860–2000.*
Schøning, J., 1950. *Jakob Schønings dagbøker fra Stortinget 1895–97 og fra Regjeringen 1903–05.*
Sears, R., et al., 2013. »Reproductive parameters of eastern North Pacific blue whales Balaenoptera musculus«. *Endangered Species Research.*
Sears, R., und Perrin, W. F., 2009. »Blue Whale«. In: Perrin, W. F., et al., Hg., *Encyclopedia of Marine Mammals,* 2. Auflage.
Sears, R., und Perrin, W. F., 2017. »Blue Whale«. In: Perrin, W. F., et al., Hg., *Encyclopedia of Marine Mammals,* 3. Auflage.
Sepúlveda Ortiz, J., 1997. »La epopeya de la industria balleinera chilena«. *La revista Marina de Chile.* Eingesehen unter histarmar.com.ar og revistamarina.cl.
Shore, Z., 2002. *What Hitler Knew: The Battle for Information in Nazi Foreign Policy.*
Silva, M. A., 2013. »North Atlantic blue and fin whales suspend their spring migration to forage in middle latitudes: building up energy reserves for the journey?« *PLOS ONE.*

Skottsberg, C., 1909. *Båtfärder och villmarksridter.*

Sremba, A. L., et al., 2012. »Circumpolar diversity and geographic differentiation of mtDNA in the critically endangered Antarctic blue whale (Balaenoptera musculus intermedia)«. *PLOS ONE.*

Stilwell, J. D., und Long, J. A., 2011. *Frozen in Time. Prehistoric Life in Antarctica.*

Szabo, V. E., 2008. *Monstrous fishes and the mead-dark sea: Whaling in the medieval North Atlantic.*

Thewissen, J. G. M., 2014. *The Walking Whales: From Land to Water in Eight Million Years.*

Thomas, P. O., et al., 2015. »Status of the world's baleen whales«. *Marine Mammal Science.*

Thorsen, E., 2007. »Hval og politikk. Hvalfangstnæringens rolle i utformingen av den norske hvalfangstpolitikken på 1950-tallet«. Magisterarbeit im Fach Geschichte, Universität Oslo.

Thorson, O., 1953. *Aksjeselskapet Kosmos gjennom 25 år. En epoke i Antarktis.*

Tjomsland, Audun, 2013. *Anders Jahre. Hans liv og virksomhet.*

Tønnessen, J. N., 1967. *Den moderne hvalfangsts historie,* Band 2.

Tønnessen, J. N., 1969. *Den moderne hvalfangsts historie,* Band 3.

Tønnessen, J. N., 1970. *Den moderne hvalfangsts historie,* Band 4.

Tønnessen, J. N., und Johnsen, A. O., 1982. *The history of modern whaling.*

Vamplew, W., 1975. *Salvesen of Leith.*

Vesterlid, J., 1992. *Hvalfangerkoner og barn forteller. Hjemmeliv fra 1930–1967.*

Víkingsson, G. A., et al., 2015. »Distribution, abundance, and feeding ecology of baleen whales in Icelandic waters: have recent environmental changes had an effect?«. *Frontiers in Ecology and Evolution.*

Villiers, A. J., 1925. *Whaling in the Frozen South.*

Visser, F., et al., 2011. »Timing of migratory baleen whales at the Azores in relation to the North Atlantic spring bloom«. *Marine Ecology Progress Series.*

Walløe, L., 1999. »Birger Bergersen«. In: *Norsk biografisk leksikon,* 2. Auflage. Eingesehen unter nbl.snl.no/Birger_Bergersen.

Wasberg, G. C., 1968. *Sandar bygdebok.* Band 1. *Bygdehistorie.*

Webb, R. L., 1988. *On the Northwest. Commercial whaling in the Pacific Northwest 1790–1967.*

Wells, H. G., et al., 1937. *Livets vidundere,* Band 2. Ins Norwegische übersetzt von Birger Bergersen und Mia Økland. [Englische Originalfassung v. Wells, H. G., et al., 1929/30. *The Science of Life.* 3 Bände.]

Williams, R. O. B., et al., 2011. »Chilean blue whales as a case study to illustrate methods to estimate abundance and evaluate conservation status of rare species«. *Conservation Biology.*

Williams, T. M., et al., 2000. »Sink or swim: strategies for cost-efficient diving by marine mammals«. *Science.*

Witts, J. D., et al., 2016. »Macrofossil evidence for a rapid and severe Cretaceous–Paleogene mass extinction in Antarctica«. *Nature Communications.*

Østby, J., 1935. *Gutter på hvalfangst.*

Østensjø, R., 1958. *Haugesund 1835–1895.* Band I.

Dank

Zunächst möchte ich allen herzlich danken, die frühe Fassungen des Manuskripts gelesen und kommentiert haben: Bjørn Lorens Basberg, Professor für Wirtschaftsgeschichte an der Norges Handelshøyskole, der Meeresbiologin Marianne Helene Rasmussen, Leiterin der Forschungsstation Húsavik der Universität Island, sowie meinem Freund Gunnar Rogne, Lektor für Geschichte an der weiterführenden Schule Stabekk. Das Buch hat durch ihre Kommentare gewonnen. Für alle Fehler bin ich als Autor verantwortlich.

Ein großes Dankeschön geht auch an Det faglitterære fond für ein Stipendium, mit dessen Hilfe ich mir die Zeit zum Schreiben eines Buches freinehmen konnte, an den Redakteur Joakim Botten für viele gute Ratschläge und die anderen tüchtigen Mitarbeiter im Verlag Kagge.

Natürlich bin ich während der Arbeit an diesem Buch oft in die Vestfold gefahren. Die Ausstellungsstücke, Sammlungen und Fachkenntnisse des Walfangmuseums in Sandefjord habe ich ständig benutzt. Konservator Jan Erik Ringstad hat mir in der Anfangsphase des Projekts viele nützliche Tipps und Hilfestellungen gegeben. Später haben mir der Führer Dag Ingemar Børresen und die Sammlungskuratorin Hanne Garmel täglich Fragen zu ihren Fachgebieten beantwortet. Die Mitarbeiter im Vestfoldarkiv waren bei meinen Besuchen dort stets sehr hilfreich, und in Oslo konnte ich meine Studien in der Nationalbibliothek, besonders in deren Speziallesesaal, hervorragend weiterführen.

Im April / Mai 2016 verbrachte ich eine intensive Woche mit der Suche nach und dem Beobachten von Blauwalen auf den Azoren, gemeinsam mit nordamerikanischen Biologen vom Forschungszentrum Mingan Island Cetacean Study (MICS) und einer Handvoll weiterer, überdurchschnittlich an Walen interessierter Europäer. Das MICS-Zentrum finanziert seine Forschungsarbeit, indem es zahlende Gäste mit an Bord nimmt. Sein Gründer, Richard Sears, ein führender Fachmann für Blauwale, hat mich vor, beim und nach dem Aufenthalt auf den Azoren großzügig an seinen Kenntnissen teilhaben lassen. Draußen auf dem Atlantik habe ich auch von den Biologen Katy Gavrilchuk und David Gaspard viel gelernt.

Ende Mai 2017 war ich auf Island. In den Westfjorden besuchte ich die Industrieruine der Walfangstation am Talknafjord und das Heimatmuseum Minjasafns Egils Ólafssonar, wo traditionelles Fanggerät ausgestellt ist. In Húsavik empfing mich Marianne Helene Rasmussen freundlich und erzählte mir von ihren Forschungen zum Gehör und den Lautäußerungen des Blauwals, und der Walsafari-Anbieter North Sailing nahm mich gratis mit auf seine Touren, sooft ich wollte.

Darüber hinaus möchte ich folgenden Personen danken, die mir bereitwillig Fragen beantwortet, Erklärungen gegeben oder Quellenmaterial beschafft haben: Espen Andersen, Riksarkivet; Erik Bolstad, Store norske leksikon; Bård Bredesen, naturarkivet.no; Arne Emil Christensen, Professor emeritus; Smári Geirsson, Autor; Marthe Glad, Norsk lokalhistorisk institutt; Egil Halmøy, Übersetzer; Tor Erik Jenstad, NTNU; Jon Gunnar Jørgensen, Universität Oslo; Georg Kjøll, Sprachwissenschaftler; Webjørn Landmark, Ishavsmuseet; Eivind Lilleskjæret, Übersetzer; Silje Beite Løken, Übersetzerin; Wenche E. Magnussen, Statsarkivet Kongsberg; Per Norseng, Norsk Maritimt Museum; Inger Olovsson, Livrustkammaren Stockholm; Kirsti Rogne, Autorin; Dina Roll-Hansen, Übersetzerin; Deborah Shapiro, Smithsonian Institution Archives; Heather Smedberg, UCSD Special Collections & Archives; Tom Sletner, Architekt; Jens Petter Toldnæs, freiberuflicher Journalist; sowie Hanne Hagtvedt Vik, Universität Oslo.

Foto: Katrine Gramnaes

ANDREAS TJERNSHAUGEN, geboren 1972 in Nesodden, studierte Soziologie und arbeitet in Teilzeit für »Das große Norwegische Lexikon«. Den Rest seiner Zeit verbringt er damit, Bücher zu schreiben. Sein Vogelbuch »Das verborgene Leben der Meisen« wurde von Kritikern in Deutschland hochgelobt und war wochenlang auf den Spiegel-Bestsellerlisten.